3ds Max
2016 中文版标准教程

陶 丽 郑国栋 等 编著

清华大学出版社
北 京

内 容 简 介

本书详细介绍了 3ds Max 2016 各种常用命令和工具的使用方法和操作技巧。全书共分为 12 章，主要内容包括 3ds Max 2016 基本知识，对象基本操作，基础建模，对象修改器，复合建模工具，多边形建模工具，材质与贴图，灯光与摄影机，粒子系统，动画基础设计，环境与特效，渲染与输出等。本书结构编排合理，图文并茂，实例丰富，可以作为从事三维动画制作、影视制作、广告制作等相关行业人员的自学用书，也可作为大中专院校相关专业的教材。

图书在版编目（CIP）数据

3ds Max 2016 中文版标准教程/陶丽等编著. —北京：清华大学出版社，2017（2020.2重印）
（清华电脑学堂）
ISBN 978-7-302-44416-9

Ⅰ. ①3… Ⅱ. ①陶… Ⅲ. ①三维动画软件–教材 Ⅳ. ①TP391.41

中国版本图书馆 CIP 数据核字（2016）第 168681 号

责任编辑：冯志强　薛　阳
封面设计：杨玉芳
责任校对：徐俊伟
责任印制：杨　艳

出版发行：清华大学出版社
　　　　网　　　址：http://www.tup.com.cn, http://www.wqbook.com
　　　　地　　　址：北京清华大学学研大厦 A 座　　　邮　　编：100084
　　　　社 总 机：010-62770175　　　　　　　　　邮　　购：010-62786544
　　　　投稿与读者服务：010-62776969, c-service@tup.tsinghua.edu.cn
　　　　质量反馈：010-62772015, zhiliang@tup.tsinghua.edu.cn
印 刷 者：北京富博印刷有限公司
装 订 者：北京市密云县京文制本装订厂
经　　销：全国新华书店
开　　本：185mm×260mm　　印　张：21.25　　　　字　数：507 千字
版　　次：2017 年 2 月第 1 版　　　　　　　　　印　次：2020 年 2 月第 6 次印刷
定　　价：49.00 元

产品编号：043017-01

前　　言

　　3ds Max 是一款三维设计制图软件，它不但可以用来制作效果图，还可以用来制作动画、影视特效等，其商业应用范围极为广阔，是到目前为止功能最强、最丰富的工具集。无论美工人员所在的行业有什么需求，都能为他们提供所需的三维工具来创建富有灵感的体验。3ds Max 2016 新版本拥有许多新功能，允许用户创建自定义工具，并轻松共享其工作，从而方便团队间协作。它还使新用户可以更迅速、更有信心地投入工作。

　　本书对于 3ds Max 的讲解非常全面，内容包含了关于软件的所有知识。通过本书目录，读者可以快速检索到自己所需要学习的内容。此外书中对于诸如建模、材质贴图、渲染以及动画设置等一些较为复杂的功能进行了专项的讨论和讲解，务必使读者能够全面、深入地掌握这些知识。对于想要深入掌握软件功能的初、中级用户，在本书中可以找到解决问题的答案。

1. 本书内容

　　第 1 章主要讲解 3ds Max 2016 的基本功能、环境定义方法、选择物体、变换物体、复制物体等内容。

　　第 2 章主要介绍 3ds Max 2016 常用选择对象的基本操作，同时也包括变换操作的要点和各种方法，包括复制、阵列、对齐和组合物体等方式。

　　第 3 章主要介绍 3ds Max 中的基础形体的建立及设置方法。

　　第 4 章针对建模部分介绍二维修改器和三维修改器等常用修改器，在介绍修改器特性之前，先介绍关于修改器的一些知识。

　　第 5 章重点介绍 3ds Max 中的复合建模方法。

　　第 6 章主要介绍多边形相关知识和技巧、多边形建模的方法以及多边形编辑工具的使用。

　　第 7 章主要介绍 3ds Max 2016 中的材质模拟方法、标准材质、光线跟踪材质、混合材质和卡通材质、金属和半透明材质以及贴图部分。

　　第 8 章介绍 3ds Max 的灯光以及摄像机的作用以及它们的使用方法。

　　第 9 章主要介绍粒子的应用和喷射、超级喷射、雪、粒子阵列、粒子流等几种常用的粒子动画。

　　第 10 章主要向读者讲解一些与动画相关的基础操作，包括关键帧设置方法、轨迹视图的使用方法、动画控制器的使用方法、几种场景动画约束的添加方法以及参数动画的实现方法等。

　　第 11 章主要介绍环境设计理论，设置背景环境、火效果、雾效果和体积光效果等动画的基础背景效果。

　　第 12 章主要介绍 VRay 渲染器、VRay 材质，并结合一个案例展示 VRay 渲染器的应用及渲染过程。

2．本书主要特色

（1）全面系统，专业品质。

本书内容全面，详细地介绍了 3ds Max 的建模、渲染、动画、特效技术，书中从效果图表现和影视动画的实际应用出发，通过典型案例阐述软件的应用和制作技巧。

（2）虚实结合，超值实用。

知识点根据实际应用安排，重点和难点突出，对于主要理论和技术的剖析具有足够的深度和广度，并且在每章的最后还安排了课堂实例和思考与练习，每个实例都包含相应工具和功能的使用方法和技巧。在一些重点和要点处，还添加了大量的提示和技巧讲解，帮助读者理解和加深认识，从而真正掌握，以达到举一反三、灵活运用的目的。针对用户经常遇到的问题逐一解答。

（3）精美插图。

为了完美展现 3ds Max 2016 的实例制作效果，本书图文并茂，版式风格活泼、紧凑美观，完美地展现了 3ds Max 精美的实例效果。

（4）实例应用。

本书安排了丰富的案例，以实例形式演示 3ds Max 的应用知识，便于读者模仿学习操作，同时方便了教师组织授课内容。实例应用内容加强了本书的实践操作性。

3．本书使用对象

本书内容安排由浅入深、结构清晰，每章中都配有相应的实例，使大家在了解理论知识的同时，动手能力也得到了同步提高。本书适合作为高等院校和职业院校作为三维造型、动画设计、影视特效和广告创意培训教材，也可以作为室内装潢设计人员、建筑设计以及普通用户学习和参考的参考书。

参与本书编写的除了封面署名人员外，还有李敏杰、郑路、余慧枫、吕单单、和平艳、庞婵婵、隋晓莹、郑家祥、王红梅、张伟、刘文渊等人。由于时间仓促，水平有限，疏漏之处在所难免，欢迎读者朋友登录清华大学出版社的网站 www.tup.com.cn 与我们联系，帮助我们改进提高。

作　者

目　　录

第1章　3ds Max 2016 基本知识 ·········· 1

1.1　3ds Max 2016 简介 ··········· 1

1.1.1　基本功能简介 ··········· 1

1.1.2　新增功能 ··········· 2

1.1.3　应用领域 ··········· 9

1.1.4　制作流程 ··········· 11

1.2　3ds Max 2016 界面 ··········· 13

1.2.1　基本操作界面 ··········· 13

1.2.2　视图操作 ··········· 16

1.2.3　文件的基本操作 ··········· 18

1.2.4　暂存与取回对象 ··········· 20

1.3　思考与练习 ··········· 21

第2章　对象的基本操作 ··········· 23

2.1　对象操作 ··········· 23

2.1.1　直接选择 ··········· 23

2.1.2　多物体选择 ··········· 24

2.1.3　区域选择 ··········· 24

2.1.4　按名称选择 ··········· 25

2.2　修改对象 ··········· 26

2.2.1　移动对象 ··········· 26

2.2.2　旋转对象 ··········· 26

2.2.3　缩放对象 ··········· 27

2.3　复制对象 ··········· 27

2.3.1　直接复制 ··········· 28

2.3.2　阵列复制 ··········· 28

2.3.3　镜像复制 ··········· 30

2.3.4　旋转复制 ··········· 30

2.4　对齐工具 ··········· 31

2.5　组合操作 ··········· 31

2.6　课堂实例1：早餐的茶壶 ··········· 32

2.7　课堂实例2：冰糖葫芦 ··········· 34

2.8　思考与练习 ··········· 35

第3章　基础建模 ··········· 37

3.1　创建面板 ··········· 37

3.2　创建标准几何体 ··········· 38

3.2.1　长方体 ··········· 38

3.2.2　球体和几何球体 ··········· 39

3.2.3　圆锥体和四棱锥 ··········· 41

3.2.4　圆柱体和管状体 ··········· 41

3.2.5　圆环 ··········· 42

3.2.6　茶壶 ··········· 42

3.2.7　平面 ··········· 43

3.3　创建扩展基本体 ··········· 43

3.3.1　异面体 ··········· 43

3.3.2　切角长方体和切角圆柱体 ··· 44

3.3.3　软管 ··········· 44

3.3.4　其他扩展基本体 ··········· 45

3.4　创建二维图形 ··········· 47

3.4.1　线 ··········· 47

3.4.2　圆、椭圆、弧和圆环 ··········· 49

3.4.3　矩形、多边形和星形 ··········· 50

3.4.4　文本 ··········· 51

3.4.5　螺旋线和截面 ··········· 52

3.5　编辑样条线 ··········· 53

3.5.1　选择卷展栏 ··········· 53

3.5.2　软选择卷展栏 ··········· 53

3.5.3　几何体卷展栏 ··········· 54

3.6　课堂实例1：制作路灯 ··········· 56

3.7　课堂实例2：制作金属零件 ··········· 58

3.8　思考与练习 ··········· 59

第4章　对象修改器 ··········· 62

4.1　修改器介绍 ··········· 62

4.1.1　修改面板 ··········· 62

4.1.2　编辑公用属性 ··········· 65

4.1.3　空间与塌陷 ··········· 67

4.2　二维修改器 ··········· 68

4.2.1　挤出修改器 ················· 68
4.2.2　车削修改器 ················· 69
4.2.3　倒角修改器 ················· 71
4.3　三维修改器 ······················· 72
4.3.1　弯曲修改器 ················· 72
4.3.2　扭曲修改器 ················· 73
4.3.3　锥化修改器 ················· 74
4.3.4　噪波修改器 ················· 75
4.3.5　FFD 修改器 ················· 77
4.4　UVW 贴图 ························· 78
4.4.1　UVW 贴图简介 ··········· 79
4.4.2　贴图类型 ··················· 79
4.4.3　其他参数设置 ············· 82
4.5　课堂实例 1：制作倒角 giry　84
4.6　课堂实例 2：制作白瓷花瓶　86
4.7　课堂实例 3：制作时尚手镯　87
4.8　思考与练习 ······················· 88

第 5 章　复合建模 ························· 90
5.1　复合对象的创建 ················· 90
5.1.1　变形 ························· 90
5.1.2　散布 ························· 91
5.1.3　一致 ························· 93
5.1.4　连接 ························· 93
5.1.5　水滴网格 ··················· 94
5.1.6　图形合并 ··················· 94
5.1.7　布尔 ························· 94
5.1.8　地形 ························· 99
5.1.9　放样建模 ··················· 99
5.1.10　网格化 ··················· 103
5.1.11　ProBoolean ············· 104
5.1.12　ProCutter ··············· 105
5.2　课堂实例 1：橘色瓷花瓶　106
5.3　课堂实例 2：趣味时钟　108
5.4　课堂实例 3：切割玻璃杯　110
5.5　思考与练习 ·····················112

第 6 章　多边形建模 ···················114
6.1　了解多边形建模 ···············114
6.2　编辑多边形建模 ···············114

6.2.1　转换多边形 ··············· 115
6.2.2　公用属性卷展栏 ········· 115
6.2.3　软选择 ····················· 116
6.2.4　编辑顶点 ················· 117
6.2.5　编辑边 ··················· 118
6.2.6　编辑边界 ················· 120
6.2.7　多边形和元素编辑 ····· 121
6.3　课堂实例 1：手机建模 ······ 124
6.4　课堂实例 2：手枪建模 ······ 128
6.5　思考与练习 ····················· 140

第 7 章　材质与贴图 ·················· 142
7.1　物体质感表现概要 ············ 142
7.1.1　材质的概念 ··············· 143
7.1.2　影响质感表达的因素 ··· 144
7.2　材质知识要点 ·················· 145
7.2.1　3ds Max 中的材质与贴图··· 145
7.2.2　认识材质编辑器 ········· 146
7.3　标准材质 ························· 147
7.3.1　基础参数卷展栏 ········· 147
7.3.2　贴图卷展栏 ··············· 149
7.4　贴图介绍 ························· 151
7.4.1　二维贴图 ················· 151
7.4.2　三维贴图 ················· 153
7.4.3　反射和折射贴图 ········· 154
7.5　光线跟踪材质 ·················· 155
7.5.1　认识光线跟踪 ··········· 155
7.5.2　制作玻璃酒杯 ··········· 158
7.6　金属材质与半透明材质 ······ 159
7.6.1　制作翡翠飞凤 ··········· 159
7.6.2　制作黄金葡萄 ··········· 161
7.7　混合材质和卡通材质 ········· 162
7.7.1　认识混合材质 ··········· 162
7.7.2　认识卡通材质 ··········· 164
7.7.3　墨水控制 ················· 164
7.8　瓷器材质 ························· 165
7.8.1　制作陶罐 ················· 166
7.8.2　制作陶盘 ················· 168
7.9　课堂实例 1：步枪贴图 ······ 169

7.10　课堂实例2：制作破旧家具贴图……171

7.11　思考与练习……174

第8章　灯光与摄像机……176

8.1　灯光的布置与照明技巧……176

    8.1.1　典型灯光布置……176

    8.1.2　典型照明技巧……178

8.2　灯光……181

    8.2.1　灯光的创建……182

    8.2.2　常规参数……182

    8.2.3　强度/颜色/衰减……183

    8.2.4　高级效果……184

    8.2.5　阴影参数……185

    8.2.6　课堂实例1：三点照明……187

8.3　聚光灯……189

    8.3.1　了解聚光灯特性……190

    8.3.2　聚光灯参数……190

    8.3.3　课堂实例2：白瓷花瓶……192

8.4　泛光灯……194

    8.4.1　认识泛光灯特性……194

    8.4.2　课堂案例3：真实灯光……194

8.5　天光系统……196

    8.5.1　认识天光……196

    8.5.2　课堂实例4：卡通宠物……199

8.6　摄像机……201

    8.6.1　了解摄像机的特性……201

    8.6.2　摄像机类型……202

    8.6.3　摄像机基本参数设置……202

    8.6.4　课堂实例5：走进卧室……204

8.7　思考与练习……207

第9章　粒子系统……209

9.1　粒子概述……209

9.2　粒子流……211

    9.2.1　全新的粒子概念……211

    9.2.2　设置粒子环境……212

    9.2.3　喷射……215

    9.2.4　雪……216

    9.2.5　超级喷射……217

    9.2.6　粒子阵列……219

9.3　课堂实例1：秋叶飘落……222

9.4　课堂实例2：春雨蒙蒙……225

9.5　课堂实例3：雪地小屋……226

9.6　课堂实例4：礼花绽放……228

9.7　课堂实例5：宇宙的大爆炸……230

9.8　思考与练习……232

第10章　动画基础设计……234

10.1　动画制作理论……234

    10.1.1　认识动画基础知识……234

    10.1.2　动画制作步骤……235

10.2　动画控制工具……238

    10.2.1　时间控制……238

    10.2.2　运动面板……239

    10.2.3　动画控制器……240

10.3　关键帧动画……241

    10.3.1　认识关键帧动画……241

    10.3.2　认识轨迹视图……243

10.4　掌握动画约束……244

    10.4.1　动画约束的类型……245

    10.4.2　认识路径约束……246

    10.4.3　路径变形修改器……247

    10.4.4　链接约束……248

    10.4.5　方向约束……249

10.5　课堂实例1：走动的闹表……250

10.6　课堂实例2：会弹跳的小球……251

10.7　课堂实例3：旋转的星星……253

10.8　思考与练习……256

第11章　环境和特效……258

11.1　自然环境设计概论……258

    11.1.1　环境对效果的影响……258

    11.1.2　环境的实现方法……260

11.2　设置背景环境……261

11.3　环境技术……262

    11.3.1　火效果……262

    11.3.2　雾……264

    11.3.3　体积雾……266

    11.3.4　体积光……270

11.4　课堂实例1：海上夕阳……271

11.5 课堂实例2：奥运火炬 ············ 272

11.6 课堂实例3：月夜深深 ············ 275

11.7 课堂实例4：夕下悠然 ············ 277

11.8 思考与练习 ···················· 281

第12章 渲染与输出 ··············· 283

12.1 关于渲染 ······················ 283

12.2 VRay 渲染器 ··················· 285

    12.2.1 VRay 简介 ················ 285

    12.2.2 VRay 参数 ················ 286

12.3 VRay 材质介绍 ················· 288

    12.3.1 VRayMtl 材质 ············· 288

    12.3.2 VRay 灯光 ················ 293

    12.3.3 VRay 太阳光 ·············· 296

    12.3.4 VR 灯光材质 ·············· 298

    12.3.5 VR 材质包裹器 ············ 299

    12.3.6 VRay 贴图 ················ 301

12.4 中国风卧室布光方案 ············ 308

    12.4.1 布置卧室主光 ············· 308

    12.4.2 布置卧室辅光 ············· 310

    12.4.3 制作卧室电灯灯光 ········· 312

12.5 中国风卧室的材质方案 ·········· 313

    12.5.1 制作壁纸材质 ············· 313

    12.5.2 制作屋顶材质 ············· 314

    12.5.3 制作地板材质 ············· 314

    12.5.4 制作家具材质 ············· 316

    12.5.5 制作窗帘材质 ············· 317

    12.5.6 制作床单材质 ············· 319

    12.5.7 制作地毯材质 ············· 325

    12.5.8 制作玻璃材质 ············· 326

    12.5.9 制作灯罩的材质 ··········· 327

12.6 设置输出参数 ·················· 328

12.7 思考与练习 ···················· 329

第 1 章

3ds Max 2016 基本知识

本章主要介绍 3ds Max 2016 的基本知识及基本操作，首先讲述了 3ds Max 的基本功能和新增功能，接下来详细介绍了应用领域和制作流程，从基础对象入手，熟悉软件操作界面、视图操作、文件基本操作、暂存与取回对象等。通过本章的学习，可以使读者对 3ds Max 2016 有个初步的了解与认识。

1.1　3ds Max 2016 简介

3ds Max 是当前世界上应用最广的三维建模、动画及渲染解决方案之一，它广泛应用于视觉效果、角色动画及游戏开发领域。总体来讲，3ds Max 2016 的基本功能主要包括建模、材质、灯光、渲染、动画、粒子系统等几部分，这也是本书将要介绍的主要内容。

1.1.1　基本功能简介

3ds Max 的功能十分强大，在经过多次的版本升级后，其功能更是日臻完善。本节将介绍 3ds Max 的功能。其中，基本功能一方面主要介绍 3ds Max 的主要作用，而新增功能方面则主要介绍 3ds Max 本次升级的亮点所在。下面首先介绍 3ds Max 的基本功能。

在众多的三维软件中（如 Maya、3ds Max、Soft Image 等），3ds Max 是最为流行的软件之一，被广泛地应用于机械设计、实体演示、模拟分析、商业、影视娱乐、广告制作、建筑设计、多媒体制作等诸多方面。图 1-1 所示的就是利用 3ds Max 制作出来的建筑效果图。

3ds Max 是 Autodesk 公司的主打产品之一，它由 Autodesk 公司旗下的 Discreet 公司负责开发。3ds Max 之所以能够如此深入人心，除了其不断增加的强大功能外，还有一点就是软件的定位比较准确，Autodesk 直接应用 Windows XP 这个优秀的商业软件应用平台，为软件的发展奠定了非常坚实的基础。

图 1-1　3ds Max 所设计出来的建筑效果

3ds Max 也具有非常好的开放性和兼容性，因此它现在拥有最多的第三方软件开发商，具有成百上千种插件，极大地扩展了 3ds Max 的功能。

3ds Max 不仅可以制作人物、动物等模型，还可以创建出极其复杂的场景和特效。如果使用它与其他专业软件配合，还可以制作出非常逼真的角色动画。图 1-2 所示的是利用 3ds Max 制作出来的成功作品。

1.1.2　新增功能

3ds Max 2016 在原有版本的基础上，添加了全新功能，允许用户创建自定义工具，并轻松共享其工作，从而方便团队间进行协作。它还使新用户可以更迅速、更有信心地投入工作。3ds Max 2016 通过提高软件性

图 1-2　3ds Max 作品

能，可以极大地提高生产力。这是通过扩展节点的编程系统、外部参照革新、OpenSubdiv 和双四元数蒙皮功能可以帮助美工人员提高建模效率，新摄影机序列器使美工人员和设计人员可以更方便地指挥控制故事演示。新的设计工作区提供了基于任务的工作流程，这些工作流程使软件的主功能更易于访问，而且新模板系统为用户提供了基准线设置，因此使项目能够快速开始并更成功地进行渲染。

下面详细介绍新增功能的具体体现。

1. 新设计工作区

随着越来越多的人使用 3ds Max 创建逼真的可视化效果，我们引入新的设计工作空间为 3ds Max 用户提供更高的工作流程。设计工作区采用基于任务的逻辑系统，可以轻松地访问 3ds Max 中的对象放置、照明、渲染、建模和纹理工具。现在，通过导入设计数据快速创建高质量的静止图像和动画变得更为轻松，如图 1-3 所示。

图 1-3　新设计工作区

2．新模板系统

新的按需模板为用户提供标准化的启动配置，这有助于加快场景创建过程。使用简单的导入/导出选项，用户可以在各个团队之间快速共享模板。用户还能够创建新模板或修改现有模板，从而为各个工作流程自定义模板。内置的渲染、环境、照明和单位设置表示可更快、更准确地获得 3ds Max 项目结果，如图 1-4 所示。

3．多点触控支持

3ds Max 2016 现在具有多点触控三维导航功能，让美工人员可以更自由地与其 3D 内容进行交互。支持的设备包括 Wacom®Imtuos5 触摸板、Cintiq 和 Cintiq Companion 以及 Windows 8 触控设备。通过这些设备，可以一只手握笔进行自然交互，同时另一只手执行多手指手势来环绕、平移、缩放或滚动场景。

图 1-4　新模板系统

4．工作流程改进

3ds Max 2016 在许多方面进行了工作流程改进：ShaderFX 实时视觉明暗器编辑器的增强功能提供扩展明暗处理选项，并改善了 3ds Max、Maya 和 Maya LT 之间的明暗器互操作性，以便美工人员和编程人员可以更轻松地创建和交换高级明暗器。由于场景资源管理的改进，现在处理复杂场景更加容易。Nitrous 视口增强功能可以改善性能和视觉质量。

5．用户请求的小功能

3ds Max 2016 清除小的问题可能会引发大的后果，因此解决了多达 10 个被客户认为是高优先级的工作流程小障碍。其中包括新的视口选择预览、剪切工具改进，以及可视化硬边和平滑边的功能。客户可以提出功能建议，并通过 User Voice 论坛对当前建议进行投票。

6．外部参照对象更新

凭借新增支持外部参照对象中的非破坏性动画工作流且稳定性提高，现在团队间和整个制作流程中的协作变得更加轻松。3ds Max 用户现在可以在场景中参照外部对象，并在原文件中对外部参照对象设置动画或编辑材质，而无须将对象合并到场景中。在源文件中所做的更改将自动集成到其本地场景中。用户可以在所需的节点上设置动画的参数，并根据需要组织参数。其他用户可以外部参照具有可设置动画参数的内容来填充其场景，这样有助于节省时间，并为其提供有用的关键参数的指导。

7．摄影机序列器

现在使用新的摄影机序列器，可以通过高质量的动画可视化、动画和电影制片更加轻松地讲述精彩故事,从而使 3ds Max 用户可以更多地进行控制。通过此新功能,能够轻松地在多个摄影机之间剪辑、修剪和重新排列序列动画片段且不具有破坏性,保留原始动画数据不变,同时让用户可以灵活地进行创意,如图 1-5 所示。

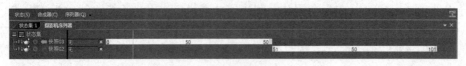

图 1-5 摄影机序列表

8. 改进的层处理和场景/层资源管理器更新

新选项让用户能够选择如何处理合并场景中的传入层层次,也可以选择重调整合并的数据(如果需要)。

新的"场景资源管理器"功能允许用户在本地(保存和加载单独的场景)和全局(可用于所有场景)之间切换类型。这使用户能够自定义特定项目和子项目的场景资源管理器实例。

场景资源管理器还提供新工具栏按钮以用于管理对象层次。

9. Max Creation Graph

3ds Max 2016 提供了 Max Creation Graph,这是一个基于节点的工具创建环境,提供 User Voice(客户可以建议功能以及对当建议进行投票的在线论坛)上呼声最高的功能之一。Max Creation Graph 通过在类似于 Slate 材质编辑器的可视环境中创建图形,为用户提供符合逻辑的现代方式通过新的几何体对象和修改器来扩展 3ds Max 功能。用户可以从数百种不同的节点类型中选择。用户创建的新工具可以轻松打包并与其他用户共享,从而帮助他们扩展工具集。

Max Creation Graph 可从"脚本"菜单(以前称为 MAXScript)进行访问,通过该菜单还可以访问 3ds Max 脚本功能。

10. OpenSubdiv

通过扩展 1 中首次引入的对 OpenSubdiv 的全新支持,用户现在可以在 3ds Max 中使用由 Pixar 开元提供的 OpenSubdiv 库表示细分曲面。库并入了来自 Microsoft Research 的技术,旨在帮助充分利用平行 CPU 和 GPU 架构,使具有较高细分级别的网格获得更快的视口内性能。此外,采用 CreaseSet 修改器和折缝资源管理器的高效折缝建模工作流使用户可以在更短的时间内创建复杂的拓扑。使用 Autodesk®FBX®资源交换技术,美工人员可以更轻松地将模型传输到支持 OpenSubdiv 的其他某些包,以及从这些包传输模型,并实现一致的外观。通过全新的 2016 版本,OpenSubdiv 功能自从在扩展 1 中引入以来提高了速度和质量。OpenSubdiv 现在还在视口中以及渲染时提供对自适应细分的支持。美工人员可以在编辑或发布模式时查看效果,从而提高效率而不降低质量。

新的折缝修改器与 OpenSubdiv 相关联,使用户可以指定从堆栈程序式折缝的边和顶点,而 CreaseSet 修改器使用户可以管理子对象组的折缝,甚至可以跨多个对象进行管理。如图 1-6 所示。

11．切角修改器

新的切角修改器使用户可以在堆栈上应用顶点和切角操作，而不是以前那样明确的可编辑多边形操作。选项包括如下几个。

（1）对边执行切角操作时，可以选择仅生成四边形输出，并且能够控制切角区域的拉伸或曲率。

（2）各种输入选项包括【从堆栈】、【选定面的边】和【已平滑的边】。

（3）为生成的面设置材质 ID。

（4）通过限制程序式设置【数量】的效果，防止泛光化边。

（5）通过指定面之间的最小和最大允许的角，限制进行边切角的区域。

（6）将平滑延伸到与切角区域相邻的面。

四边形切角也是一个新选项，具有可编辑的多边形对象和编辑多边形修改器。

如图 1-7 所示，图 1-7（a）是初始边选择；图 1-7（b）是四边形切角，即拐角处的新多边形都是四边形；图 1-7（c）是标准切角，即拐角处的新多边形是四边形和三角形。

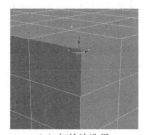 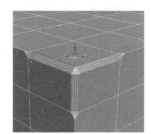 

　（a）初始边选择　　　　　　　　（b）四边形切角　　　　　　　　（c）标准切角

图 1-7　切角修改器

12．硬边和平滑边

现在，通过可编辑多边形对象和编辑多边形修改器可以更轻松地创建硬边和平滑边，无须手动管理平滑组。还新增了一个选项，以便在视口中可视化硬边，如图 1-8 所示。

13．规划样条线

规格化样条线修改器现在具有新的精度参数。

14．镜像工具

镜像工具新增了一个【几何体】选项，这对于建模非常有用。这使得用户可以镜像对象，而无须重置其可能产生反转发现的变换。

图 1-6　OpenSubdiv

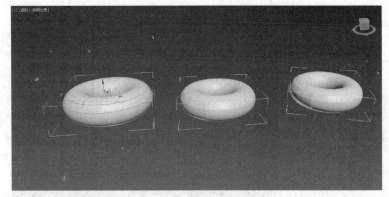

(a) 选定边　　　　(b) 设置为"硬"　　(c) 启用了"显示硬边"并设置为绿色

图 1-8

15. 文本样条线现在支持 OpenType 字体

文本样条线现在可以使用 OpenType 字体，以及 TrueType 和类型 1PostScript 字体。可以使用 Windows 字体管理器在 C:\Windows\fonts\文件夹中安装 TrueType 和 OpenType 字体。

16. 与 Alembvic 数据交换

美工人员现在可以使用 Alembic 在 3ds Max 中打开计算机图形交换框架格式 Alembic 将复杂的动画和模拟数据提取到独立于应用程序的非程序性烘焙几何体结果集中。Alembic 旨在实现高效使用内存和磁盘空间，使美工人员可以在 Nitrous 视口中查看大型数据集，并在其他团队和某些程序之间更轻松地传递它们。自扩展 1 起，添加了新的播放缓存系统，从而显著提高视口性能。

17. 更轻松的 Revit 和 SketchUp 工作流程

现在可以使用 3ds Max 2016 扩展 2 中首次引入的更紧密的全新 Revit 集成，直接将 Revit RVT 文件导入 3ds Max 中并创建文件链接。美工人员可以通过比以前快 10 倍的速度 Revit 模型导入 3ds Max 中，并且新集成提供增强的功能，如改进的实例、附加 BIM 数据和多台摄影机。此外，使用 SketchUp 的美工人员现在可通过导入 SketchUp 2015 文件在 3ds Max 中进一步进行设计。

18. 更轻松地进行 SolidWorks 导入

不再需要安装 SolidWorks®应用程序或在系统中运行该应用程序，即可导入用 SolidWorks 文件。

19. ATF 导入

Autodesk Translation Framework（ATF）简化了 Autodesk 与第三方文件格式（包括 SolidWorks®）之间的数据交换。

20．Inventor 动画导入

Autodesk Inventor 约束和关节驱动动画现在可以作为烘焙关键帧导入 3ds Max。现在，可以创建高质量的机械设计动画并在 3ds Max 中查看它，不必使用 3ds Max lK 和装备特征。

21．双四元数蒙皮

3ds Max 平滑蒙皮与双四元数结合使用的效果会更好，因为它专用于避免网格在扭曲或旋转变形器时会丢失体积的"蝴蝶结"或"糖果包裹纸"效果。这在角色的肩膀或腕部最常见，这种新的平滑蒙皮方法有助于减少不必要的变形瑕疵。作为"蒙皮"修改器中的新选项，双四元数允许用户绘制蒙皮将对曲面产生的影响量，以便他们可以在需要时使用它，在不需要时将其逐渐减少为线性蒙皮权重。

22．增强的 ShaderFX

Shade FX 实现视觉明暗器的增强功能提供扩展明暗处理选项，并改善了 3ds Max、Maya 和 Maya LT 之间的明暗器互操作性，以便美工人员和编程人员可以更轻松地创建和交换高级明暗器。Shade FX 现在提供新的节点图案（波形线、voronoi、单一澡波和砖）以及新的凹凸工具节点和可搜索的节点浏览器。

FBX 已更新，可改进这些产品之间的 Shade FX 纹理共享。

23．Stingray 明暗器

用户还可以创建 Stingray 明暗器。Stingray 基于物理的明暗（PBS）遵循物理法则和能量守恒。通过它，用户可以使用粗糙度、法线和金属贴图来平衡散射/反射和微曲面详图/反射率。

24．MetaSL 明暗器

3ds Max 2016 不再支持 MetaSL 明暗器。

25．物理摄影机

新的物理摄影机是与 V-Ray 制造商 Chaos Group 共同开发的，为美工人员提供新的渲染选项，可模拟用户可能熟悉的真实摄影机设置，例如快门速度、光圈、景深和曝光。新的物理摄影机使用增强型控件和其他视口内反馈，可以更加轻松地创建真实照片级图像和动画，如图 1-9 所示。

26．摄影机序列器

现在使用新的摄影机序列器，可通过高质量的动画可视化、动画和电影制片更加轻松地讲述精彩故事，从而使 3ds Max 用户可以更多地进行控制。通过此新功能，能够轻松地在多个摄影机之间剪辑、修剪和重新排序动画片段且不具有破坏性，保留原始动画数据不变，同时让用户可以灵活地进行创意。

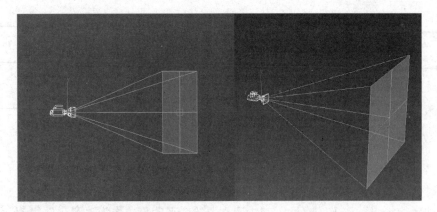

图 1-9　物理摄影机

27. Autodesk A360 渲染支持

3ds Max 使用与 Autodesk®Revit®软件相同并且客户已经开始依赖的技术，为签订 Autodesk® Maintenance Subscription 维护合约（速博）和 Desktop Subscription 维护合约（速博）的客户提供 Autodesk A360 渲染支持。现在可以直接在 ds Max 中访问 A360 的云渲染。A360 利用云计算的强大功能，使 3ds Max 用户可以创建令人印象深刻的高分辨率图像，而无须占用桌面或者需要专门的渲染硬件，帮助他们节省时间和降低成本。另外，Subscription 维护合约（速博）客户可以创建日光研究渲染、交互式全景、照度模拟，通过以前上载的文件重新渲染图像，以及与其他团队或同事轻松地共享文件。

28. 添加了对新的 iray®和 mental ray®增强功能支持

利用大量受支持的 NVIDIA®iray®和 mental ray®增强功能，渲染真实照片级图像现在更加轻松。

1）Iray 增强功能

Iray 光线路径表达式（LPE）目前已经扩展，可以使美工人员能够根据对象的层名称将灯光和几何体隔离到 LPE 渲染元素。这会大大提高美工人员在后期制作中为特定对象调整特定灯光或探索设计选项的能力。新的 Iray Irradiance 渲染元素使建筑师能够轻松查看他们的设计，而无需复杂的建模。

2）Mental Ray 的增强功能

Mental Ray 现在包括灯光重要采样（LIS）和新的环境阻挡渲染元素。LIS 可以在复杂的场景中生成更快、更高质量的图像。新的 AO 渲染元素具有 GPU 加速，可以使用 CPU 作为可靠支持。

Mental Ray 渲染器现在使用版本 3.13。

29. 最新支持 Backburner 错误报告

新提供的 Windows 环境变量可用于指定 Backburner 报告是否为错误或警告包含渲染作业中某些丢失的文件。

30. Nitrous 视口中的选择预览

将鼠标移到 Nitrous 视口中的对象上，则其轮廓显示可以通过单击进行选择的对象。

选择对象后，其轮廓会显示选择内容。

1.1.3 应用领域

由于 3ds Max 自身所具有的优点，使其能够被广泛应用于广告、影视、工业设计、建筑设计、多媒体制作、辅助教学以及工程可视化等多个领域，成为人们十分关注的一个热点。本节将介绍 3ds Max 应用的几个主要领域，以便于读者能够全面掌握它的功能，并为自己以后的择业奠定基础。

1. 影视特效

影视特效是 3ds Max 的一个重要功能，通过它制作出来的影视作品有很强的立体感、写实能力较强，能够轻而易举地表现出一些结构复杂的形体，并且产生惊人的真实效果，典型的应用是影视作品的合成，例如《银河护卫队》中的反面主角就是多次使用这种技术制作而成的。图 1-10 所示的是一个电影当中的精彩镜头。

2. 电视栏目

3ds Max 广泛应用在电视作品中，主要包括栏目片头、特效等，许多电视节目的片头均是设计师配合使用 3ds Max 和后期编辑软件制作而成的。图 1-11 所示的是一个电视片头的效果。

3. 游戏角色

由于 3ds Max 自身所具备的建模优势，使其成为了全球范围内应用最为广泛的游戏角色设计与制作软件之一。除制作游戏角色外，还被广泛应用于制作一些游戏场景。如图 1-12 所示是三维游戏中的场景和人物效果。

图 1-10　影视作品

图 1-11　电视片头

（a）　　　　　　　　　　　　　　　　（b）

图 1-12　游戏场景和角色

4．广告动画

在商业竞争日益激烈的今天，广告已经成为一个热门的行业。而使用动画形式制作电视广告是目前最受厂商欢迎的一种商品促销手段之一。使用 3ds Max 制作三维动画更能突出商品的特殊性、立体效果，从而引起观众的注意，达到商品的形象宣传效果。图 1-13 所示的就是一个广告的动画效果。

5．建筑效果

室内设计与建筑外观表现是目前使用 3ds Max 领域最广的行业之一，大多数学习 3ds Max 的人员首要的工作目标就是制作建筑效果。图 1-14 所示的是利用 3ds Max 制作出来的室内效果图。

(a)　　　　　　　　　　(b)

图 1-13　广告效果

(a)　　　　　　　　　　(b)

图 1-14　建筑效果

6．工业造型

3ds Max 是产品造型设计中最为有效的技术手段，它可以极大地拓展设计师的思维空间。同时，在产品和工艺开发中，它可以在生产线建立之前模拟实际工作情况以检测生产线运行情况，以免因设计失误而造成巨大的损失。图 1-15 所示的是利用 3ds Max 制作出来的产品造型。

实际上，3ds Max 的应用不仅仅局限于上述的几个方面，它在很多行业当中都有具体的使用范围，限于篇幅的问题这里就不再一一介绍。

（a）　　　　　　　　　　　　　　（b）

图 1-15　产品造型

1.1.4　制作流程

　　对于初学者而言，使用 3ds Max 进行创作是一个严谨、复杂的过程，在不同的使用领域，3ds Max 的制作流程也有很大的区别，没有一个固定的流程适用于所有的创作。但是 3ds Max 2016 的各部分功能存在着差异，并且各部分功能本身存在着先后顺序，因此，总结 3ds Max 2016 的各部分功能并明确它们之间的先后顺序，对于学习这个软件具有重要的指导意义。在此，我们将 3ds Max 2016 各部分功能的一般先后顺序称作 3ds Max 2016 的一般制作流程。这个流程主要包括建模、制作材质、布置灯光和定义视口、渲染场景和后期合成。

1. 建模

　　在 3ds Max 中，建模是制作作品的基础，如果没有模型则以后的工作将无法继续。3ds Max 提供了多种建模方式，建模可以从不同的三维基本几何体开始，也可以使用二维图形通过一些专业的修改器来进行，甚至还可以将对象转换为多种可编辑的曲面类型进行建模。图 1-16 所示的是利用 3ds Max 的建模功能制作出来的模型。

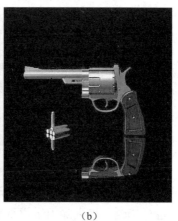

（a）　　　　　　　　　　　　　　（b）

图 1-16　建模阶段

2．制作材质

完成模型的创建工作后，需要使用【材质编辑器】设计材质。再逼真的模型如果没有赋予合适的材质，都不是一件完整的作品。通过为模型设置材质能够使模型看起来更加逼真。3ds Max 提供了许多材质类型，既有能够实现折射和反射的材质，也有能够表现表面凹凸不平的材质。图 1-17 所示的是模型的材质效果。

图 1-17　利用材质表现的效果

3．布置灯光和定义视口

照明是一个场景中必不可少的，如果没有恰当的灯光，场景就会大为失色，有时甚至无法表现创作的意图。在 3ds Max 中，既可以创建普通的灯光，也可以创建基于物理计算的光度学灯光或者天光、日光等真实世界的照明系统。通过为场景添加摄像机可以定义一个固定的视口，用于观察物体在虚拟三维空间中的运动，从而获取真实的视觉效果。

4．渲染场景

完成上面的操作后，并不是作品就已经产生了。在 3ds Max 中，还需要将场景渲染出来，在该过程中还可以为场景添加颜色或者环境效果。

5．后期合成

后期合成可以说是 3ds Max 制作的最后一个环节，通过该环节的操作，制作出来的效果将变为一个完整的作品。

在大多数情况下需要对渲染效果图进行后期修饰操作，即利用二维图像编辑软件例如 Photoshop 等进行修改，以去除由于模型或者材质、灯光等问题而导致渲染后出现的瑕疵。

1.2 3ds Max 2016 界面

本节将介绍 3ds Max 2016 的软件操作界面。只有将 3ds Max 的基本环境彻底掌握，才能提高制作模型的效率。另外，还将介绍关于 3ds Max 2016 工作环境的一些操作方法。下面简要介绍各个模块的主要功能和用途。

1.2.1 基本操作界面

当我们学习一个新的软件时，对于其环境的认识是非常重要的，它将直接关系到我们的操作。本节将介绍 3ds Max 的环境，从而为用户的实际操作打下基础。当安装好 3ds Max 软件后，双击桌面上的 3ds Max 2016 图标，即可启动该软件，图 1-18 所示的就是 3ds Max 2016 的启动画面。

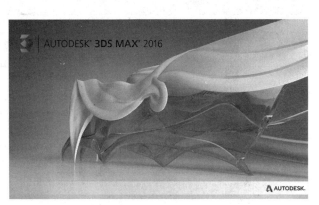

图 1-18   3ds Max 2016 的启动画面

当系统初始化完毕后，即可进入它的操作界面。和所有的三维设计软件相同，3ds Max 2016 也拥有 4 个默认的视图，分别是顶视图、前视图、左视图和透视图，如图 1-19 所示。

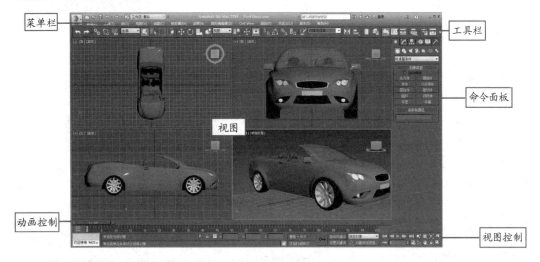

图 1-19   3ds Max 工作界面

本节将详细介绍 3ds Max 2016 的主界面及其各个部分的功能，首先来看菜单栏的功能。

1. 菜单栏

和常见的应用软件相同，3ds Max 2016 的菜单栏位于标题栏的下方，包括编辑、工具、组、视图、创建、修改器、动画、图形编辑、渲染、自定义、MAX Script（X）和帮助 12 项菜单。

2. 工具栏

工具栏位于菜单栏下方，包括选择物体按钮、撤销操作按钮、选择并移动按钮、镜像按钮、阵列按钮，以及材质编辑器按钮等一些常用的工具和操作按钮，关于这些工具的简介如表 1-1 所示。

表 1-1   主要按钮说明

按　　钮	说　　明
	选择物体按钮，单击该按钮后可以以单击或框选的方式选择物体
	根据名称选择，单击该按钮，在弹出的【选择对象】对话框中可以通过名称进行选择
	撤销按钮，单击该按钮可以撤销刚才的操作，回到上一步操作结果
	重复按钮，单击该按钮可以重复刚才的操作
	选择并移动按钮，单击该按钮后可以选择物体并随意拖动到任意位置
	选择并旋转按钮，单击该按钮可以选择物体并旋转该物体
	选择并按均匀挤压，单击该按钮后，拖动鼠标可以使所选物体沿约束的坐标轴或坐标进行挤压或拉伸
	镜像按钮，单击该按钮后，在弹出的对话框中对当前选中的物体进行镜像操作
	对齐按钮，单击该按钮可以将视图中的物体以一定的方式对齐
	材质编辑器按钮，单击该按钮后弹出材质编辑器窗口
	快速渲染按钮，单击该按钮可以快速渲染当前选择视图窗口

3. 命令面板

在 3ds Max 2016 中，命令面板位于界面的最右侧。它的结构比较复杂，内容丰富，包括基本的建模工具、物体编辑工具以及动画制作等工具，是 3ds Max 的核心工具之一，如图 1-20 所示。

在命令面板的顶部有 6 个选项卡，每个选项卡代表 3ds Max 中的一类工具。当单击某一个选项卡时，系统将打开与该类型相近的所有命令。例如，当单击【运动】面板时，与运动相关的所有参数都将被打开。关于这 6 个选项卡的简介如表 1-2 所示。

图 1-20   命令面板

表 1-2   命令面板上各按钮的名称及功能

按　　钮	含　　义	功　能　简　介
	创建命令	该面板主要用于创建物体，其下面的 7 个选项分别为几何体、图形、灯光、摄影机、辅助物体、空间扭曲和系统
	修改命令	单击该选项卡后，当前被选择的物体名字出现在顶部，并有一组物体修改命令按钮出现在下面
	层次命令	该面板用于调整物体的轴心，进行反向动力学设置，控制物体的链接
	运动命令	该面板用于动画设置

按　钮	含　义	功　能　简　介
⊡	显示命令	该面板用于控制物体在视图中的显示
✎	实用程序命令	用于显示常规实用程序和外挂实用程序列表

通常一个命令面板包括多个卷展栏。卷展栏的最前端带有+或-，表示该卷展栏下存在子选项。通过单击该符号可以展开或收缩其下方区域。此外，如果在卷展栏最前端显示+，表示该卷展栏下方区域未展开；如果在卷展栏最前端显示-，则表示该卷展栏的下方区域已被展开。

4．视图控制区域

视图控制区域位于整个界面的右下方。该区域主要用于改变视图中场景的观察方式（但它并不能更改视图中场景的结构）。可以通过视图控制区对视图显示的大小、位置进行调整。该区域中的各个工具的功能简介如表1-3所示。

表1-3　视图控制区域各按钮名称及功能

按 钮 名 称	功 能 简 介
缩放🔍	单击该按钮后，按住鼠标左键，上下拖动鼠标可以拉近或推远视图
缩放所有视图🔍	单击该按钮可以使所有视图窗口随当前视图窗口的变化
最大方式显示选定对象🔳	单击该按钮可以以尽可能大的方式显示所选物体
所有视图最大显示选定物体🔳	单击该按钮可以使所有视图窗口中的所有被选物体都尽可能放大
缩放区域▷	单击该按钮，然后在视图窗口中画一矩形，使被框住的部分放大至整个视图窗口
移动视图✋	单击该按钮后，可以平行移动视图窗口
旋转视图🔄	单击该按钮后，可以绕中心点旋转视图
最大、最小视图切换▣	单击该按钮后，可以使当前视图窗口全屏显示或者恢复

5．视图区域

视图是操作的平台，通过系统提供的视图，可以快速了解一个模型各个部分的结构，以及执行修改命令后的效果。在默认状态下，工作视图由顶视图、前视图、左视图和透视图组成，如图1-21所示。

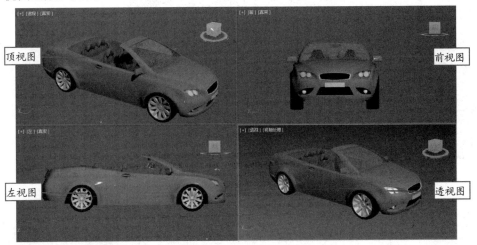

图1-21　工作视图

其中，顶视图显示从上向下看到的物体的形状；前视图显示从前向后看到的物体的形状；左视图显示从左向右看到的物体的形状；透视图则可以从任何角度观测物体的形状。另外，顶视图、前视图与左视图属于正交视图，主要用于调整各物体之间的相对位置和对物体进行编辑；透视图则属于立体视图，主要用于观测效果。

注　意

在视图区域中可以根据需要切换视图，操作的方法是：单击视图窗口左上角的视图名称，在弹出的二级菜单中选择需要切换的视图即可。

6. 力学工具面板

力学工具面板位于工作界面的最左侧，它的主要功能是用于动力学设置。该面板中所有的创建工具均可在创建命令面板中找到。

7. 动画控制区域

动画控制区域主要用来制作、播放动画并用于设置动画的播放时间等。其中，单击 按钮，可以在打开的对话框中设置动画的播放时间和播放格式等内容；单击【自动关键点】按钮则可以录制动画；单击【设置关键点】按钮可以设置帧的属性等。

1.2.2　视图操作

视图是进行操作的主要区域，对于视图的操作十分重要。3ds Max 为我们提供编辑命令的同时，也提供了大量的关于视图的操作，以便于从不同的角度观察和编辑场景中的物体。打开 3ds Max 界面后，可以看到其中的 4 个工作框，这就是视图。在默认情况下，主界面中显示顶、前、左、透视 4 个视图，如图 1-22 所示。在其中的一个视图中创建物体后，该物体也在其他视图中显示状态。

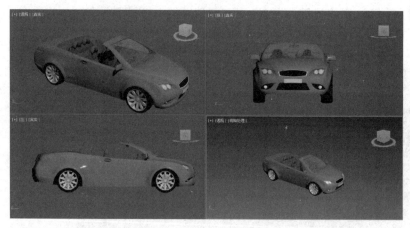

图 1-22　默认的视图

注　意

在默认情况下，顶视图位于左上角，前视图位于右上角，左视图位于左下角，透视图位于右下角。如果视图被一个黄色边框包围，说明该视图已经被激活。默认情况下，透视图处于激活状态。

3ds Max 不仅仅只有 4 个视图可以显示物体，它提供了高达 9 个视图的显示方式，读者可以根据实际需要选择显示物体的顶、底、前、后、左、右、用户、透视和摄像机视图。

此外，3ds Max 界面中的视图的大小可以根据显示的需要进行调整。通常情况下，调整视图的方法可以有以下两种。

（1）拖动视图：鼠标指针放在 4 个视图的中间位置时将变为一个十字形状，如图 1-23 所示。此时可以通过拖动鼠标指针来改变视图的形状。

图 1-23 拖动鼠标更改视图

（2）使用命令：执行【视图】|【视图配置】命令，在打开的对话框中切换到【布局】选项卡，然后选择视图的布置方式，如图 1-24 所示。

视图调整工具位于 3ds Max 界面的右下角，如图 1-25 所示。

图 1-24 视口配置

图 1-25 视图调整工具

根据当前激活的视图类型，视图调整工具略有不同，可以通过观察视图控制区域的工具按钮，观察它们的变化。当选择一个视图工具后，该按钮呈现黄色高亮度显示，从而表示对当前激活的视图来说该按钮是可用的。下面介绍一下这些工具的功能。

（1）缩放：调整当前视图的放大值。

（2）缩放所有视图：调整物体在所有视图中的放大比例。

（3）缩放程度：在当前视图中显示场景中的所有对象。该按钮还包含一个隐藏的按钮，即最大化显示选定对象。

（4）所有视图最大化显示：将所有可见对象在所有视图中居中显示。该按钮还包含一个隐藏按钮，即所有视图最大化显示选定对象。

（5）缩放区域：放大在视图内选择的矩形区域。如果当前视图是透视视图，则该按钮还包含一个隐藏按钮，即视野。

（6）平移视图：以与当前视图平面平行的方向移动视图。

（7）弧形旋转：使视图围绕其中心自由旋转。

（8）最大化视图切换：使当前视图在正常大小和全屏之间进行切换。

除了可以更改视图的布局外，还可以设置模型在视图中的显示方式。在视图中的标签上（即标识视图的文字，例如透视图中的【透视】字样上）右击，在打开的快捷菜单中将显示视图属性，如图1-26所示。

在该菜单中选择一个命令后，系统将按照指定的方式显示模型，例如选择【隐藏线】命令，则视图将以隐藏线的方式显示模型，如图1-27所示。关于视图的操作是非常重要的，它牵涉到对模型的整体操作，因此读者需要切实掌握它们，并能够熟练应用。

 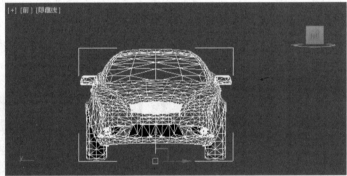

图1-26 视图属性　　　图1-27 隐藏线显示模型

1.2.3 文件的基本操作

对于任何一个软件而言，文件的操作都是最基本的。这些操作能够帮助我们创建一个基本的平台，从而为实际操作提供空间。本节所要介绍的是3ds Max中的文件操作。下面将介绍关于3ds Max的一些操作，包括文件的新建、场景的初始化，以及暂存与取回等多种操作。

1．新建场景

使用【新建】操作可以清除当前场景中的内容，但不能更改系统设置，如视图配置、捕捉设置、材质编辑器和背景图像等。关于新建文件的操作方法如下。

首先，在打开的文件场景中依次选择【文件】|【新建】命令，打开【新建场景】

对话框。

然后，在该对话框中指定要保留的对象类型。单击对话框上的【确定】按钮，即可创建一个新的场景文件。在【新建场景】对话框中有三种新建场景的基本形式，下面一一介绍它们的功能。

（1）保留对象和层次：如果选择该选项后，则在新建的文件中将保留对象以及对象之间的层次链接，但移除所有动画的关键点。

（2）保留对象：保留场景中的对象，但移除它们之间的所有链接和所有动画关键点。

（3）新建全部：清除当前场景的内容。

2．打开文件

要使用或者编辑处理已经存在的 3ds Max 文件，需要事先打开该文件。打开的方法简介如下。

首先，依次选择【文件】|【打开】命令，打开如图 1-28 所示的【打开文件】对话框。然后在文件所在的位置选择要导入的文件，单击【打开】按钮就可以打开文件。

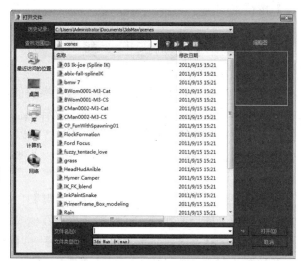

图 1-28 【打开文件】对话框

3．保存文件

作品制作完毕，需要将其保存起来，关于文件的保存分为多种类型，例如可以完全保存图像，也可以另存为图像，甚至还可以保存选定的对象。

1）保存与另存为

选择【文件】|【保存】命令，打开如图 1-29 所示的【文件另存为】对话框。然后，选择放置文件的位置，并输入文件名称，单击【保存】按钮即可保存文件。

如果要创建当前打开文件的副本，可以选择【文件】|【另存为】命令，打开【文件另存为】对话框。改变文件放置的位置和文件名称，然后单击【保存】按钮即可另外创建一个文件。

图 1-29 【文件另存为】对话框

提　示

如果另存的文件与原文件放置在同一个目录下，则必须为另存的文件重新命名，否则另存的文件将覆盖原文件。文件另存以后，程序将自动关闭原文件，并打开另存后的文件。

2）保存选定对象

3ds Max 有一种特殊的文件保存功能，即保存
选定对象。利用这种功能可以只保留场景中的一部
分物体，即可以选中这部分物体，并将其保存为一
个新的文件。保存的方法是：选择要保存的部分，
使其处于高亮度选中状态，如图 1-30 所示。

选择【文件】｜【保存选定对象】命令，打开
【文件另存为】对话框，指定一个名称后，单击【保
存】按钮完成保存。

● 图 1-30　选择保存部分

1.2.4　暂存与取回对象

在 3ds Max 中，某些操作是不能进行撤销的，例如布尔运算等，一旦执行了这些操
作后就不能恢复到执行前的状态。对于这样的问题，3ds Max
提供了【暂存】功能。对暂存保存的场景，可以在需要恢复时
使用【取回】功能恢复到原场景。要使用该功能可以执行以下
操作步骤。

在需要保存场景的时候依次选择【编辑】｜【暂存】命令，
暂时保存场景的当前状态，然后继续执行其他操作。在需要退
回到暂存前的状态时，可依次选择【编辑】｜【取回】命令，
打开如图 1-31 所示的对话框，单击【是】按钮即可回到暂存前
的场景状态。

● 图 1-31　取回操作

1. 初始化场景

3ds Max 中的【重置】功能可以清除所有的数
据并重置程序的设置，例如视图配置、捕捉设置、
材质编辑器、背景图像等，其操作的具体方法如下。

在已经打开的场景文件中依次选择【文件】｜

● 图 1-32　初始化操作

【重置】命令，弹出如图 1-32 所示的对话框。单击【保存】或者【不保存】按钮即可初
始化场景。

> **提　示**
>
> 如果在图 1-32 所示的对话框中单击【保存】按钮则会打开【保存文件】对话框，对当前操作执行保
> 存操作；如果单击【不保存】按钮则直接初始化文件；如果单击【取消】按钮则不做任何操作，返
> 回到操作环境。

2. 导入与导出

与其他三维软件的完美结合，是 3ds Max 的一个很大的优点。可以通过使用【导入】
命令导入其他软件创建的文件，例如 AutoCAD 创建的*.dwg 格式文件。也可以使用【导

出】命令将自身创建的文件转化为其他格式以供其他软件使用，例如将 3ds Max 场景转变为 Lightscape 软件可用的*.LP 格式等文件。

1.3　思考与练习

一、填空题

1．由于＿＿＿＿＿＿自身所具有的优点，使其能够被广泛应用于广告、影视、工业设计、建筑设计、多媒体制作、辅助教学以及工程可视化等多个领域。

2．在 3ds Max 中，建模是制作作品的＿＿＿＿＿＿，如果没有模型则以后的工作将无法继续。

3．3ds Max 也具有非常好的＿＿＿＿＿＿，因此它现在拥有最多的第三方软件开发商，具有成百上千种插件，极大地扩展了 3ds Max 的功能。

4．3ds Max 不仅可以制作人物、动物等模型，还可以创建出极其复杂的＿＿＿＿＿＿。

5．新的＿＿＿＿＿＿为用户提供标准化的启动配置，这有助于加快场景创建过程。

二、选择题

1．3ds Max 是＿＿＿＿＿＿公司的产品，作为三维动画软件的后起之秀，深受业界欢迎和钟爱。

    A．Adobe
    B．Autodesk
    C．Alias
    D．Microsoft

2．如果要移动场景中的物体，则需要使用工具栏上的＿＿＿＿＿＿工具。

    A．选择
    B．缩放
    C．旋转
    D．移动

3．如果要复制一个物体，则可以使用快捷键＿＿＿＿＿＿。

    A．Ctrl+鼠标左键
    B．Ctrl+鼠标右键
    C．Ctrl+F
    D．Ctrl+C 和 Ctrl+V

4．下面的选项中，不属于创建设置的是＿＿＿＿＿＿。

    A．几何体
    B．图形
    C．灯光
    D．缩放区域

5．下面哪一个选项不是 3ds Max 中的视图？＿＿＿＿＿＿

    A．顶视图
    B．前视图
    C．左视图
    D．后视图

三、问答题

1．对比一下其他三维软件，说说你对 3ds Max 的认识。

2．说说你对 3ds Max 应用领域的认识。

四、上机练习

1．调整试图布局

在 3ds Max 中，系统允许根据需要调整视图的布局。本练习要求读者根据本章的知识点做下面的调整。

使用 Alt+W 键实现透视图和四视图的相互切换，并将其网格取消显示，图 1-33 所示的分别是四视图和透视图。

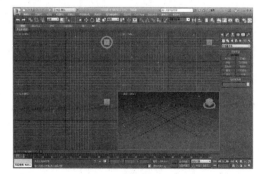

（a）四视图

（b）透视图

图 1-33　四视图与透视图

2．编辑物体

在本章当中介绍了对于物体的一些操作方式，例如移动、旋转、缩放等。本节要求大家按照下面的提示完成上机练习。

（1）利用移动工具调整物体的位置；

（2）利用旋转工具调整物体的角度；

（3）利用缩放工具调整物体的大小；

（4）调整完毕后，使用镜像的方法产生两个副本。

第 2 章
对象的基本操作

　　基本的操作对象，在建模过程中发挥着重要的作用。本章介绍了 3ds Max 2016 常用选择对象的基本操作，同时也包括变换操作的要点和各种方法。复制、阵列、对齐和组合物体是建模过程中常用的命令，熟练运用这些命令能够大大提高工作效率，同时也根据相关知识的讲解，以实例的形式对这些命令做了介绍。

2.1　对象操作

　　在 3ds Max 中提供了多种选择对象的工具，除了专门用于选择对象的【选择对象】工具外，还可以使用【按名称选择】命令方式来选择对象。下面介绍几种常用的选择对象的方法。

● 2.1.1　直接选择

　　选择物体的方式根据不同的要求分为很多种类型，但是对于初学者而言，需要掌握两种基本的选择方式，分别是基本选择法和区域选择法。这两种选择法是掌握 3ds Max 的基础，也是众多选择方式中最为简单的方法。

　　当需要选择视图中的对象时，可以直接单击工具栏上的【选择对象】按钮，此时视图中的光标变为可用来选择对象的十字光标。通过十字光标可以单击选择对象，也可以配合其他方式拖曳光标形成一个区域来定义对象选择集。如果要取消选择对象，只需要在没有对象的视图空白区域单击即可。

提　示

如果要选择多个对象，则可以通过按住 Ctrl 键在视图中连续单击不同的对象，即可将它们一一选择。

2.1.2　多物体选择

多物体选择指的是一次性选择多个物体，或者在选择一些物体之后，在此基础上加选一些物体。在 3ds Max 中，多物体选择可以分为三种类型，分别是鼠标单击选择、区域选择和【编辑】菜单选择，分别简介如下。

1. 鼠标单击选择

通常情况下，按住键盘上的 Ctrl 键，逐一单击要选择的物体，可以从选择集中增加物体；逐一单击要取消的物体，可以从选择集中取消物体。

2. 区域选择

按住键盘上的 Ctrl 键，用区域选择的方法，框选要选择的多个物体，可以向选择集中增加多个物体；框选要取消的多个物体，可以从选择集中取消多个物体。

3. 使用【编辑】菜单

选择【编辑】|【全选】命令，可以选择视图中的所有物体。选择【全不选】命令，可以取消视图中所有被选择的物体。

2.1.3　区域选择

利用鼠标直接选择对象的方式，这种方式的最大优点就在于选择灵活，但同时它也有自己的缺点，为此 3ds Max 还提供了区域选择方式，下面一一介绍它们的功能。

1. 矩形选区

矩形区域选择是系统默认的选择方式，在该方式下可以使用鼠标拖出一个矩形区域来进行选择，如图 2-1 所示。

2. 圆形选区

圆形区域选择是以视图上的一点为圆心画出一个圆形区域，松开鼠标则圆形区域内的物体即被选中，如图 2-2 所示。

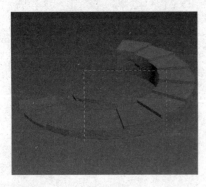

图 2-1　矩形选区

图 2-2　圆形选区

3. 围栏选区

任意多边形区域选择可以在视图上画出任意的多边形，当选定区域后只有当鼠标回到起点，再次单击后，多边形区域内的物体将被选中，如图 2-3 所示。

4. 套索选区

套索选区类似于矩形区域选择的方法，但可以拖出极其特殊的形状区域，如图 2-4 所示。

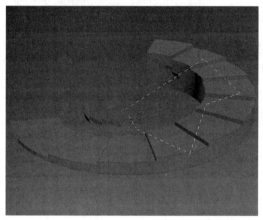

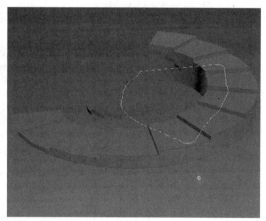

图 2-3　围栏选区　　　　　　　　　　　图 2-4　套索选区

5. 绘制选区

绘制区域选择可以在视图上有选择性地选择物体，选择█按钮后，在视图上单击某个物体，则该物体上将出现一个圆形标记，这时按住鼠标左键不放，再选择其他物体即可完成操作，如图 2-5 所示。

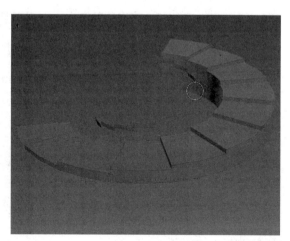

2.1.4　按名称选择

除了上述选择方式外，3ds Max 还提供了一种精确选择物体的方法，即利用【场景资源管理】按钮打开该对话框。然后，在其中的列表框中选择物体的名称，就可以将物体选中，如图 2-6 所示。

图 2-5　绘制区域

相对于其他选择方式而言，这种选择方式最精确。当场景中物体比较多时，使用这种选择方式可以提高工作效率。

2.2　修改对象

所谓变换物体，实际上就是改变物体在场景的外观，包括移动物体、旋转物体和缩放物体等。这是一种很重要的操作，它们将利用专门的工具来实现，本节将重点介绍如何在 3ds Max 中实现物体的变换。

2.2.1　移动对象

在创建场景时，有时需要移动物体进行观察，把它们放置在合适的位置，这就要用到移动工具。下面介绍移动工具的使用。

在工具栏中激活按钮，此时枢轴门上出现移动变换轴。移动变换轴包括 X、Y、Z 三个轴向，分别显示为红色、绿色和蓝色箭头，将鼠标放置在某个轴上，这个轴即变为黄色显示，如图 2-7 所示，此时拖动鼠标便可以移动对象。

还可以通过输入数值的方式控制移动的距离。在视图中选中创建的枢轴门，在工具栏中激活按钮，并在这个按钮上右击，打开【移动变换输入】对话框。在这个对话框中，左侧一列数值为对象在场景空间中相对于原点的位置坐标，右侧的数值为相对于原来位置的改变值。

在对话框右侧【移动变换输入】一列数值中设置 X 轴移动量为 100mm，然后按回车键确认，此时长方体向右移动 100mm，如图 2-8 所示。

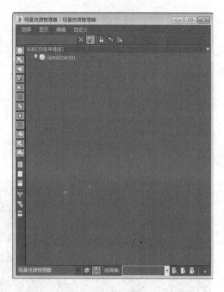

图 2-6　从场景选择

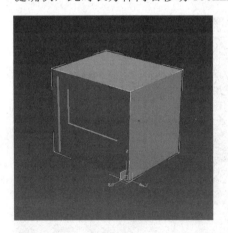

图 2-7　移动轴向

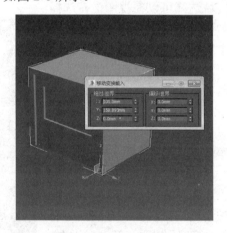

图 2-8　设置移动距离

2.2.2　旋转对象

在视图中选中枢轴门，在工具栏中激活按钮，此时枢轴门上出现旋转变换轴。旋转变换轴包括 X、Y、Z 三个轴向和一个屏幕轴，X、Y、Z 轴分别显示为红色、绿色和蓝色圆，屏幕轴则显示为灰色圆，如图 2-9 所示。

与移动轴的使用方式一样，将鼠标放置在某个轴上，这个轴即变为黄色显示，此时拖动鼠标便可以旋转对象。

也可以通过输入数值的方式精确控制旋转的角度。在视图中选中创建的枢轴门，在工具栏中激活按钮，并在这个按钮上右击，打开【旋转变换输入】对话框。在对话框右侧【绝对：世界】一列数值中设置 Z 轴旋转量为 60°，然后按回车键确认，此时长方体顺时针旋转 60°，如图 2-10 所示。

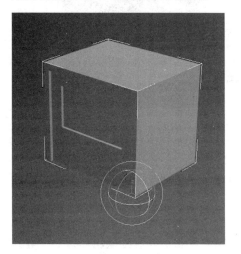

图 2-9　旋转轴

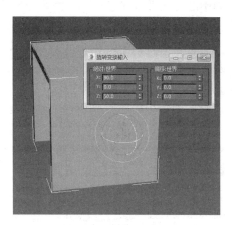

图 2-10　旋转对象

2.2.3　缩放对象

在视图中选中长方体，在工具栏中激活按钮，此时长方体上出现缩放变换轴。缩放变换轴包括 X、Y、Z 三个轴向，X、Y、Z 轴分别显示为红色、绿色和蓝色线。将鼠标放置在某个轴上，这个轴即变为黄色显示，此时拖动鼠标便可以缩放对象。

如果要等比例缩放长方体，则需要将光标放置在三个轴的中心，三个轴的连线都显示为黄色时拖动鼠标，如图 2-11 所示。也可以使用输入数值的方式精确控制缩放的值，【缩放变换输入】对话框的使用方法和移动、旋转的使用方法类似，此处不再赘述。

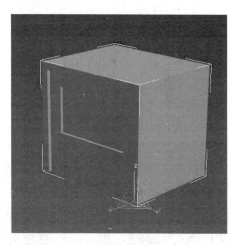

图 2-11　等比缩放对象

2.3　复制对象

在场景中有时需要创建大量的相同对象时，为了避免重复操作，通常采用先创建其中一个对象，再通过对该对象进行复制的方法来完成其余相同对象的创建，常用的复制有直接复制、阵列复制、镜像复制、旋转复制。

2.3.1　直接复制

在 3ds Max 中，物体的复制方法有两种：一种是使用【克隆】命令复制物体；另一种是在移动、旋转或缩放过程中复制物体。

1. 使用【克隆】命令

在视图中选择需要复制的物体，然后选择【编辑】|【克隆】命令，打开如图 2-12 所示的【克隆选项】对话框，选择一种复制方式后，单击【确定】按钮完成物体的复制。

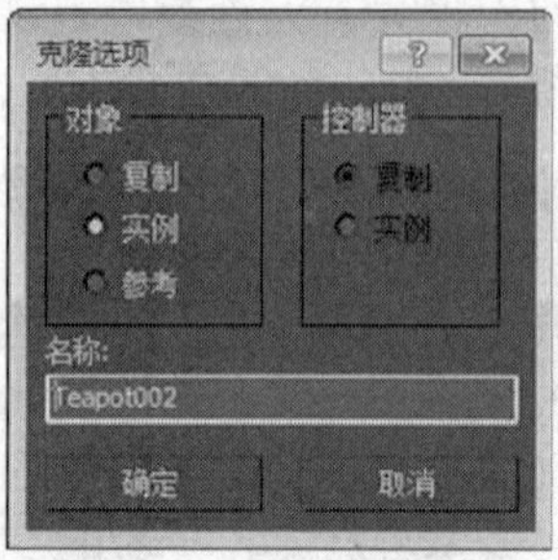

下面介绍几种常用的克隆复制方法。

（1）复制：该选项表明复制所得的物体与原物体

图 2-12　【克隆选项】对话框

之间是相互独立的，对其中一个物体进行编辑修改命令时，不会相互影响。

（2）实例：该选项表明复制所得的物体与原物体之间是相互关联的，对其中一个物体进行编辑修改命令时，会相互影响同时发生变换。

（3）参考：该选项表明复制所得的物体与原物体之间是参考关系单向关联，当对原物体进行编辑修改时，复制物体同时会发生变换；当对复制物体进行编辑修改命令时，原物体则不会受到影响，仅作为原形态的参考。

2. 在移动、旋转或缩放时复制物体

在任意一个视图中选择需要复制的物体，单击工具栏上的移动按钮 ✛（使用旋转或缩放复制时则选择相应的按钮即可），按住 Shift 键不放并拖动鼠标，释放鼠标后打开如图 2-13 所示的对话框。

当需要创建相同结构的两个或多个对象时，就需要通过复制对象来完成。3ds Max 中最直接的复制对象的方法就是使用变换工具配合 Shift 键来变换对象，以对选择对象进行复制。

图 2-13　移动复制

> **提　示**
>
> 该对话框与直接使用【克隆】命令复制物体时所打开的对话框基本相同，只是该对话框中增加了一个【副本数】选项，用于设置复制的数量。

2.3.2　阵列复制

【阵列】是使选定对象通过一定的变换方式（移动、旋转和缩放），按照指定的维度进行重复性复制。选择【工具】|【阵列】命令，打开如图 2-14 所示的对话框。

下面介绍一下阵列参数的功能。

1.【增量】选项区域

该对象用于决定原始对象的每个复制品之间的移动、旋转和缩放量。

2.【总计】选项区域

该选项区域与上一选项区域的使用原理是相同的，只是它所规定的移动、旋转和缩放量是作为所有阵列对象的移动、旋转和缩放量的总和，它对阵列后的位置和方向执行整体管理。

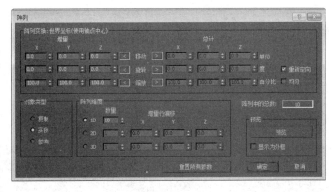

图 2-14　【阵列】对话框

3.【阵列维度】选项区域

阵列维度选项区域用于设置三个坐标轴的每个轴向上所产生的阵列对象的数量。1D用于创建线性阵列，即创建后的阵列对象是一条直线；【数量】用于设置要阵列的对象个数；2D用于在二维平面上产生阵列，该选项将同时在两个方向上阵列出平方的阵列对象个数；3D用于在三维空间上产生阵列。

4.【预览】选项区域

【预览】选项区域用于预览阵列的效果。当设置好阵列参数后，单击该选项区域中的【预览】按钮即可预览当前的阵列效果。如果启用【显示为外框】复选框，则阵列物体将以方框的形式显示，如图 2-15 所示。

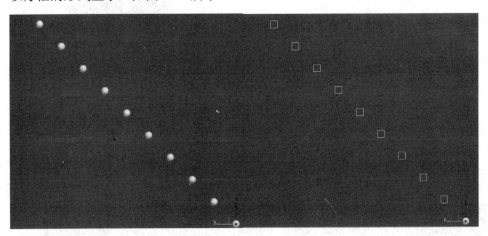

图 2-15　显示方式

在使用阵列工具时，阵列前设置好阵列所需的坐标系和旋转中心是非常重要的。如果不对旋转中心的位置做好设置，则旋转出来的阵列将会产生错误。同样，如果对阵列的坐标系没有把握好，则阵列效果同样会产生错误。

2.3.3 镜像复制

使用【镜像】工具可以使选定的对象沿着指定轴镜像翻转，也可以在镜像的同时复制原对象，创建出完全对称的两个对象。

通常用于快速建模，例如只创建一个圆锥，然后利用镜像工具复制另一个，如图2-16所示。

（a）　　　　　　　　　　　　　　　（b）

要创建镜像物体，应首先选中已创建的物体，然后选择【工具】|【镜像】命令或在工具栏上单击【镜像操作】按钮，打开【镜像：世界坐标】对话框，如图2-17所示。

在【镜像：世界坐标】对话框中，利用【镜像轴】选项区域可选择镜像轴或镜像平面，利用【偏移】可设置镜像偏移量，利用【克隆当前选择】选项区域可设置镜像选择。

2.3.4 旋转复制

旋转复制是对直接复制的又一次延伸，可以进一步减少创作步骤，对用户来说更是一种便利。在顶视图中选中四棱柱，激活工具栏中的按钮，锁定 Z 轴将其旋转一定的角度，并使用【移动】工具调整其位置，如图2-18所示。

图 2-17　【镜像：世界坐标】对话框

在视图中选择长方形，激活工具栏中的相应按钮，按住键盘上的 Shift 键，在顶视图中将鼠标放到 Z 轴上逆时针拖动，然后释放鼠标，设置弹出的【克隆选项】对话框，如图2-19所示。

图 2-18　调整角度和位置

图 2-19　旋转复制

3ds Max 2016 中文版标准教程

按快捷键 W，激活按钮，在视图中调整小四棱柱的位置，如图 2-20 所示。

2.4 对齐工具

使用对齐工具可以将选中的源对象按照指定的轴或方式与一个目标对象进行对齐。下面将通过具体操作来讲解对齐对象的操作方法。

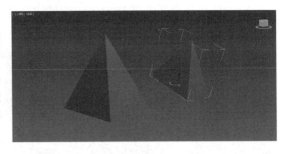

图 2-20 造型位置

选择【文件】|【打开】命令打开文件，在这个场景存在一组摆设如图 2-21 所示。

选择左边的【圆锥体】物体，单击【工具】|【对齐】工具栏中的相应按钮，激活对齐命令，当鼠标变成对齐光标的时候，单击右边的【圆柱】，在弹出的【对齐当前选择】对话框中设置参数，如图 2-22 所示。

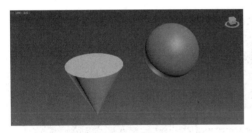

图 2-21 选择造型

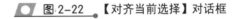

(a)   (b)

图 2-22 【对齐当前选择】对话框

对齐后的效果如图 2-23 所示。单击快速访问工具栏中的相应按钮，将当前的场景进行保存。

图 2-23 对齐后的效果

2.5 组合操作

成组命令用于将当前选择的多个物体定义为一个组，以后的各种编辑变换等操作都针对整个组中的物体。在场景中单击成组内的物体将选择整个成组。

1. 创建组

要创建一个组，应当首先选定作为组成员的多个物体，然后选择【组】|【组】命令，

并在打开的【组】对话框中输入组名。

当物体被组合后，选择该组中的任意物体，都将直接选中组。因为在系统中，它们已经被认定是一个物体，物体组合前与组合后的区别如图 2-24 所示。

<table>
<tr><td>（a）组合前</td><td>（b）组合后</td></tr>
</table>

 图 2-24　组合物体前后对比

2. 添加组成员

如果需要在现有的组中添加一个成员，则可以在视图中选择需要添加的物体。选择【组】|【附加】命令，并在视图中选取要添加的组，这样就可以将物体添加到组中，如图 2-25 所示。

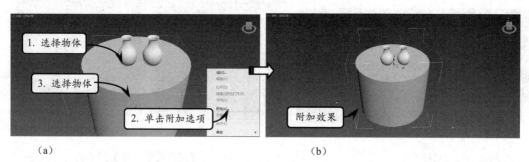

1. 选择物体
3. 选择物体
2. 单击附加选项
附加效果
（a）　　　　　　　　　　　（b）

图 2-25　添加组成员

> **提示**
>
> 创建组时，组的所有成员均被链接到一个不可见的哑物体上，此时组物体使用哑物体的轴点与本地变换坐标系。当用户对组物体施加修改命令后，则修改命令将应用于组中的每个物体。

3. 拆分组操作

在 3ds Max 中，可以将一个物体添加到一个已有的组中。另外，还可以从当前的组中拆分出来一个物体，如果需要在当前组中拆分个别物体，那么就可以直接使用【组】|【解组】命令，然后在视图中选择要拆分的物体即可。

2.6　课堂实例 1：早餐的茶壶

前面介绍了选择工具和移动、旋转以及缩放的基本使用方法，下面我们来制作一个实例练习。首先，需要打开场景文档，如图 2-26 所示。操作步骤如下所示。

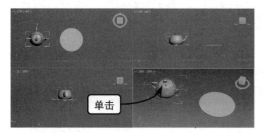

图 2-26　选择模型

1　单击工具栏上的🔲按钮，在前视图中将光标
　指向其中的一个模型，单击即可选中该模
　型，如图 2-27 所示。

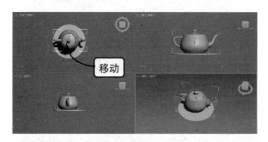

◎ 图 2-27　移动模型

2　接着单击工具栏上的【移动】按钮➕，拖动
　鼠标将选择的模型调整到另一个模型的后
　面，如图 2-28 所示。

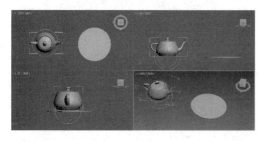

◎ 图 2-28　启动旋转工具

3　确认一个模型处于选中状态，单击工具栏上
　的【旋转】按钮⟳，启用旋转工具，此时
　在模型上将会产生一个环形的操作柄，如图
　2-29 所示。

4　这三个圆环分别代表 X、Y 和 Z 轴，选择一
　个圆环后，拖动鼠标即可使其沿着该轴向进

行旋转，如图 2-30 所示。

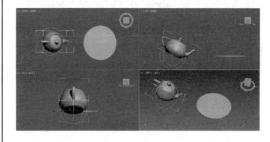

◎ 图 2-29　旋转物体

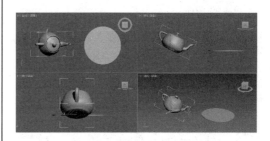

◎ 图 2-30　缩放模型

5　在工具栏上单击【缩放】按钮🔳，可以对
　选中的模型执行缩放操作。单击该按钮
　后，则会显示一个如图 2-31 所示的操
　作柄。

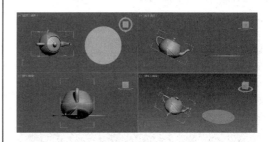

◎ 图 2-31　缩放模型

6　这里的三条线也代表缩放的三个轴向，如果
　选择中间的黄色区域，将启用整体缩放功
　能，否则将按指定轴向缩放物体。选择轴向
　后，按住鼠标左键不放，向上拖动鼠标则可
　以放大模型，向下拖动鼠标则可以缩小模
　型，如图 2-31 所示。

在 3ds Max 中，物体的缩放形式分为三种，分别是【选择并均匀缩放】、【选择并非均匀缩放】和【选择并挤压】。要在不同的缩放工具之间切换，可以单击工具栏上的【缩放】按钮 ，按住鼠标左键不放，在打开的下拉列表中选择即可。

2.7 课堂实例 2：冰糖葫芦

对齐操作几乎应用在所有的场景中，通过合理地使用对齐，可以很好地提高工作效率。下面将介绍一个冰糖葫芦的实例，在这个实例当中，利用对齐工具把山楂穿到木棒上，详细操作步骤如下。

1 打开场景文件，这是一个简单的场景，如图 2-32 所示。

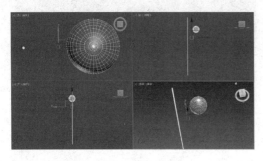

图 2-32　场景文件

2 使用选择工具在视图中选择球体，单击工具栏上的【对齐】按钮 ，启用对齐工具，注意此时鼠标形状的变化，如图 2-33 所示。

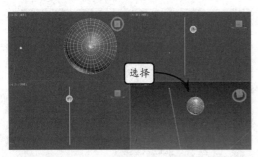

图 2-33　启用对齐工具

3 在圆柱体上单击，打开【对齐当前选择（Cylinder 001）】对话框。在【当前对象】选项区域中选中【中心】单选按钮，在【目标对象】选项区域中选中【最大】单选按钮，其他参数设置如图 2-34 所示。

4 设置完毕后，单击【确定】按钮，即可完成物体的对齐，此时的场景如图 2-35 所示。

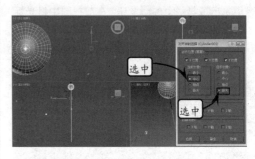

图 2-34　设置对齐参数

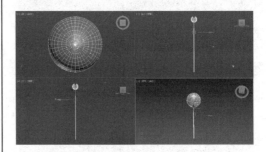

图 2-35　对齐物体

5 确认球体处于选中状态，按住 Shift 键不放，在视图中沿 Y 轴的反方向拖动鼠标，并松开鼠标左键，打开如图 2-36 所示的【克隆选项】对话框。

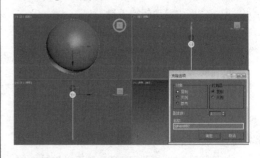

图 2-36　复制物体

6 将【副本数】设置为5，单击【确定】按钮
复制5个，效果如图2-37所示。

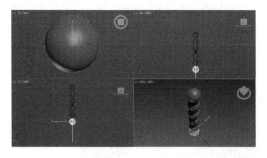

图 2-37 复制副本

7 框选场景中的所有物体，选择【组】|【组】
命令，在打开的对话框中为其指定名称为
【糖葫芦】，如图2-38所示。

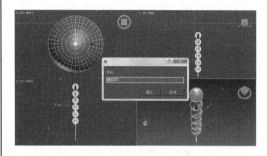

图 2-38 成组物体

2.8 思考与练习

一、填空题

1. 选择物体的方式根据不同的要求分为很
多种类型，其中两种基本的选择方式分别是基本
_____和_____。

2. _____是系统默认的选择方式，在
该方式下可以使用鼠标拖出一个矩形区域来进行
选择。

3. _____实际上就是改变物体在场景
的外观，包括移动物体、旋转物体和缩放物体等。

4. 复制有三种复制选择，包括_____。

5. _____命令可以快速地将两个对象
按照要求进行对齐，熟练使用这个工具能够提高
工作效率。

二、选择题

1. 在 3ds Max 中，多物体选择可以分为三
种类型，_____不属于多物体选择。

    A. 鼠标单击选择

    B. 区域选择

    C. 按钮选择

    D. 编辑选择

2. 如果要等比例缩放长方体，则需要将光
标放置在三个轴的中心，三个轴的连线都显示为
_____时拖动鼠标。

    A. 黄色

    B. 橘色

    C. 红色

    D. 绿色

3. 在 3ds Max 2016 中，物体的复制方法有
两种，一种是使用【克隆】命令复制物体，另一
种不属于复制物体的方法是_____。

    A. 移动

    B. 旋转

    C. 缩放

    D. 镜像

4. _____是对直接复制的又一次延伸，
进一步减少创作步骤，对用户来说更是一种便利。

    A. 移动复制

    B. 旋转复制

    C. 缩放复制

    D. 镜像复制

5. _____命令可以快速地将两个对象
按照要求进行对齐。

    A. 对齐

    B. 组合

    C. 附加

    D. 缩放

三、问答题

1．简述介绍几种常用的选择对象的方法。

2．说说你对对齐和组合关系的认识。

3．可以使用镜像复制物体吗？如果能，应该怎么操作？

四、上机练习

1．血管细胞

本练习是一个医药广告中的影视镜头。在这个镜头当中，显示了一段血管，以及血管中的一些细胞，目的是向观众讲解药品治疗的原理。在这个场景当中，细胞物体就是通过复制调整而形成的，效果如图 2-39 所示。

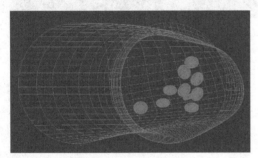

图 2-39　最终效果

2．花瓶

本练习是一组摆设的编辑过程。需要将一套摆设的模型导入到场景中时，为了便于后期的处理以及选择操作，通常将其各个部分组合。本练习需要利用两种方法组合摆设，并利用相应的工具将其炸开，效果如图 2-40 所示。

图 2-40　最终效果

第 3 章
基础建模

为了方便用户的建模工作，在 3ds Max 2016 中提供了常用的基础形体资源，可以快速地在场景中创建出简单规则的形体，譬如【长方体】、【球体】和【圆柱体】等模型。基础形体建模是 3ds Max 中最简单的建模方式，非常易于操作和掌握。基础形体分为标准几何体和扩展几何体，只需单击相应的创建命令按钮，在场景视图内单击并拖动鼠标，即可直接生成三维形体，并可以在【修改】命令面板中对其参数进行编辑。

本章主要介绍 3ds Max 中的基础形体的建立及设置方法。

3.1 创建面板

在【创建】面板中包括所有可以创建的对象类型，如图 3-1 所示。可创建的对象共分为 7 种类型，其中每一种类型还包括诸多的同类对象，下面先简要介绍这 7 种基本类型。

1. 几何体

用来创建各种三维对象，是 3ds Max 中最基础的，也是最重要的三维建模工具。通过对创建出的基础模型添加修改器可以编辑出更加复杂的模型。

2. 图形

用来创建二维图形，主要包括样条线和 NURBS 曲线。在 3ds Max 中可以将二维图形直接生成三维对象，这是 3ds Max 一个比较重要的功能，另外，通过对二维图形添加修改器同样可以转换为三维模型。

● 图 3-1 创建面板

3. 灯光

用来创建各种各样的灯光类型，用来模拟现实生活中的灯光，例如阳光、聚光灯等，根据应用类型的不同分为标准灯光和光度学灯光两大类。

4．摄像机

3ds Max 中的摄像机具有和现实生活中的摄像机类似的功能，可以使用不同的视角、不同镜头来观察场景，并且可以创建摄像机动画等。

5．辅助对象

辅助对象在 3ds Max 中扮演的是一个助手的角色，例如使用卷尺测量物体的长度、使用量角器测量角度、使用虚拟对象作为代理物体等。

6．空间扭曲

空间扭曲对象可以影响其他对象的表现效果，例如使物体产生扭曲、给粒子添加导向器等，3ds Max 中的空间扭曲对象是不可渲染的。

7．系统

系统对象是通过组合一系列对象，并对其进行控制使之具有统一行为的对象类型，其中最重要的骨骼对象就具备这样的功能。

【创建】面板中每一种创建类型的下面都有【对象类型】和【名称和颜色】两个卷展栏。在【对象类型】卷展栏下显示各种创建的对象类型。当在上面的下拉列表中选择不同选项时，该卷展栏下所显示的对象也不相同。在【名称和颜色】卷展栏下显示创建物体的名称和颜色，单击右侧的颜色块会弹出【对象颜色】对话框，如图 3-2 所示，在这里可以选择物体的显示颜色。

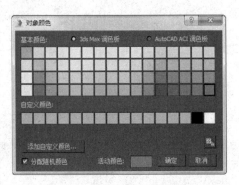

图 3-2 【对象颜色】对话框

3.2 创建标准几何体

标准几何体是 3ds Max 中最基本的三维对象，在系统默认情况下，3ds Max 2016 提供了 10 种标准几何体，本节将详细介绍这些标准几何体的基本创建方法和基本参数的修改方法，使读者对三维对象有个清晰的认识。

3.2.1　长方体

在标准几何体面板中单击【长方体】按钮，或者在菜单栏中选择【创建】｜【标准基本体】｜【长方体】命令，然后将鼠标指针移动到当前视图窗口中，按住鼠标左键不放并拖动，确定长方体的长和宽，松开鼠标并上下拖动创建长方体的高，在适当的位置单击，完成创建，如图 3-3 所示。如果要创建底部造型为正方形的长方体，可以在创建时按住 Ctrl 键再拖动鼠标。

除了上述创建方法外，单击【长方体】按钮后，在【几何体】面板的下方会多出三个卷展栏，如图 3-4 所示。

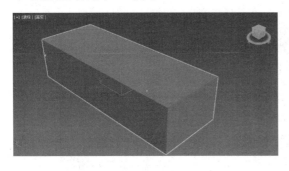

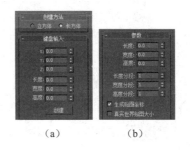

(a)　　　　(b)

图 3-3　创建长方体　　　　　　　　　　图 3-4　长方体相关卷展栏

在【创建方法】卷展栏下，默认选中的是【长方体】单选按钮，如果选中【立方体】单选按钮，则在使用鼠标拖动创建的时候会直接生成立方体。在【键盘输入】卷展栏中，可以预先输入要创建立方体的长、宽、高的尺寸和位置坐标，单击【创建】按钮进行创建。创建一个长方体之后，可以在【参数】卷展栏下重新定义长方体的长、宽、高，以及长、宽、高的分段数量。段数的多少对模型的精细程度有直接的影响，对于长方体而言，段数的高低在模型上表现不出任何效果，但如果对长方体进行变形修改之后，段数的作用就显而易见了，如图 3-5 所示。

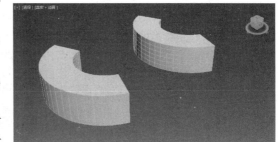

图 3-5　分段数量对模型的影响

3.2.2　球体和几何球体

使用【球体】（也称经纬球体）或者【几何球体】都可以创建球形物体，两者的区别在于，球体表面是由四边面构成的，几何球体的表面是由三角面构成的，如图 3-6 所示。在标准几何体面板中单击【球体】按钮或者单击【几何球体】按钮，然后在视图窗口中单击并拖动鼠标即可进行创建。

另外球体和几何球体的参数设置也有所不同，首先来看球体的三个卷展栏，如图 3-7 所示。在【创建方法】卷展栏下选择【中心】单选按钮，表示在创建的时候单击确定球体的中心、拖动鼠标确定球体的半径。如果选中【边】单选按钮则表示单击确定的是球体边沿的位置，拖动鼠标确定球体的直径。

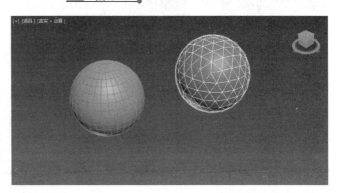

图 3-6　球体和几何球体

在球体的【参数】卷展栏下，默认情况下【平滑】复选框处于启用状态，它可以使球体的表面产生平滑效果，如果禁用该复选框，则在模型的分段处有明显的棱角，如图3-8所示是两个相同的球体启用【平滑】复选框前后的效果对比。

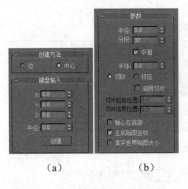

（a）　　　　　（b）

图 3-7　球体相关卷展栏　　　图 3-8　平滑前后

【半球】参数用来定义生成球体的形状，可以生成整球、半球、球冠等形状。该参数的下面有两个单选按钮，其中【切除】单选按钮表示从下至上切除球体，球体的段数也随之减少，而【挤压】单选按钮表示在改变球体形状的同时，球体的总段数不会改变。如图3-9所示为两种半球方式的不同结果。

当启用【启用切片】复选框后，下面的【切片从】和【切片到】两个参数被激活，使用这两个参数可以设置球体绕中心轴进行切割的范围，有正值逆时针切割、负值顺时针切割两种。如图3-10所示是两种不同的切割效果。

切除方式

挤压方式

图 3-9　半球的设置方式　　　图 3-10　设置切片参数

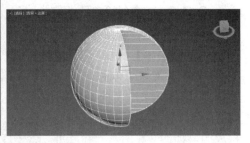

几何球体的参数设置与球体有所不同，如图3-11所示是几何球体的【参数】卷展栏以及创建的各种造型。对于【创建方法】和【键盘输入】两个卷展栏中的参数就不再赘述了。

在【参数】卷展栏中，【基点面类型】区域中有三个单选按钮，默认情况下二十面体被选中，表示以二十面体为基础进行创建，也就是说，创建完模型后如果调整分段数，是以二十面体为基准，同样选中【四面体】单选按钮是以四面体为基准，其他参数和球体相同。

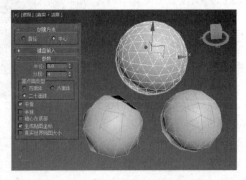

图 3-11　几何球体参数卷展栏及造型

3.2.3　圆锥体和四棱锥

使用【圆锥体】或者【四棱锥】都可以创建锥形物体，圆锥体通过改变边数可以变成四棱锥，但使用【四棱锥】创建的形状却不可改变，不过它在段数划分上更为灵活。如图 3-12 所示是圆锥体和四棱锥的段数比较。

在标准几何体面板中单击【圆锥体】按钮，然后在视图窗口中按住鼠标左键不放并拖动确定圆锥体的底面半径，松开鼠标向上拖动创建圆锥的高

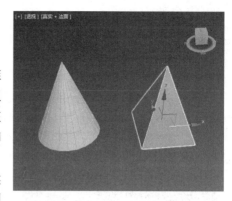

图 3-12　段数划分的差别

度，单击确定高度的位置，再拖动创建顶面半径。四棱锥的创建方法更为简单，只需控制底面形状和高度。如果想创建地面为正方形的四棱锥，和长方体一样在创建时按 Ctrl 键即可。圆锥体和四棱锥的参数卷展栏中的选项也不相同，如图 3-13 所示。

圆锥体有两个半径参数，【半径 1】用来设置底面半径的大小，【半径 2】用来设置顶面半径的大小，调整这两个参数可以创建出不同形状的圆台。调整【端面分段】可以同时设置底面和顶面的分段数量。圆锥体可以像球体一样设置切片，如图 3-14 所示是使用圆锥体创建出的不同形状。

（a）　　　　　（b）

图 3-13　【参数】卷展栏

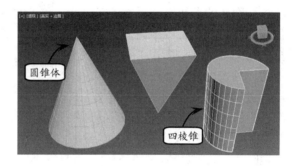

图 3-14　使用圆锥体创建的形状

四棱锥的参数设置和长方体更为接近，这里的【深度】控制的是四棱锥地面在 Z 轴上的变化。

3.2.4　圆柱体和管状体

使用【圆柱体】或者【管状体】都可以创建柱形物体，管状体其实就是空心的圆柱体。在标准几何体面板中单击【管状体】按钮，在视图窗口中按住鼠标左键不放并拖动创建管状体的外半径，松开鼠标并拖动创建内半径，单击确定内半径的位置，然后向上拖动创建高度，单击确定高度的位置。圆柱体的创建方法和四棱锥相同，只需控制底面和高度即可。

圆柱体和管状体的参数设置也比较接近，管状体比圆柱体多了个内半径参数，如图 3-15 所示。在管状体的参数卷展栏下【半径 1】控制的是管状体的外半径，【半径 2】控

制的是内半径。

圆柱体和管状体都可以设置切片，还可以通过调整边数创建出三棱柱、四棱柱或者五棱管、六棱管等。如图 3-16 是使用这两个工具创建的各种造型。

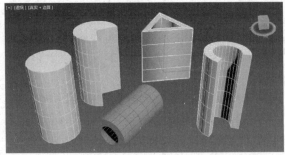

（a）圆柱体　　（b）管状体

图 3-15　【参数】卷展栏　　　　图 3-16　圆柱体和管状体的各种造型

3.2.5　圆环

使用【圆环】可以创建出各种各样的环状物体，圆环的参数卷展栏下的各选项与其他标准几何体也有所不同，它可以创建出扭曲效果，并且可以用 4 种不同的方式处理圆环的表面，另外还可以像圆柱体一样设置切片。图 3-17 所示是圆环对象的参数卷展栏和调整各项参数得到的不同造型。

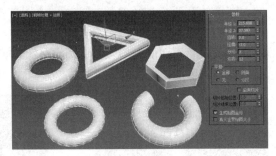

图 3-17　圆环参数卷展栏及造型

在参数卷展栏中，【半径 1】和【半径 2】分别控制圆环的外半径和内半径。【旋转】用来设置圆环表面的旋转，正值和负值将导致不同的旋转方向。【扭曲】值控制圆环的扭曲程度，当段数比较少时效果比较明显。

在【平滑】区域中有 4 个单选按钮，其中【全部】是指在圆环的所有表面进行光滑处理、【侧面】表示只光滑临近段的边、【无】表示不进行任何光滑、【分段】表示只光滑分段部分。

3.2.6　茶壶

茶壶是 3ds Max 中一个比较特殊的标准几何体，茶壶的形状一直都被作为计算机图形中的经典造型，它最大的作用就是经常被用来测试材质贴图、灯光的照射情况和渲染效果。茶壶的创建方法和球体一样，单击【茶壶】按钮后，在视图窗口中

图 3-18　茶壶创建参数和创建对象

拖动即可。如图 3-18 所示是茶壶参数卷展栏和创建的各个部件。

在参数卷展栏的【茶壶部件】区域中有 4 个复选框，这是茶壶特有的选项。在这里可以一次创建整个茶壶，也可以只创建其中一个部件，启用哪个部件，哪个部件将被创建。调整【分段】的值是对整个茶壶起作用。

● 3.2.7 平面

平面对象是特殊类型的平面多边形网格，可在渲染时无限放大。用户可以指定放大分段大小和数量的因子。使用平面对象来创建大型地平面并不会妨碍在视图中工作。可以将任何类型的修改器应用于平面对象，以模拟陡峭的地形，如图 3-19 所示。

在平面的参数卷展栏中，【渲染倍增】区域中的参数比较特殊，只在渲染时起作用。【缩放】

图 3-19　平面

是指在渲染时对平面长宽的缩放比例，【密度】是指在渲染时平面长宽方向上段数倍增的比例。

3.3　创建扩展基本体

扩展基本体是标准几何体的延伸，都是一些相对复杂的几何体。在【创建】面板中的【几何体】面板下拉列表中选择【扩展基本体】，这时在几何体面板中会显示出创建扩展基本体的【对象类型】卷展栏，其中包括 13 种扩展基本体。扩展基本体的创建方法和标准几何体大同小异，这里不再赘述。下面向读者介绍扩展基本体的一些重要参数。

● 3.3.1 异面体

异面体是由多个面构成的几何体类型，所以也称之为多面体，使用【异面体】可以根据实际需要创建多种不同类型的多边形。异面体的参数选项比较多，在其参数卷展栏中共分为 5 个区域，如图 3-20 所示。在这里只介绍前两个比较重要的区域。

在【系列】区域中提供了要创建异面体的 5 种类型，如图 3-21 所示是 5 种异面体默认状态下的造型。

（a）　　　　　（b）

图 3-20　异面体参数卷展栏　　　图 3-21　异面体的 5 种类型

43

在【系列参数】区域中包括 P、Q 两个参数，它们为多面体顶点和面之间提供两种变换方式，其取值范围为 0～1。如果相同的物体采用不同的 P、Q 参数，则创建的效果也不相同，如图 3-22 所示是对【星形 1】对象设置不同的 P、Q 参数得到的不同结果。

提示

P 和 Q 的值之和最大为 1，也就是说如果 P 的值为 1，则 Q 的值为 0，反之依然。如果 P 和 Q 的值大于 1，则系统将其更改为 0。

◯ 图 3-22　设置 P、Q 参数的结果

3.3.2　切角长方体和切角圆柱体

切角长方体和切角圆柱体是扩展基本体中最常用的几何体类型，因为在现实生活中几乎所有的物体都有切角或者圆角，它们的使用频率甚至要高过标准几何体中的长方体和圆柱体。如图 3-23 所示是两者的参数卷展栏。

与标准几何体相比，它们多了【圆角】和【圆角分段】两个参数，【圆角】用来控制切角的大小，【圆角分段】用来控制切角的细分程度，随着数值的增高，切角逐渐向圆角过渡。如图 3-24 所示是使用【切角长方体】和【切角圆柱体】创建的两个造型。

（a）切角长方体　（b）切角圆柱体

◯ 图 3-23　【参数】卷展栏

◯ 图 3-24　切角长方体和切角圆柱体

3.3.3　软管

软管是一个能连接两个物体的弹性对象，它可以随着绑定物体的运动进行拉伸或者收缩，类似于弹簧，但不具备动力学属性，可以使用它模拟摩托车后座和车轮连接的弹簧装置等，当然也可以使用它创建各种造型。软管的参数设置也比较多，可以指定软管的总直径和长度、圈数和形状等，其参数卷展栏如图 3-25 所示，接下来对每个区域的参数分别进行介绍。

1．端点方法

该选项区域主要用于设置软管是否与其他物体相连接。如果选中【自由软管】单选按钮，则软管将作为独立的物体存在；如果选中【绑定到对象轴】单选按钮，则用户可以将软管与其他物体绑定。

2．绑定对象

当选中【绑定到对象轴】单选按钮时该选项区域参数被激活，在这里可以拾取两个物体作为控制对象。调整【张力】值可以改变物体对软管的影响程度。如图 3-26 所示是一个软管物体绑定两个球体后移动其中一个球体的拉伸效果。

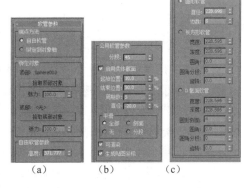

（a）　　　　（b）　　　　（c）

图 3-25　软管参数卷展栏

3．自由软管参数

该选项区域仅有一个参数，主要用于设置软管的长度，可以单击其右侧的微调按钮，进行细微调整。

4．公用软管参数

在该区域中可以设置软管的段数划分、褶皱的开始区域和结束区域、褶皱的周期数以及褶皱的直径大小等。在【平滑】组中有 4 个单选按钮，它们的含义和圆环对象的【平滑】参数组一样。

图 3-26　软管拉伸效果

5．软管形状

在该选项区域中为用户提供了三种不同的软件截面形态，分别是圆形、长方形和 D 形。并且每种软管类型都有更细致的设置参数。如图 3-27 所示是使用该区域的参数创建的各种软管造型。

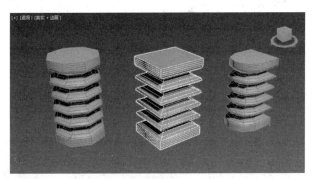

图 3-27　软管的不同造型

3.3.4　其他扩展基本体

剩余的这几种扩展基本体相比较而言使用频率不高，例如胶囊物体，其实使用【切角圆柱体】也能创建出来,只不过使用【胶囊】更快捷一点。下面简要介绍这些扩展基本体的作用。

1．环形结

环形结的形状类似于现实生活中用绳子所打的结,它的形状较为复杂,其创建参数比较多,因而可以生成多种形态各异的三维形体。

环形结提供了【结】和【圆】两种基本的创建方式,以【结】的方式可以创建出复杂的三维结状物体,环形结的横截面可以是圆形也可以是椭圆形,另外在环形结上还可以设置扭曲程度和【块】的多少。如图 3-28 所示的是以【结】的方式创建的各种造型。

如果以【圆】的方式创建环形结,其造型和圆环类似,不过参数设置要比圆环更丰富。如图 3-29 所示的是以【圆】的方式创建的各种造型。

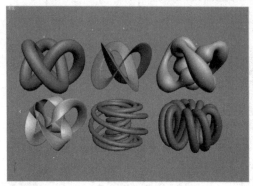

图 3-28 以【结】的方式创建

图 3-29 以【圆】的方式创建

2．球棱柱和棱柱

使用【球棱柱】和【棱柱】都可以创建带有棱角的柱体,相比较而言,棱柱的创建形式比较局限,只能创建出三棱柱。而球棱柱的创建形式比较多,可以设置棱柱的边数,还可以创建出带有圆角的棱柱。如图 3-30 所示的是使用【球棱柱】创建的各种造型。

3．L-Ext 和 C-Ext

L-Ext 和 C-Ext 是两个比较简单的扩展基本体工具,在创建建筑模型时,使用它们可以快捷地创建出 L 形和 C 形墙体,并且可以快速定义墙体的长、宽、高等参数。如图 3-31 所示的是使用 L-Ext 和 C-Ext 创建的两个基本造型。

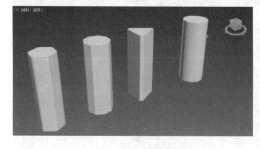

图 3-30 球棱柱创建的各种造型

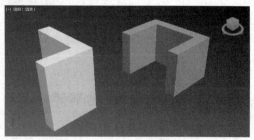

图 3-31 L-Ext 和 C-Ext 创建的基本造型

4．油罐、胶囊和纺锤

油罐、胶囊和纺锤三个对象其实是对圆柱体的一种扩展，它们的造型也是模仿现实生活中的油罐、胶囊和纺锤，如图 3-32 所示。在【油罐】和【纺锤】的参数卷展栏中，调整【封口高度】可以控制对象中间部分和两端的比例大小。

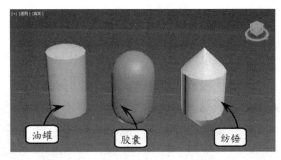

图 3-32　基本造型

3.4　创建二维图形

在【创建】卷展栏中的【形状】子面板中。通过在窗口右侧的命令面板中单击【创建】按钮 🔧，在系统弹出的创建图形卷展栏中单击 ⊙ 图标按钮，即可进入二维绘图命令面板，如图 3-33 所示。

当系统进入二维绘图命令面板后，会有许多图形选择，它们在创建二维图形时是使用最频繁的，也是最多的。下面介绍这些常用的二维命令。

图 3-33　二维创建面板

●--- 3.4.1　线 ---

线是样条线中最基本也是最重要的一种类型，它的创建方法很简单，在【图形】面板中单击【线】按钮，在视图窗口中单击即可开始创建样条线。当单击【线】按钮后，在【图形】面板的下方会出现各种线的设置卷展栏，如图 3-34 所示。它们的具体含义和作用解释如下。

1．渲染卷展栏

默认情况下，绘制的曲线在渲染图形时是不可见的，通过该卷展栏可以设置曲线的渲染参数及可视性能。启用【在渲染中启用】复选框后，在视口中绘制的图形能够进行渲染；启用【在视口中启用】复选框，可以在当前视图中显示图形的特征。如图 3-35 所示是启用该复选框前后的效果对比。

在该区域下有【径向】和【矩形】两种显示和渲

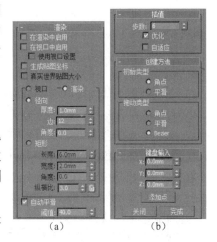

（a）　　　　　（b）

图 3-34　线的相关卷展栏

染类型，当选中【径向】单选按钮时，模型的横截面是圆形，并且可以设置厚度（也就是直径）、表面边数和表面的旋转角度。当选中【矩形】单选按钮时，模型的横截面将是矩形，并且可以设置长、宽、纵横比等参数。如图 3-36 所示是两种显示方式的对比。最下面的【阈值】可以控制模型表面的光滑程度。

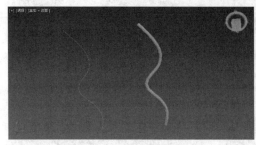

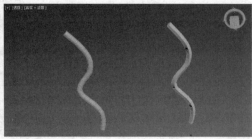

图 3-35　在视口中显示曲线　　　　图 3-36　不同的显示方式

2．插值卷展栏

该卷展栏中是有关曲线【步数】的一些设置，步数越高曲线越平滑。在该参数的下面有两个复选框，启用【优化】复选框，系统将从直线段上删除不必要的步数，从而优化样条。通过使用该功能可以有效地降低模型的点数，从而达到节省资源的目的。启用【自适应】复选框后，系统将自动设置每个样条的步数，以产生平滑曲线。

3．创建方法卷展栏

在该卷展栏中的选项用来决定曲线节点的类型，在【初始类型】区域中控制的是曲线的节点类型，使用【角点】类型创建的节点会产生一个尖端，点的两边都是线性的；使用【平滑】类型可以创建出有曲率的曲线，但节点不可调节。在【拖动类型】区域中控制的是拖动鼠标创建曲线的类型，使用 Bezier 类型可以创建出带有控制手柄的节点，通过调整手柄可以控制曲线的曲率。如图 3-37 所示是使用不同节点类型创建的曲线。

4．键盘输入卷展栏

在该卷展栏下，可以通过输入曲线节点的空间坐标创建曲线，具体创建方法是：先

图 3-37　不同节点类型的曲线

输入一个节点的坐标，单击【添加点】按钮创建一个节点，然后更改坐标，再单击【添加点】按钮继续创建节点，单击【关闭】按钮可以将创建的曲线闭合。

样条曲线是由一系列的点定义的曲线，样条上的点通常被称为节点。每个节点包含定义它的位置坐标的信息，以及曲线通过节点的方式的信息。样条曲线中连接两个相邻节点的部分称为【线段】。

默认情况下，在某个点处单击并立即释放鼠标按钮可创建【角】（表明下一线段为直线）类型的顶点；如果单击并拖动可创建 Bezier 类型的顶点（表示该顶点前后线段均为曲线），此时可首先通过拖动调整该顶点上一个线段的曲度。释放鼠标按钮后移动光标，可创建下一段曲线。另外，在使用【线】命令绘制直线时，如果按下 Shift 键，可绘制出水平或者垂直直线。

3.4.2 圆、椭圆、弧和圆环

圆、椭圆、弧和圆环，都是以一点为基点、以一定的长度为半径而绘制的几何图形，它们具有一定的相似点，为此本节将集中介绍它们的创建方法，以及一些常用参数的含义，首先介绍【圆】的创建方法。

1．圆

【圆】是绘制二维样条线中常用命令的另一种，它的绘制方法非常简单，在【形状】面板中单击【圆】按钮后，在视图窗口中单击并拖动，即可确定圆心和半径。

在绘制圆的过程中，利用参数面板可以精确绘制图形。同线的参数面板相似，当单击【圆】按钮后，将激活 5 个卷展栏，其中【渲染】和【插值】与线工具相同，其余的卷展栏稍有不同，接下来就分别对这些卷展栏做介绍。

1）创建方法

在该卷展栏中有两个单选按钮，选中【边】单选按钮，可以根据圆的边界绘制圆，这种方式可以创建出两个相切的圆，如图 3-38 所示。选中【中心】单选按钮，则在创建圆时，以鼠标指定的点为圆心向周围扩展创建出圆形。

2）键盘输入卷展栏和参数卷展栏

在【键盘输入】卷展栏中可以输入圆的坐标和半径，然后单击【创建】按钮进行创建。在参数卷展栏中可以控制圆半径的大小。

2．椭圆

椭圆的创建方法与圆相同，只是在拖动鼠标时控制的是椭圆的长度和宽度，而不是半径。在椭圆的参数卷展栏中可以精确调整椭圆的长度和宽度。另外，在创建的时候配合 Ctrl 键也可以创建出正圆。如图 3-39 所示是创建的不同形状的椭圆。

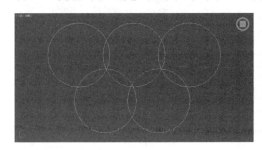

图 3-38　创建圆

图 3-39　创建椭圆

技　巧

要想创建出椭圆形的多边形，可以在椭圆的【插值】卷展栏下将【步数】值改小即可。当【步数】值为 0 时椭圆就会变成菱形。

3．圆弧

圆弧可以说是圆形的特殊类型，在创建圆弧时主要有两种方法：一是通过指定圆弧的两个端点和圆弧的中点绘制圆弧；二是通过指定圆弧的圆心和圆弧的两个端点确定圆弧。

在键盘输入卷展栏和参数卷展栏中，【半径】值决定圆弧的半径，【从】和【到】的值分别决定圆弧的起始和结束角度，启用【饼形切片】复选框将在圆弧的基础上产生一个扇形，如图 3-40 所示是创建的圆弧和扇形。启用【翻转】复选框将调换弧的起始点和结束点的位置。

4．圆环

圆环曲线的创建方法和标准几何体中圆环的创建方法相同。在圆环的参数卷展栏下，【半径 1】和【半径 2】分别控制圆环外半径和内半径的大小。如图 3-41 所示是调整不同半径的圆环形状。

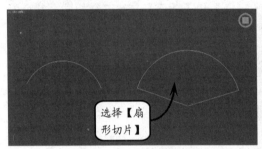

选择【扇形切片】

图 3-40　选择扇形复选框前后的效果　　图 3-41　圆环形状

3.4.3　矩形、多边形和星形

矩形、多边形和星形都是由直线构成的图形，3ds Max 2016 为用户提供了多种编辑方法，使操作更为灵活。

1．矩形

矩形是现实生活中经常见到的一种四边形，它的创建方法与圆和椭圆的创建方法是相同的。在其参数卷展栏中，除了【长度】和【宽度】两个参数外，还多了一个【角半径】参数，调整该值可以使矩形产生圆角。如图 3-42 所示是通过调整参数创建的各种形状。

2．多边形

使用【多边形】工具可以创建任意边数的多边形，该工具通常应用在一些复杂模型的起形阶段。在其参数卷展栏中【内接】和【外接】单选按钮用来控制圆是多边形的内切圆还是外接圆，而【半径】表示内切圆或者外接圆的半径。【角半径】的含义和矩形相同。另外，当在参数面板中启用了【圆形】复选框时，会直接生成一个圆形。如图 3-43 所示是使用【多边形】创建的各种形状。

图 3-42 使用【矩形】创建的形状

图 3-43 使用【多边形】创建的形状

3. 星形

【星形】工具可以创建出多角星形，还可以通过参数的变化产生各种奇特的形状，图 3-44 所示的是利用该工具变换出来的一些星形效果。

在参数卷展栏中，【点】用于控制星形的顶点数量；【扭曲】的值可以使【半径 2】所控制的顶点绕星形局部坐标系的 Z 轴旋转，正值时逆时针旋转，负值时顺时针旋转，如图 3-45 所示为的不同扭曲效果；最下面的【圆角半径 1】和【圆角半径 2】分别用来设置顶点的内外圆角半径大小。

图 3-44 创建的多种样式星形

图 3-45 扭曲效果

3.4.4 文本

在 3ds Max 中使用【文体】工具可以创建出多种文字的效果，通常结合倒角修改器可以制作出三维立体文字。在选择字体的时候，3ds Max 会列出系统中所拥有的字体以供选择，如图 3-46 所示是在前视图中创建的文字。

默认情况下，字体的字型为 Arial，如果单击 I 按钮，可以将文本设置为斜体；单击 U 按钮，可以为文字添加下划线，如图 3-47 所示。

图 3-46 文本

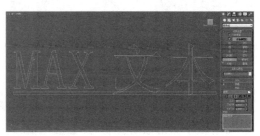

图 3-47 下划线

当输入多行文本时，单击█按钮，可以使多行文字左对齐；单击█按钮，可以使多行文字居中对齐；单击█按钮，可以使多行文字右对齐；单击█按钮，可以使多行文字分散对齐。另外还可以调整文字的大小、字体间距以及文本的行距。

3.4.5 螺旋线和截面

螺旋线和截面是二维图形中两个比较特殊的图形，使用【螺旋线】可以很方便地创建出弹簧模型或者扭曲的钢丝等。而使用【截面】可以通过网格对象基于横截面切片生成其他形状。

1. 螺旋线

创建螺旋线的方法是：在【图形】面板中单击【螺旋线】按钮，回到当前视图窗口中单击并拖动鼠标定义螺旋线的底面半径，松开鼠标并拖动定义高度，再次单击拖动鼠标定义顶面半径。

在螺旋线的参数卷展栏中，【半径1】和【半径2】分别代表螺旋线的上下底面半径；【偏移】用于改变螺旋线的疏密程度，取值范围在–1～1 之间；【顺时针】或【逆时针】单选按钮主要用于定义螺旋线旋转的方向。如图 3-48 所示是创建的三种不同的螺旋线形状。

2. 截面

截面的创建方法和矩形相同。创建出的截面对象显示为相交的矩形，只需将其移动并旋转即可对一个或多个网格对象进行切片，然后单击【创建图形】按钮即可基于二维相交生成一个形状。如图 3-49 所示是使用一个圆环物体创建的截面。

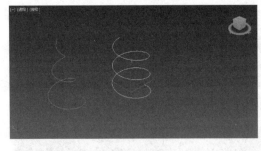

图 3-48 螺旋线形状

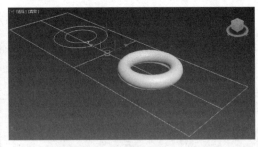

图 3-49 创建截面

在截面的参数卷展栏中,【移动截面时】是指在移动截面时仅移动创建的截面图形,而截面与实体图形的切片不移动;【选择截面时】是指在移动截面时不仅移动创建的截面图形,而且还要移动与实体相交的切片。另外【无限】、【界面边界】和【无】三个单选按钮用于设置截面的作用范围。选中【无限】单选按钮后,截面的作用范围为无穷大;选中【截面边界】单选按钮,则截面的有效区域将由它的尺寸大小来决定;选中【无】表示关闭切片的显示,并且【创建图形】按钮将被禁止使用。

3.5 编辑样条线

当用户在场景中创建二维图形之后,不仅可以对该图形进行整体编辑,如移动、旋转或缩放,而且还可以进入到线对象或转换后的可编辑样条线对象的子对象层级,通过调整子对象来改变二维图形的形状。

● 3.5.1 选择卷展栏

该卷展栏下的选项用于对曲线各次对象的选择操作,曲线的次对象包括顶点、线段、样条线。在选择卷展栏下单击任何一个次对象按钮,就可以使用 3ds Max 的选择工具,在场景中选择该层对象和变换操作。当在该卷展栏中单击【顶点】按钮,即可进入顶点编辑状态,这时有关顶点的选项也被激活,如图 3-50 所示。

如果在【显示】区域框中启用【显示顶点编号】复选框,将在视图中显示从起始点到结束点的顶点编号,如图 3-51 所示。

图 3-50 【选择】卷展栏

图 3-51 显示顶点编号

技 巧

进入样条线的次层级编辑模式方法有三种:一种是在选择卷展栏下单击各次层级按钮,另一种是在修改堆栈中单击E前面的+将其展开,然后选择次层级,最后还有一种比较快捷的方法就是在右键快捷菜单中进行选择。

● 3.5.2 软选择卷展栏

软选择卷展栏中的选项如图 3-52 所示。使用软选择工具可以以衰减的方式对曲线的次对象进行选择，在高级建模中这种选择方式经常用到。在此以顶点次对象为例进行其中参数含义的讲解。

进入顶点编辑状态，并启用【使用软选择】复选框，现在选择曲线上的一个或部分顶点，它会影响一个区域，通过调整【衰减】值可以定义影响区域的距离，3ds Max 以颜色的方式显示衰减的范围，红色表示完全影响，然后依次向蓝色递减，移动选择的顶点即可看到效果，如图 3-53 所示。

图 3-52　【软选择】卷展栏　　　图 3-53　使用软选择

3.5.3　几何体卷展栏

几何体卷展栏包括多种曲线编辑工具，当在卷展栏下选择不同的次对象时，该卷展栏中所显示的编辑工具也不相同。本节将根据不同的次对象分别介绍各编辑工具的用法。

1. 新顶点类型

该选项区域中包含了4种顶点编辑方式，分别是【线性】、Bezier、【平滑】和【Bezier 角点】，它们代表图形的4种顶点属性，如图 3-54 所示。

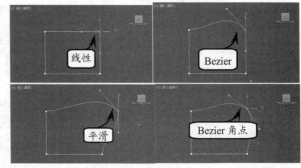

图 3-54　4 种顶点方式

如果需要使用其中的一种方式，只需选中相应的单选按钮即可。另外，还可以在选择了一个顶点后，选择右键快捷菜单中的相应命令进行转换。

> **提　示**
>
> 当使用 Bezier 或 Bezier 角点方式时，可以通过调整控制手柄控制样条线的曲率。在选中控制手柄的同时，按 F8 键可以切换要操作的轴向。

2. 断开

该工具将选定的一个或多个顶点拆分。图 3-55 所示的就是在选中一个圆形的两个顶点后，单击【断开】按钮，这时圆形就被拆成了两部分。

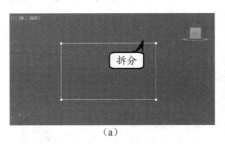 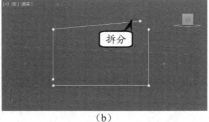

（a）　　　　　　　　　　　（b）

图 3-55　拆分顶点

3．附加

【附加】是一种比较重要的工具，它不仅可以使用在可编辑样条线中，还可以在可编辑网格和可编辑多边形中使用。【附加】工具可以将多个图形合并为一个图形，

注　意

当一个图形被附加后，将丢失对其创建参数的所有访问。例如，一旦将某个圆附加到某个正方形后，便无法返回并更改圆的半径参数。

4．优化

【优化】工具可以在当前的图形上添加顶点。如果在单击【优化】按钮之前启用【连接】复选框，可以将添加的顶点进行连接，如图 3-56 所示。

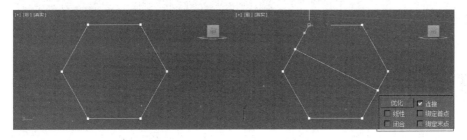

图 3-56　优化并连接顶点

5．焊接

将曲线上的两个或多个开口的顶点焊接为一个顶点。选择需要焊接的两个顶点，在【焊接】右侧的微调框中输入一个合适的数值，单击【焊接】按钮即可。如图 3-57 所示是焊接前后的效果对比。

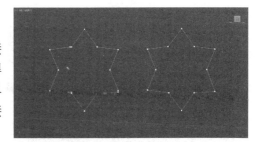

图 3-57　顶点焊接前后

6．连接

使用该工具可以连接两个顶点以生成一条线性线段。单击【连接】按钮，按住鼠标

左键从一个顶点拖动到另一个顶点上释放即可创建一条线段，如图 3-58 所示为连接效果。

7.【圆角】和【切角】

这两个工具可以在顶点处创建圆角和切角，使用后面的微调框可以调整圆角或切角的大小。如图 3-59 所示是在矩形一个顶点处创建的圆角和切角。

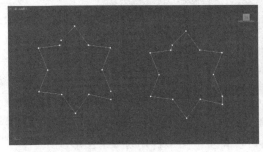

图 3-58　连接前后对比

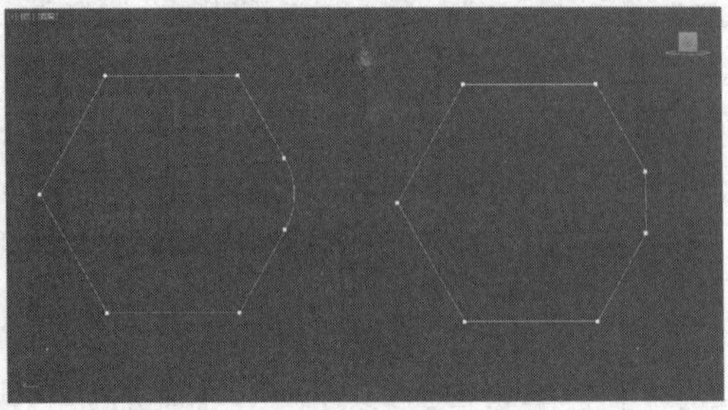

图 3-59　创建圆角和切角

8. 轮廓

【轮廓】命令只有在样条线级别的时候可以使用，它可以将一条线分离为两条线，如图 3-60 所示。

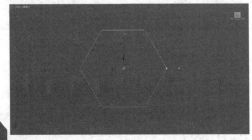

图 3-60　轮廓效果

3.6　课堂实例 1：制作路灯

本实例是制作一组路灯的模型，路灯通常都是使用一些基本几何体得到的，在制作的过程中主要运用基础建模的编辑方法，以及基本操作工具的应用。通过本实例使读者能够使用基本几何体创建一些简单的模型。怎样灵活运用简单的几何体进行建模是本实例的重点所在，操作步骤如下所示。

1 在几何体面板中创建一个【圆环】，设置其参数【半径 1】为 100、【半径 2】为 20，如图 3-61 所示。

2 在顶视图中创建一个【球体】，设置【半径】为 35，如图 3-62 所示。

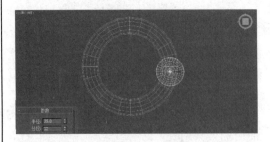

图 3-62　创建球体

图 3-61　创建圆环

3 进入到【层次】面板中，单击【仅影响轴】

按钮，会出现轴心点的设置坐标，如图 3-63 所示。

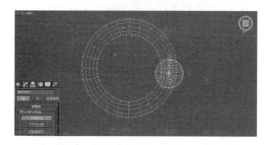

图 3-63 打开轴心点设置

4 将轴心点的坐标移动到圆环的中心，如图 3-64 所示。

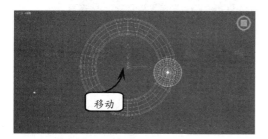

图 3-64 移动轴心点

> **提 示**
>
> 移动球体的轴心时，可以使用 3D 捕捉工具捕捉轴心。具体方法是：在工具栏上单击 ❖ 按钮，并右击，在弹出的对话框中启用 Pivot Point 复选框即可。

5 使用旋转工具配合 Shift 键旋转复制 5 个球体，旋转的角度为 60°。然后选择圆环物体使用移动工具上下复制三个，并适当调整半径值、大小和位置，结果如图 3-65 所示。

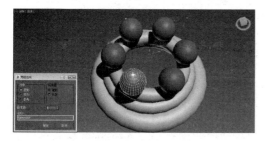

图 3-65 复制对象

6 在顶视图中创建一个星形，然后使用对齐工具和移动工具将其调整到如图 3-66 所示的位置。

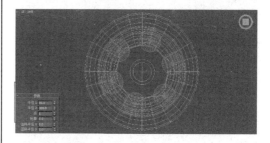

图 3-66 创建星形

7 选择星形图形，按 Ctrl+V 键进行复制，并设置复制出的图形参数如图 3-67 所示。

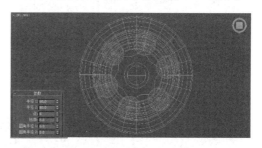

图 3-67 复制星形

8 在修改面板中分别为两个星形图形添加【挤出】命令，设置外侧星形挤出数量为 500、内侧星形图形挤出数量为 2000，如图 3-68 所示。

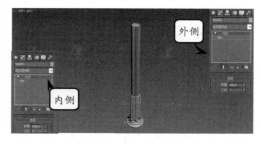

图 3-68 挤出

9 在路灯的顶端创建一条曲线，形状如图 3-69 所示。

10 进入样条线的修改面板，设置的参数如图 3-70 所示。

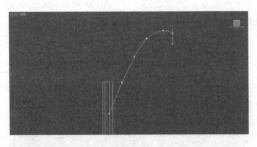

图 3-69　创建曲线

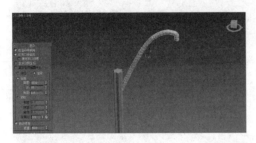

图 3-70　创建路灯杆

11 然后创建一个【球体】和【圆柱体】，将其放在如图 3-71 所示的位置。

图 3-71　创建灯罩

12 选中球体、圆柱体和曲线模型，在工具栏中选择【组】|【组】命令，将其群组，然后选择层级面板，复制出两组，调整角度和位置。到此所有的路灯模型制作完毕，如图 3-72 所示。

图 3-72　路灯模型

3.7　课堂实例2：制作金属零件

本实例是制作一个金属机械图的模型，在制作过程中，使用了可编辑样条线命令对二维线段进行编辑，可编辑样条线命令可以有效地调整图形成为我们所需要的任何形状，通过本实例的学习，使读者能够掌握二维图形的编辑方法。操作步骤如下。

1 在顶视图中创建一个【圆环】，设置【半径】为 50，如图 3-73 所示。

图 3-73　创建圆环

2 选中圆环图形，将其转换为可编辑样条线，然后在修改面板中使用【轮廓】工具制作一个如图 3-74 所示的图形。

3 接着在圆环下方创建一个矩形，如图 3-75 所示。

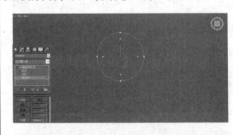

图 3-74　创建弧形

图 3-75　创建矩形

4 接着再在矩形下方创建一个矩形，如图
3-76 所示。

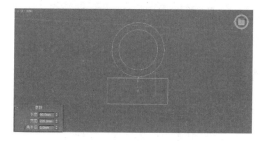

图 3-76 创建矩形

5 再在矩形下方创建一个矩形，如图 3-77
所示。

图 3-77 创建矩形

6 选中圆环图形，将其转换为可编辑样条线，
然后在修改面板中使用【附加】工具将矩形
结合为一个图形，继续在样条线编辑状态中
使用【修剪】工具修剪图形，如图 3-78 所示。

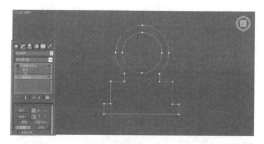

图 3-78 修剪图形

7 将所有的图形附加为一个图形，使用【焊接】
工具将 6 个点焊接，如图 3-79 所示。

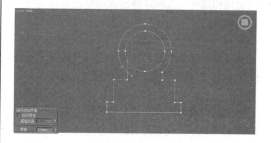

图 3-79 焊接顶点

8 为了使模型更加好看，对其进行调节将其转
换成可编辑样条线，选中要编辑的点，调整
形状，如图 3-80 所示。

图 3-80 调整形状

9 在修改面板中添加一个【挤出】修改器将
其挤出，设置【数量】为 100，如图 3-81
所示。

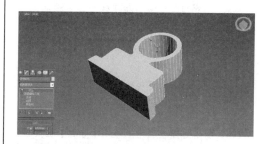

图 3-81 添加挤出修改器

3.8 思考与练习

一、填空题

1. 在创建面板中每一种创建类型的下面都

有两个卷展栏，分别是_____和【名称和颜
色】卷展栏。

2. 如果要创建底部造型为正方形的长方体，
可以在创建时按住_____键再拖动鼠标。

3．使用【球体】或者【几何球体】都可以创建球形物体，两者的区别在于，球体表面是由四边面构成的，几何球体的表面是由_____构成的。

4．软管是一个能连接两个物体的弹性对象，在其【软管形状】选项区域中为用户提供了三种不同的软管截面形态，分别是圆形、长方形和_____。

5．当将曲线转换成可编辑样条线后，曲线顶点有 4 种顶点编辑方式，分别是线性、Bezier、平滑和_____。

二、选择题

1．在下列图形工具中，有【扭曲】参数的是_____。

A．矩形

B．多边形

C．星形

D．螺旋线

2．在圆环的参数卷展栏中的【平滑】区域中有 4 个单选按钮，其中_____单选按钮只光滑分段部分。

A．全部

B．侧面

C．无

D．分段

3．在下列选项中不能在样条线上添加顶点的命令是_____。

A．插入

B．优化

C．焊接

D．拆分

4．在几何体卷展栏下使用【分离】工具时，共有三种分离方式，下列选项中不属于其中分离方式之一的是_____。

A．代理

B．复制

C．重定向

D．同一图形

5．下列选项中，在进入样条线顶点编辑状态时不能被激活的选项是_____。

A．焊接

B．优化

C．附加

D．布尔

6．在使用软选择工具编辑顶点时，_____参数可以沿着垂直轴展开和收缩曲线的顶点。

A．边距离

B．膨胀

C．收缩

D．拉伸

三、问答题

1．试着述说一下建模的类型，以及各自的特征。

2．怎样将图形转换为可编辑样条线，有几种方法？

3．简述可编辑样条线的组成部分，以及各自编辑工具的用法。

四、上机练习

1．制作冰块

冰块的效果是比较难实现的，主要是因为冰块本身所具有的纹理，以及冰块的反射效果，加大了模拟的难度。实际上，在制作这种效果时，首先可以在模型上添加一些细节，然后再利用材质进行模拟，本练习将通过在模型上添加【噪波】修改器来添加细节。效果如图 3-82 所示。

图 3-82　布置场景

2．制作机械图

3ds Max 为用户提供了丰富的图形编辑工具，使用这些工具可以制作出复杂的线框图和截面图，利用这些图形结合修改器可以编辑出复杂的三维模型。本练习是创建一个机械部件的截面图，如图 3-83 所示，通过本练习使读者进一步掌握编辑样条线工具的应用方法。

图 3-83　最终效果

第 4 章

对象修改器

基础模型建立之后，由于其外形过于简单所以很难符合场景的需要。为达到用户的需求，3ds Max 提供了多种针对基础形体的编辑修改器。结合使用这些编辑修改器可以在一定程度上满足用户对建模的要求，从而生成更为复杂的对象。本章所介绍的编辑修改器就是可以实现这一功能的重要工具。3ds Max 中的编辑修改器分为多种，本章只针对建模部分介绍二维修改器和三维修改器等常用修改器，在介绍修改器特性之前，首先介绍关于修改器的一些知识。

4.1 修改器介绍

在 3ds Max 中，可以为对象应用多种编辑修改器，修改器面板是记录建模操作的重要存储领域。可以使用多种方式来编辑每一个对象，但不管使用哪种方式，对象所做的每一步都会存储在命令面板中，因而可以返回以前的操作，继续修改对象。

在利用修改器编辑几何对象时，需要使用到一些面板、修改器环境、公用属性以及空间和塌陷。

4.1.1 修改面板

在视图中选择一个创建的对象，单击右侧面板上的【修改】按钮切换到【修改】命令面板，如图 4-1 所示。在修改命令面板中，最上面的文本框用于设置所选择对象的名称和颜色。修改面板的布局如图 4-1 所示。

图 4-1 修改命令面板

1．名称与颜色

【名称与颜色】选项区域用于修改对象的名称以及它在视图中显示的颜色，与创建命令面板中的【名称与颜色】相同，这里不再赘述。

2．修改器列表

【修改器列表】中包含了 3ds Max 2016 中的大部分修改器，如图 4-2 所示。其中，【选择修改器】用来定义样条线、网格和面板等次对象的选择集，以便于形成编辑修改的对象。【世界空间修改器】是主要应用在世界空间中的修改器；【对象空间修改器】是主要应用在对象空间中的修改器。

> **注 意**
>
> 在场景中选择不同的对象时，【修改器列表】中只显示与其相关的修改器类型。

图 4-2 修改器列表

3．修改器堆栈

修改器堆栈位于【修改器列表】的下方，该区域罗列了最初创建的参数几何对象和作用于该对象的所有编辑修改器。

所谓的堆栈类似于在一个容器中放东西，首先放进去的东西位于整个容器的最底层，后放进去的东西则会一一向上堆积，而最后放进去的东西则处于最顶层。修改器堆栈也是这样，处于最底层的是原始对象，其位置不能变动。作用于原始物体上的修改器则是按照一定的次序排列在堆栈中，可以通过调整它们的放置位置来调整它们之间的次序。不过，不同的修改器放置次序所产生的原始物体是不相同的。如图 4-3 所示的是在一个圆柱体上添加了锥化和弯曲修改器的不同形状，在图 4-3（a）中先使用了锥化修改器，再使用弯曲修改器，而在图 4-3（b）中则正好相反。

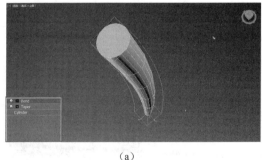
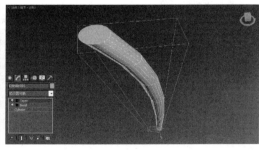

（a）   （b）

图 4-3 修改器的放置次序

在修改器堆栈中右击，利用打开的快捷菜单可以对各修改器进行编辑操作，例如重命名、剪切、复制、塌陷等。这一功能可以针对视图中的各个对象空间灵活应用，大大提高了修改器的利用率。另外，在各个修改器的左侧有一个"灯泡"图标，它用于确定是否要在原始对象上使用修改器，如果对象变为灰色显示，则表示当前修改器没有作用在原始对象上，如图 4-4 所示。

通过上面的学习，我们知道修改器的编辑将直接影响到几何体的最终形态。那么，通常情况下，可以对修改器执行哪些操作呢？

（1）查找和调整修改器顺序；

（2）在对象之间复制、剪切和粘贴修改器；

（3）在堆栈中和视图上冻结某个修改器的作用；

（4）选择一个修改器的属性，包括 Gizmo 和中心（在后面的讲解中将介绍这两个属性）；

图 4-4 作用与非作用

（5）删除修改器。

4．快捷工具

在整个面板的最下方提供了关于修改器编辑的一些快捷工具，通过利用这些工具可以在很大程度上提高工作效率，下面介绍这些工具的功能。

1）锁定堆栈

【锁定堆栈】按钮用来冻结堆栈的当前状态，能够在变换场景对象的情况下，仍然保持原来选择对象的修改器的激活状态。

2）显示最终结果

【显示最终结果】按钮用于确定堆栈中的其他修改器是否显示它们的结果。通过利用该工具，可以使我们直观地看到修改器的编辑效果。在建模的过程中，可以通过关闭该按钮来检查修改器的效果，观察整体模型的形状时再打开它，这样可以减轻计算机的处理量，节省显示时间。

3）使唯一

【使唯一】按钮用于选择集的修改器独立出来，只作用于当前选择的对象。

4）移除修改器

【移除修改器】按钮用来从堆栈中删除选择的修改器。

5）配置修改器集

【配置修改器集】按钮用来控制是否在修改命令面板中显示经常使用的修改器按钮。如图 4-5 所示是作者自定义的一个修改器集。

如果要配置一个修改器集，则可以单击该按钮，在打开的快捷菜单中选择【配置修改器集】命令，然后在打开的对话框中选择右侧列表中的相应修改器，并将其拖动到左侧的空白按钮上，如图 4-6 所示。

设置完成后，单击【确定】按钮即可完成修改器集的配置。

图 4-5 修改器集

不过，此时它并不能显示在修改命令面板中，可以再次单击【配置修改器集】按钮，在打开的快捷菜单中选择【显示修改器集】命令。如图 4-7 所示是修改后的修改器集。

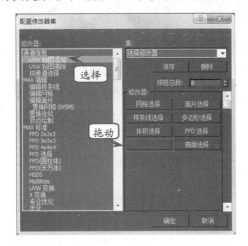

图 4-6 配置修改器集　　　　　　图 4-7 修改器集

技 巧

在【配置修改器集】对话框中，将选择的修改器直接拖动到现有的修改器上，这样可以将原来的修改器替换。

4.1.2　编辑公用属性

在 3ds Max 2016 中，大多数修改器都共享一些相同的基本属性。通常情况下，一个修改器除了其自身所具有的特性外，还提供了一个 Gizmo 和【中心】属性。本节将介绍这两个属性的功能以及其常用操作方法。在修改器堆栈中选择一个修改器，单击其左侧的+可以显示出这两个属性，如图 4-8 所示。

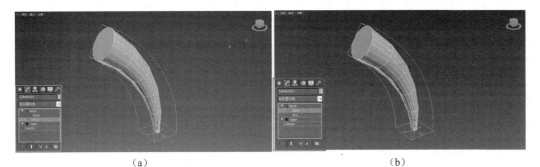

　　　　　　（a）　　　　　　　　　　　　　　　　（b）

图 4-8 修改器的两个公用属性

Gizmo 是一种显示在视图中以线框的方式包围被选择对象的形式。3ds Max 2016 中，Gizmo 被作为修改器使用的重要辅助工具，通过移动、旋转和缩放 Gizmo，可以大大影响修改器作用于对象的效果，如图 4-9 所示是通过移动 Gizmo 的位置所产生的不同形状。

（a）   （b）

图 4-9　**Gizmo** 对物体的影响

　　【中心】是作为场景中对象的三维几何中心出现的，同时它是修改器作用的中心。与 Gizmo 相同，【中心】也是修改器作用的重要辅助工具，通过改变它的位置也可以大大影响修改器作用与对象的效果，如图 4-10 所示。

（a）   （b）

图 4-10　改变中心的效果

1．移动 Gizmo 和【中心】

　　通常情况下，移动 Gizmo 和移动【中心】的方法是相同的。不同的是，移动 Gizmo 将使其与所匹配的对象分离，这样可能使后期的建模产生一些混乱；而移动【中心】只会改变中心的位置，不会对 Gizmo 的位置产生影响。移动 Gizmo 和【中心】的效果对比可以参考上面的两个图。

注　意

在 3ds Max 2016 中，【中心】只能够移动，不能够对其使用旋转或者缩放操作。

2．旋转/缩放 Gizmo

　　除了对 Gizmo 使用移动功能外，还可以对其执行旋转和缩放操作，它的缩放方法和基本体的操作相同，这里不再赘述。

　　对于 Gizmo 的旋转或者缩放操作而言，笔者是不太赞成的。通常情况下，修改器都会提供一些旋转或者缩放的参数，用户可以精确调整这些参数来达到修改的目的。再者，还可以直接缩放或者旋转几何体进行修改。

4.1.3 空间与塌陷

空间是 3ds Max 中的基本概念，几乎所有的对象都是基于空间的元素。塌陷是在制作复杂模型时经常需要的操作，通过这样的操作可以提高计算机的处理速度、节约大量的时间。本节将分别介绍空间的概念和修改器堆栈塌陷的实现方法。

1．空间概述

在 3ds Max 2016 中，存在两种极其重要的空间坐标系，分别是对象空间和世界空间。【对象空间】是从属于场景中各个对象的对立坐标系，用来定位应用于对象的每个细节。例如，对象的节点位置、修改器的放置位置、贴图的坐标和使用的材质位置都需要在对象空间中定义。【世界空间】是一种直接影响场景中对象位置的全局坐标系。世界空间坐标系位于各个视图中的左下角，它是不能被改变或者移动的。场景中的对象通过它们之间的相对位置、相对大小定位在世界空间之中。如图 4-11 所示的是在世界空间的桌上放置着一般应用于对象空间的书。

在 3ds Max 2016 中，修改器不是应用于对象空间就是应用在世界空间中。应用在对象空间中的修改器被称为对象修改器，应用于世界空间的修改器被称为世界修改器。

📀 **图 4-11**　世界空间和对象空间

应用在对象局部坐标系统中的对象空间修改器受对象的轴心点的影响，而世界空间修改器是全局性应用，它只会影响场景中的对象位置。例如，将对象移动到路径上时，世界空间的【路径变形】修改器保留路径在原来的位置，同时移动对象到路径上。而对象空间的【路径边形】修改器保留对象在原来的位置，同时移动路径到对象上。

【对象空间】修改器和【世界空间】修改器可以被复制和粘贴，但它们不能混合在一起使用，而且对象空间修改器不能被粘贴在实际空间修改器上。

2．塌陷操作

尽管修改器堆栈对于模型编辑或者动画制作有很大的帮助，可是它需要占用大量的内存空间，这是因为修改器堆栈中的每一步操作都占据着一定的内存，这样将会大大地降低计算机的处理能力、延长编辑时间。

为此，可以将当前的修改器堆栈塌陷，从而减少内存资源的占用。塌陷堆栈就会引起几何体传递途径的计算，将对象缩减成最高级的几何体，每个修改器的编辑效果仍然存在，但是它们的效果将会变为显式的，并且被冻结。

塌陷修改器堆栈的方法有两种，下面分别予以介绍。

（1）在修改器堆栈中右击，选择快捷菜单中的【塌陷到】或者【塌陷全部】命令即可完成塌陷。其中，【塌陷全部】命令将塌陷存在于堆栈中的所有修改器；【塌陷到】命令表示从选择的修改器向下塌陷到堆栈的底部，如图 4-12 所示。

（2）切换到【工具】命令面板，展开工具卷展栏，单击其中的【塌陷】按钮，打开如图 4-13 所示的卷展栏。然后，在视图中选择要塌陷的对象，单击【塌陷选定对象】按钮即可塌陷选择的对象，此时的物体将会转换为一个可编辑网格对象。

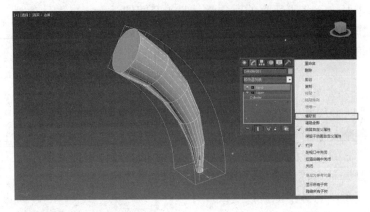

图 4-12 塌陷到

图 4-13 塌陷

4.2 二维修改器

二维修改器主要用于二维图形上，它可以通过一个二维图形通过挤压、旋转等形式将其变成三维物体，这是在实际创作当中经常使用的一类修改器。本节主要向大家介绍二维修改器中的一些典型代表，包括挤出修改器、车削修改器和倒角修改器。

4.2.1 挤出修改器

【挤出】修改器通过在二维剖面上添加厚度，使得二维线型转换为三维物体。与系统内置的三维物体不同的是，在使用该修改器前需要创建一个二维剖面图形。利用挤出修改器创建模型的方法很简单，可以选择已经编辑好的二维图形，展开【修改器列表】下拉菜单，选择其中的【挤出】选项即可。图 4-14 所示的是通过挤出修改器创建的效果前后对比。

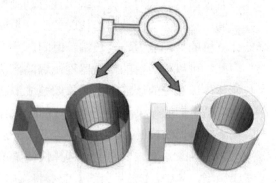

1. 数量

该参数用于控制拉伸的高度，需要自

图 4-14 挤出效果

定义。不同的数量值所产生的效果不尽相同。

2．分段

指定将要在挤出对象中创建线段的数目。这个参数十分重要，尤其是在后期要进行多边形处理时特别有用，如图 4-15 所示。

3.【封口始端】和【封口末端】

如果启用【封口始端】复选框，则封闭模型的顶端；如果启用【封口末端】复选框，则封闭模型的末端，3ds Max 默认为启用，不启用这两个选项的效果如图 4-16 所示。

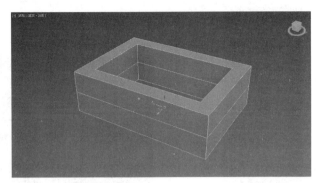

图 4-15　分段效果

4.2.2　车削修改器

所谓的【车削】实际上就是我们所说的"旋转"。利用一个二维图形，通过某个轴向进行旋转可以产生一个三维几何体，这是一种常用的建模方法，例如使用这种方法可以制作一个苹果、茶杯等具有轴对称特性的物体。

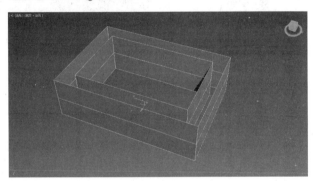

图 4-16　不封闭模型效果

车削修改器要求首先创建一个二维剖面图形，在【修改】面板中添加【车削】修改器，之后设置其参数，如图 4-17 所示。

下面介绍【车削】修改器的参数，车削修改器可以通过对二维图形的旋转制作出三维物体，例如平时生活中经常看到的花瓶、酒瓶、杯子等物体。要利用车削修改器创建模型，可以事先定义一个二维截面；然后，切换到【修改】命令面板，选择修改器列表中的【车削】命令，添加该修改器；最后，在车削修改器参数面板中调整其参数控制即可生成模型，车削修改器的参数面板如图 4-18 所示。

图 4-17　车削效果

由于车削修改器的参数比较多，为了初学者快速接受，这里向大家介绍常用的一些参数设置。

1. 度数

确定对象绕轴旋转多少度，可以给【度数】设置关键点，来设置车削对象圆环增强的动画。不同的角度创建的不同效果如图 4-19 所示。

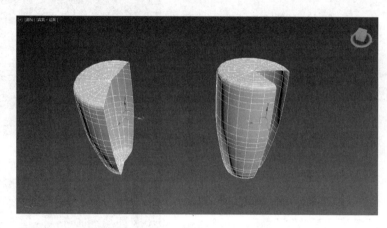

图 4-18　车削修改器
　　　　 参数面板

图 4-19　角度对比

2. 焊接内核

通过将旋转轴中的顶点焊接来简化网格。如果要创建一个变形目标，则需要禁用该复选框。

3. 翻转法线

该参数依赖图形上顶点的方向和旋转方向，旋转对象时可能会产生法线错误，导致模型内部造型外翻。此时就可以通过启用该复选框来进行纠正，如图4-20 所示。

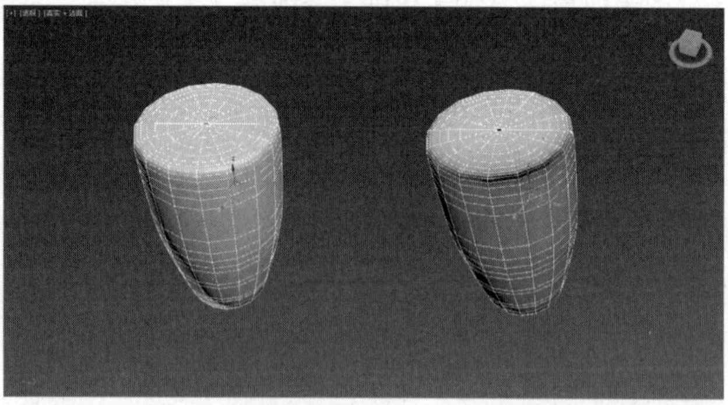

（1）方向：该选项用于设置截面旋转方向。通过设置该选项，可以确定截面图形沿哪个轴进行旋转。

（2）对齐：该选项区域用于设置中心轴的位置是在截面曲线的最小边、中心（默认）还是最大边。

图 4-20　翻转法线对比

（3）输出：输出选项区域为用户提供了三种基本的模型输出方式，分别是面片、网格和 NURBS 曲面，只需选中相应的单选按钮就可以使用相应的曲面输出模型。

4.2.3 倒角修改器

倒角修改器也是以一个二维图形为基础，通过拉伸、挤压的方式将其转换为三维物体。但是，倒角修改器却有着比挤出修改器更优越的特性——它可以在物体的边缘形成平的或者圆的倒角，从而可以使物体看起来更加光滑、圆润。通常情况下，可以利用该修改器创建三维文本和徽标，而且可以应用于任意图形。应用倒角修改器创建的效果如图 4-21 所示。

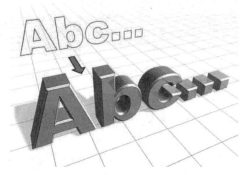

◤ 图 4-21　倒角效果

另外，倒角修改器所允许使用的截面可以是开放的也可以是闭合的，不同的是，如果使用一个开放的截面，则可能创建出"破面"。在二维截面上添加倒角修改器的方法和【车削】修改器相同。图 4-22 所示的是其参数面板。

1．起始轮廓

该选项用于设置轮廓从原始图形的偏移距离。任意非零设置都会改变原始图形的大小。

2．级别 1

该选项区域中的参数用于设置物体在第 1 个级别上的模型外观表现，它包含【高度】和【轮廓】两个参数。其中，前者用于设置倒角的高度，而后者则用于设置物体截面的变化，如图 4-23 所示。

（a）

（b）

◤ 图 4-22　倒角修改器参数面板

3．级别 2

用于设置倒角物体在第二级别上的变化情况，它也包含【高度】和【轮廓】两个参数，效果如图 4-24 所示。

◤ 图 4-23　级别 1 效果

◤ 图 4-24　级别 2 效果

4．级别 3

级别 3 是倒角的最后一个级别，它的功能与其他两个级别相同，其效果如图 4-25 所示。

图 4-25 级别 3 效果

4.3 三维修改器

三维修改器是应用在三维物体上的修改器，通常情况下以三维的物体为基础来使用，但是大多数修改器也可以应用在二维图形上，只是这种用法不是太常见（一般的二维图形都是经过样条线进行修改的）。三维修改器可以通过一定的修改规则，将一个简单的型修改得复杂一些，它是在实际创作中经常使用的一类修改器，本节将分别介绍它们的特性以及使用的一般方法。

4.3.1 弯曲修改器

【弯曲】修改器用来改变对象的形状。该工具是以围绕单独轴弯曲 360°的方式使几何体产生均匀弯曲的非线性变形的修改器。这种方式非常直观方便，很适合创建山地等模型，它可以对几何体的一段限制弯曲，可以在任意三个轴上控制弯曲的角度和方向。

要使用该修改器，可以在场景中选择一个三维物体，然后在修改命令面板中为其添加【弯曲】命令。图 4-26 所示的是使用【弯曲】修改器创建的模型效果。

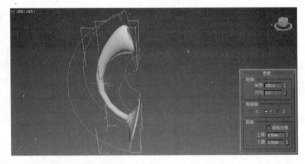

图 4-26 弯曲修改器

1．【弯曲】选项区域

【弯曲】选项区域中的【角度】用于设置弯曲的度数，【方向】用于设置模型在指定的轴向上弯曲的方向，如图 4-27 所示。

2．【弯曲抽】选项区域

【弯曲】选项区域用于设置模型弯曲所绕的轴向，默认设置为 Z 轴，要改变轴向只需选中相应的 X、Y、Z 单选按钮即可。如图 4-28 所示为不同轴向的弯曲效果。

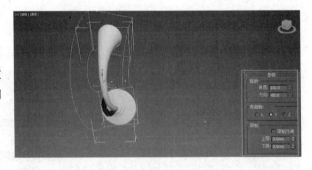

图 4-27 调整弯曲方向

3.【限制】选项区域

【限制】选项区域是精确到 mm，将弯曲限制约束在模型的某个位置，其中包括【上限】和【下限】两个选项，超出部分则不受修改器影响，如图 4-29 所示。

图 4-28 设置弯曲轴向

此外，在制作弯曲效果时也可以直接利用修改器堆栈中的【中心】和 Gizmo 来调整模型的形状。

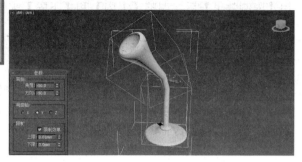

图 4-29 弯曲限制

4.3.2 扭曲修改器

【扭曲】修改器工具用来对模型进行变形，在需要的地方对模型进行变形，直到最终得到满意的模型。该工具的使用方法是：选择要编辑的模型，在菜单栏中执行【扭曲】修改器命令，使几何体可以控制任意三个轴向上扭曲的角度，从而产生一个旋转效果。

在应用扭曲修改器时，系统会将扭曲 Gizmo 的中心放置于对象的轴点，并且 Gizmo 与对象局部轴排列成行，其效果如图 4-30 所示。

如图 4-31 所示的是【扭曲】修改器的参数面板。关于该修改器的添加方法和上述的修改器相同，这里不再赘述，下面介绍一下常用参数的功能。

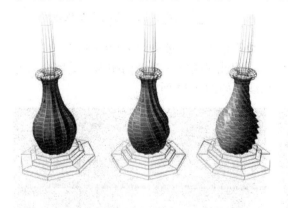

图 4-30 扭曲修改效果

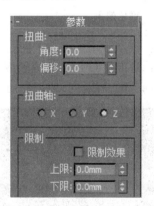

图 4-31 【扭曲】修改器的参数面板

1. 扭曲

【扭曲】域用于控制发生扭曲的剧烈程度。其中，【角度】确定围绕垂直轴扭曲的量；

【偏移】参数为负时，对象扭曲会与 Gizmo 中心相邻；该值为正时，对象扭曲远离 Gizmo 中心。

2．扭曲轴

【扭曲轴】用于设置发生扭曲的方向，可以分别选中 X、Y 和 Z，在这三个方向上产生扭曲效果。

3．限制

限制选项区域和上述修改器的功能相同，主要用于设置扭曲发生的位置，可以在启用【限制效果】后，调整【上限】和【下限】来修改扭曲的位置。

4.3.3　锥化修改器

【锥化】修改器通过缩放对象几何体的两端产生锥化轮廓，或者产生一端放大而另一端缩小的效果。还可以在两个轴向上控制锥化的量和曲线，也可以对几何体的局部进行限制锥化。锥化修改器的修改效果如图 4-32 所示。

如图 4-33 所示的是锥化的参数面板，下面主要介绍常用参数的功能以及使用方法。

图 4-32　锥化效果　　　　　　　　　　图 4-33　锥化参数面板

（1）数量：该参数用于缩放扩展的末端，数值越大，则锥化效果越明显。

（2）曲线：对锥化 Gizmo 的侧面应用曲率，因此影响锥化对象的图形。正值会沿着锥化侧面产生向外的曲线，负值产生向内的曲线，如图 4-34 所示。

（a）正值　　　　　　　　　　　　　　（b）负值

图 4-34　正值与负值的区别

（3）主轴：锥化的中心样条线或中心轴，可以在 X、Y 或 Z 三个轴向上生成锥化效果，默认设置为 Z 轴。

（4）效果：用于表示主轴上的锥化方向的轴或平面，可用选项取决于主轴的选取。影响轴可以是剩下两个轴的任意一个，或者是它们的合集。如果主轴是 X，影响轴可以是 Y、Z 或 YZ。

（5）对称：围绕主轴产生对称锥化。锥化始终围绕影响轴对称，启用对称复选框创建的效果如图 4-35 所示。

（6）限制：锥化偏移应用于上下限之间。围绕的几何体不受锥化本身的影响，它会旋转以保持对象完好。锥化限制对模型的影响如图 4-36 所示。

关于锥化的实现过程比较简单，这里不再做过多的介绍。用户可以利用上机时间来制作一些具体的造型，以理解其参数含义。

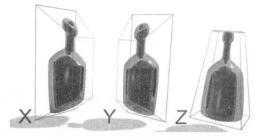

图 4-35　对称对锥化的影响

● 4.3.4　噪波修改器

【澡波】修改器沿着三个轴的任意组合调整对象顶点位置。它是使模拟对象形状随机变化的重要动画工具。FFD 修改器工作在FFD（长方体）空间扭曲或 FFD（圆柱体）空间扭曲中，来更改选择的控制点，然后将

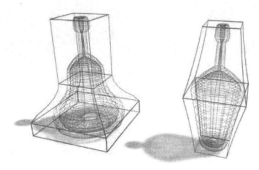

图 4-36　限制对锥化的影响

选择结果传送到面板中。本节将重点学习噪波修改器和 FFD 修改器的编辑操作，下面分别予以介绍。

【噪波】修改器是一个随机修改器，是沿着三个轴的任意组合调整对象顶点的位置，常用于模拟对象形状随机变化的动画，也可以制作山地、海面等形状，如图 4-37 所示。在对象上添加噪波修改器的方法是：选中需要添加噪波修改器的对象，切换到修改命令面板，选择其中的【噪波】选项，然后在其基本参数卷展栏中调整参数设置即可。

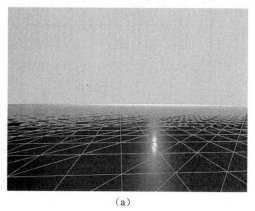

（a）

（b）

图 4-37　利用噪波修改器制作的效果

1．种子

从系统允许的随机数中生成一起始点，作为噪波的产生原点。该参数在设置地形、海面等效果时非常有用。

2．比例

【比例】噪波影响的程度。较大的值产生更为平滑的噪波，较小的值产生锯齿现象更严重的噪波，如图 4-38 所示。

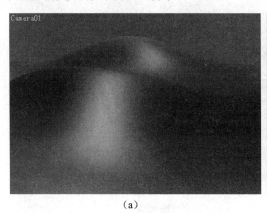 

　　　　　　　　（a）　　　　　　　　　　　　　　　　　　（b）

图 4-38　较大的比例值和较小的比例值效果

3．分形

【分形】根据当前设置产生分形效果，默认状态为禁用。如果启用该复选框，则可以通过【粗糙度】和【迭代次数】来调整噪波的细节。

4．粗糙度

【粗糙度】决定粗糙化的程度，较低的值比较高的值更精细。范围为 0～1.0，默认值为 0。应用不同的粗糙度后的效果对比如图 4-39 所示。

　　　　　　　　（a）　　　　　　　　　　　　　　　　　　（b）

图 4-39　粗糙度的效果对比

5．迭代次数

【迭代次数】控制分形功能所使用的迭代数目。较小的迭代次数可以创建出平滑的噪波效果。

6．强度

【强度】选项区域用于控制噪波的大小，只有设置了强度后噪波效果才能产生。噪波允许从 3 个轴向上设置强度，分别是 X、Y 和 Z 轴。

7．动画

【动画】选项通过为噪波图案叠加一个要遵循的正弦波形，控制噪波效果的形状。这使得噪波位于边界内，并加上完全随机的阻尼值。启用【动画噪波】复选框后，这些参数影响整体噪波效果。

8．频率

【频率】用于设置正弦波的周期，以调节噪波效果的速度。较高的频率使得噪波振动得更快。较低的频率产生较为平滑和更温和的噪波。

9．相位

【相位】用于移动基本波形的开始和结束点。默认情况下，动画关键点设置在活动帧范围的任意一端。通过在轨迹视图中编辑这些位置，可以更清楚地看到【相位】效果。

> **注　意**
>
> 制作噪波效果时，物体的面数也是非常重要的。如果物体的面数太少，则制作的噪波效果显得特别尖锐，甚至做不出噪波效果；相反，如果物体的面数较多，则产生的效果将会非常光滑。

4.3.5　FFD 修改器

【FFD 修改器】是一种特殊的晶格变形修改，其全称为 Free From Deformations，是"自由变形"的意思。在 Maya 和 Softimage 软件中被称为 Lattice，它可以使用少量的控制点来调节表面的形态，产生均匀平滑的变形效果，如图 4-40 所示。它的优点就在于，它能保护模型不发生局部的撕裂。此外，在 3ds Max 中，【FFD 修改器】既可以是一种直接的修改加工工具，也可以作为一种隐含的空间扭曲影响工具。

在 3ds Max 2016 中，FFD 被分为许多种

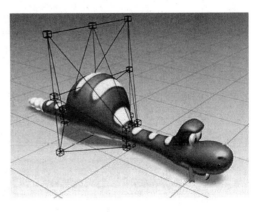

图 4-40　FFD 调整效果

类型，常见的有 FFD 2×2×2、FFD 3×3×3、FDD 4×4×4、FFD（长方体）和 FFD（圆柱体）等，如图 4-41 所示。虽然它们的类型不同，并且作用的对象也有一定的区别，但是它们的参数设置是相同的，因此在下面的讲解中将以 FFD（长方体）为例介绍 FFD 类修改器的参数功能。

图 4-41　FFD 修改器类型

FFD（长方体）修改器有三个次级修改，分别是控制点、晶格、设置体积，如图 4-42 所示。通常情况下，对模型的修改是在【控制点】下进行的；【晶格】和【设置体积】没有参数，只能用于在视图中对 FFD 晶格和控制点的位置进行修改。

（1）晶格：将绘制连接控制点的线条以形成栅格。

（2）源体积：控制点和晶格会以未修改的状态显示。如果在【晶格】子层级时，可以启用该复选框来帮助我们摆放源体积位置。

提 示

要查看位于源体积（可能会变形）中的点，通过单击堆栈中显示出的关闭灯泡图标来暂时取消激活修改器。

（3）仅在体内：只有位于源体积内的顶点会变形。

（4）所有顶点：将所有顶点变形，不管它们位于源体积的内部还是外部。

图 4-42　子层级

（5）重置：将所有控制点返回到它们的原始位置。

（6）全部动画：为指定的所有顶点添加动画控制器，从而使它们在轨迹视图中显示出来。

（7）与图形一致：在对象中心控制点位置之间沿直线延长线，将每一个 FFD 控制点移到修改对象的交叉点上，从而增加一个由【偏移】选项指定的偏移距离。

注 意

将【与图形一致】应用到规则图形效果很好，如基本体。它对退化（长、窄）面或锐角效果不佳。这些图形不可使用这些控件，因为它们没有相交的面。

（8）内部点/外部点：【内部点】仅控制受【与图形一致】影响的对象内部点；【外部点】仅控制受【与图形一致】影响的对象外部点。

（9）偏移：受【与图形一致】影响的控制点偏移对象曲面的距离。

FFD 类修改器虽然子类型比较多，但是它们的操作方法和参数使用方法大都相同，读者可以直接将本节的内容应用于其他的 FFD 修改器上。

4.4　UVW 贴图

【UVW 贴图】修改器主要应用在建模或者动画当中。贴图修改器则主要用于贴图的修改当中。在为模型制作贴图的过程中，为了纠正贴图的坐标或者对齐贴图坐标经常要使用到贴图修改器。

4.4.1 UVW 贴图简介

【UVW 贴图】修改器是在制作贴图时经常使用的一种贴图工具，它的功能是在物体表面设置一个贴图框架来为图片定位。当使用外部导入的图像作为贴图时，需要在二维图像和三维几何体之间建立一个关联，即如何将平面图形附加在三维物体的表面。【UVW 贴图】修改器的参数由贴图、通道和对齐三个选项区域所构成，不同的选项区域将实现不同的管理功能，如图 4-43 所示。

通过实践，可以将学习【UVW 贴图】修改器的要点列为以下 4 点：第一、对不具有贴图坐标的对象可以使用【UVW 贴图】修改器；第二、变换贴图的中心可以调整贴图的位移；第三、在子对象层级可以使用贴图；第四、对指定贴图通道上的对象应用 7 种贴图坐标之一，不同的贴图通道具有不同的贴图坐标。

(a)

(b)

图 4-43 UVW 贴图参数

> **提 示**
>
> 所谓的 UVW 坐标是 3ds Max 中的一种贴图坐标，它与 X、Y、Z 坐标相似，其中 U 和 V 轴对应于物体的 X 和 Y 轴。对应于 Z 轴的 W 轴一般只用于程序贴图。

【UVW 贴图】修改器的添加方法和其他修改器相同。不同的是【UVW 贴图】的参数设置有些特殊，由于其内容较多，将放在下一节中做重点讲解。

4.4.2 贴图类型

在利用【UVW 贴图】修改器纠正贴图的坐标时，需要根据当前三维物体的形状选择不同的纠正方式，此时就需要使用到贴图坐标。所谓的贴图坐标是指为系统指定一种贴图坐标的计算方法，以便于重新计算贴图坐标。【UVW 贴图】修改器提供了 7 种常用的贴图坐标方式，本节将一一介绍它们的功能。

1. 平面贴图

如果要使用平面贴图坐标，则可以在参数卷展栏中选中【平面】单选按钮。这种贴图坐标可以从对象上的一个平面投影贴图。在需要贴图对象的一侧时，会使用这种贴图类型，一般在利用位图作为贴图的时候使用。在平面对象上贴图的时候很容易控制使用的图片的范围，但是运用在具有深度的对象上时，W 轴就会发生推移现象。利用平面贴图类型创建的效果如图 4-44 所示，其中图 4-44（a）是采用默认的方式创建的贴图效果，

图 4-44（b）是添加【UVW 贴图】后的效果。

（a）　　　　　　　　　　　　　（b）

🔘 图 4-44 ▸ 平面贴图效果

2．柱形

这种贴图方式主要应用在一些类似于圆柱体的模型上，如图 4-45 所示。一般情况，当我们为柱形物体添加该修改器后，在圆柱体的侧面不会产生贴图，如图 4-46 所示，这是因为【UVW 贴图】默认情况下没有计算侧面，如果要使其产生贴图，则应该启用【柱形】选项右侧的【封口】复选框。

3．球形

【球形】通过从球体投影贴图来包围对象，在球体顶部和底部，位图边与球体两极交汇处会看到缝与贴图奇点相交。这种贴图方式一般应用在圆形物体上，其效果如图 4-47 所示。

4．收缩包裹

【收缩包裹】实际上使用的是球形贴图，但是它会截去贴图的各个角，然后在一个单独奇点将它们全部结合在一起，仅创建一个奇点。收缩包裹贴图用于隐藏贴图奇点。其效果如图 4-48 所示。

🔘 图 4-45 ▸ 约束效果

🔘 图 4-46 ▸ 两端不显示贴图

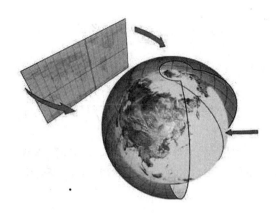

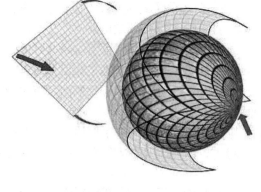

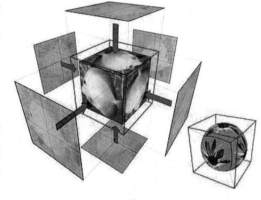

图 4-47　球形贴图方式

图 4-48　收缩包裹

5.长方体

【长方体】贴图方式可以从长方体的 6
个侧面投影贴图，如图 4-49 所示。每个侧面
投影为一个平面贴图，且表面上的效果取决
于曲面法线。从法线几乎与其每个面的法线
平行的最接近长方体的表面贴图每个面。

6.面投影

【面投影】贴图方式可以对对象的每个面
应用贴图副本，如图 4-50 所示。使用完整矩
形贴图来贴图共享隐藏边的成对面。使用贴
图的矩形部分贴图不带隐藏边的单个面。

图 4-49　长方体贴图方式

7.XYZ 到 UVW

【XYZ 到 UVW】贴图方式可以将 3D 程序坐标贴图到 UVW 坐标。通过这种方式可
以将程序纹理贴到表面。如果表面被拉伸，3D 程序贴图也被拉伸。通常情况下，将该选
项与程序纹理一起使用，如图 4-51 所示的就是将细胞贴图和该贴图方式一起使用所创建
的效果。

图 4-50　面投影贴图效果

图 4-51　XYZ 到 UVW 贴图方式

在贴图选项区域的下方，提供了一些用于自定义的参数设置，包括贴图的长、宽、高等，下面介绍它们的功能。

【长度、高度和宽度】用于定义【UVW 贴图】中 Gizmo 的尺寸。在使用该修改器时，贴图图标的默认缩放由对象的最大尺寸决定。为了正确贴图，需要了解不同贴图方式所使用的尺寸的一些注意事项。例如，【高度】参数对于平面贴图方式是不可用的，因为平面贴图方式不具备高度。

【UVW 平铺和翻转】主要用于指定 UVW 贴图的尺寸以便于平铺图像。其中，【UVW 平铺】可以调整运用的贴图的重复次数，【反转】可以以指定的轴向为中心上下左右翻滚。

4.4.3 其他参数设置

在利用【UVW 贴图】修改器编辑图像时，并不是仅仅利用上述的参数就可以制作出完美的效果。有时候，还需要借助于它的另外一些参数来纠正贴图坐标。本节将集中介绍一些常用参数的功能以及它们的使用方法。

1．贴图的通道

在 3ds Max 2016 中，每个对象都可以拥有多个 UVW 贴图通道，默认通道数为 1。【UVW 贴图】修改器为每个不同的通道赋予贴图，这样在同一个完整对象上可以同时存在多组坐标。

1）贴图通道

该参数用于设置贴图通道。【UVW 贴图】修改器默认为通道 1，所以贴图具有默认行为方式，除非更改到另一个通道。

2）顶点颜色通道

通过启用该复选框，可将通道定义为顶点颜色通道。另外，确保将坐标卷展栏中的任何材质贴图匹配为【顶点颜色】方式。

2．对齐贴图

【对齐】区域的主要功能是更加高效地完成贴图坐标的调整和自动适应，这是一个非常重要的区域。通常情况下，当我们选择了一种贴图方式后，需要通过在该区域中调整参数，使其能够和物体相适应。

1）X、Y 和 Z

这三个参数主要用于指定对齐的轴向，例如如果选中 X 单选按钮，则【UVW 贴图】修改器的 Gizmo 将与物体的 X 轴对齐。

> **注 意**
>
> 这些选项与【U/V/W 平铺】选项右侧的【翻转】复选框不同。【对齐】选项按钮实际上翻转的是 Gizmo 的方向，而【翻转】复选框翻转指定贴图的方向。

2）操纵

这是在 3ds Max 2016 中新增加的一种功能，单击该按钮后，则可以使用鼠标直接在视图中拖动来改变 UVW 贴图的坐标位置。如图 4-52 所示,当将鼠标指针放置到 Gizmo 上时,相应的操作部位将变为红色。

3)适配

【适配】可以根据对象的大小,自动调整 Gizmo 使其能够适应物体。使用自动的方式调整 Gizmo 的优点就在于:使用这种方法可以在很大程度上避免 Gizmo 变形。

图 4-52 操纵功能

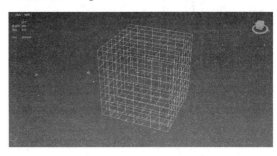

4)中心

单击该按钮,可以移动 Gizmo 的中心使其与原物体的中心对齐,如图 4-53 所示。如果在这之前已经对 Gizmo 子对象进行了一系列修改,需要将其还原,则可以直接单击该按钮来完成。

图 4-53 调整中心

5)位图适配

单击该按钮可以打开一个标准的位图文件浏览器,如图 4-54 所示,可以通过该对话框拾取图像。对于平面贴图,贴图坐标被设置为图像的纵横比;对于柱形贴图,高度被缩放以匹配位图。

6)法线对齐

单击该按钮,则在原物体上将显示一个类似于 Gizmo 的虚线框,如图 4-55 所示,可以通过在视图中拖动鼠标来调整贴图与物体的法线方向。

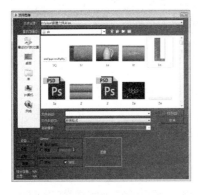

图 4-54 选择图像对话框

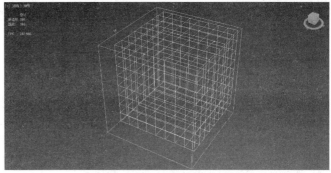

图 4-55 调整法线方向

7)视图对齐

通过单击【视图对齐】按钮,可以将贴图 Gizmo 重定向为活动视图,并能够保持贴图正面对着渲染的视角,如图 4-56 所示。

8)区域适配

这是一种比较灵活的适配方式,不过它创建出来的贴图 Gizmo 的精度较低。它的主要功能是利用鼠标拖动的方式创建一个 Gizmo，如图 4-57 所示。

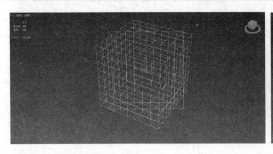

图 4-56 视图对齐

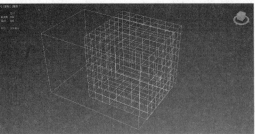

图 4-57 区域适配

9）重置

【重置】按钮可以删除控制 Gizmo 的当前控制器，并插入使用【拟合】功能初始化的新控制器。当单击该按钮后，所有 Gizmo 动画都将丢失。可以通过单击【撤销】命令来重置操作。

10）获取

通过单击该按钮，可以直接获取其他物体上已经设置好的贴图坐标。

3．显示设置

【显示】设置用于确定贴图的不连续性（即缝）是否显示在视图中以及如何显示。下面详细介绍其中的三个参数的含义。【不显示接缝】可以在视图中不显示贴图的边界；【显示薄的接缝】可以使用相对较细的线条，在视图中显示对象曲面上的贴图边界，放大或者缩小视图时，线条的粗细保持不变；【显示厚的接缝】可以使用相对较粗的线条，在视图中显示对象上的贴图边界，在放大视图时，线条变粗；在缩小视图时，线条变细。

4.5 课堂实例 1：制作倒角 giry

文本是一种重要的组件，它通常用来提醒人们一些事情，或者告诉人们一些有用的事情。倒角文字是文本的一种实例化应用，不管是一些广告牌，还是标志等，都采用这种方法进行制作。在 3ds Max 2016 中，利用【倒角】修改器可以轻松制作出类似的效果。本节将介绍一个简单的倒角文字的制作方法，操作步骤如下所示。

1 使用【文本】命令在前视图中创建一个文本，如图 4-58 所示。

2 在文本上右击，选择【转化为】|【转化为可编辑样条线】命令，将其转化为【可编辑样条线】，如图 4-59 所示。

图 4-58 创建文本

图 4-59 转变为可编辑样条线

3 进入到点级别模式。使用移动和删除命令移动设置其形状，如图 4-60 所示。

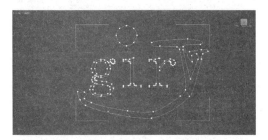

图 4-60　修改形状

4 接着进入修改面板中，添加【倒角】修改器，并设置【级别 2】的高度，如图 4-61 所示。

图 4-61　添加【倒角】修改器

5 设置 Level1 的参数如图 4-62 所示。

图 4-62　设置倒角

6 设置【级别 3】的参数如图 4-63 所示。

图 4-63　设置另一倒角

7 使用【线】命令在左视图中画一条线，如图 4-64 所示。

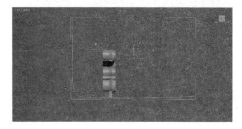

图 4-64　创建曲线

8 为曲线添加【挤出】修改器，将其挤出，如图 4-65 所示。

图 4-65　挤出面

9 添加【法线】命令将法线反转，如图 4-66 所示。

图 4-66　反转法线

10 制作到这里倒角文字就制作完毕了，大家可以为其附上材质灯光等丰富环境，如图 4-67 所示。

图 4-67　最终效果

第 4 章　对象修改器

85

4.6 课堂实例 2：制作白瓷花瓶

花瓶和酒杯是生活中必不可少的东西，本例中使用【车削】修改器制作一个花瓶模型，在制作过程中也用到了编辑样条线的命令，使用它可以灵活定义花瓶的造型，通过本例学习要求读者掌握【车削】修改器的使用方法，操作步骤如下所示。

1 使用【线】工具在前视图中画出一个轮廓线段，如图 4-68 所示。

图 4-68 创建样条线

2 接着观察瓶子形状，进入【点】显示状态，如图 4-69 所示。

图 4-69 点显示状态

3 使用【圆角】工具将瓶子直角进行圆滑，如图 4-70 所示。

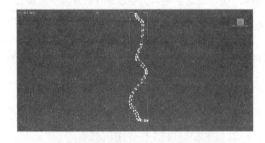

图 4-70 添加圆角

4 将图形全部选择并右击，转化为【Bezier 角点】，调整瓶颈和瓶身处的一些细节，如

图 4-71 所示。

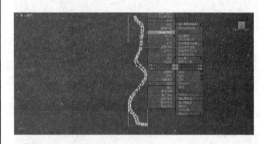

图 4-71 转换为 Bezier 角点

5 进入修改面板中，添加【车削】命令，设置参数如图 4-72 所示。

图 4-72 设置参数

6 关闭【车削】效果，在其内侧添加一个样条线绘出小花瓶的侧面，如图 4-73 所示。

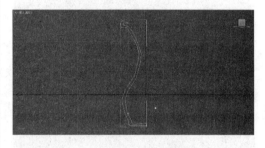

图 4-73 建立小花瓶侧面

7 进入【点】显示状态并右击，转化为【Bezier 角点】，调整瓶颈和瓶身处的一些细节，如图 4-74 所示。

8 同样使用【车削】效果旋转小花瓶，如图 4-75 所示。

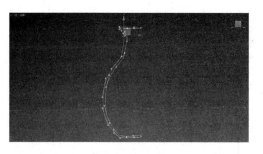

图 4-74 调整细节

图 4-75 酒瓶与酒

4.7 课堂实例 3：制作时尚手镯

三维修改器不仅可以作用在一个对象上，同时可以将一个修改器作用在多个物体上，使其作为一个整体来产生效果。本节将使用【扭曲】和【弯曲】两个修改器打造一个漂亮的手镯造型，通过本练习的学习，要求读者掌握弯曲的应用方法，以及多个修改器结合使用的方法，操作步骤如下所示。

1 新建一个文件。单击【创建】命令面板中的【圆柱体】按钮，在顶视图中拖动鼠标创建一个圆柱体，如图 4-76 所示。

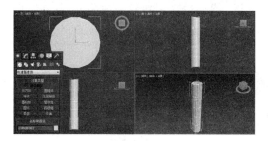

图 4-76 创建圆柱体

2 展开圆柱体的修改面板，将其【半径】设置为 1、【高度】设置为 300、【高度分段】设置为 64、【边数】设置为 36，如图 4-77 所示。

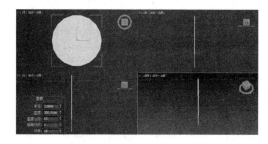

图 4-77 修改参数设置

3 在视图中选择创建的圆柱体，按 Ctrl+V 快捷键复制一个副本，并将其调整到如图 4-78 所示的位置，复制方式最好选择【实例】复制。

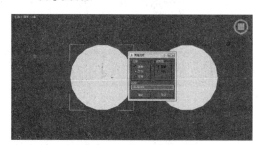

图 4-78 复制副本

4 框选两个圆柱体物体，切换到【修改】命令面板，展开【修改器列表】，选择其中的【扭曲】命令，即可将该修改器添加到两个物体上，如图 4-79 所示。

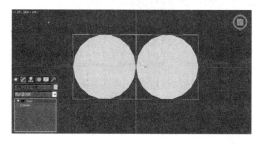

图 4-79 施加对象

注 意

修改器作用于几个对象取决于当前选择的对象，如果当前已经选择了三个对象，那么修改器将作用于这三个对象上。

5 展开扭曲参数卷展栏，将【角度】设置为4800，从而使两个圆柱体扭曲 4800°，旋转轴向为 Z 轴，如图 4-80 所示。

图 4-80 扭曲效果

6 在视图中框选扭曲到一起的圆柱体，展开【编辑列表】下拉菜单，选择其中的【弯曲】命令，将该修改器作用于圆柱体，如图 4-81 所示。

图 4-81 添加弯曲修改器

7 切换到弯曲修改器的参数卷展栏，保持其他参数不变，仅将【角度】设置为 360 即可，至此，关于时尚手镯的造型就创建完成了，如图 4-82 所示。

图 4-82 弯曲效果

4.8 思考与练习

一、填空题

1. 在 CG 产业中，建模可以分为两种类型，一种是角色模型，另一种是_____。

2. _____用来定义样条线、网格和面板等次对象的选择集，以便于形成编辑修改的对象。

3. 在车削修改器参数面板中，确定对象绕轴旋转多少度，可以给_____设置关键点，来设置车削对象圆环增强的动画。

4. _____用于设置发生扭曲的方向，可以分别选中 X、Y 和 Z，从这三个方向上产生扭曲效果。

5. _____修改器是一个随机修改器，是沿着三个轴的任意组合调整对象顶点的位置，常用于模拟对象形状随机变化的动画。

二、选择题

1. 下列选项中哪项选择不是按照应用的领域不同、质量要求不同的模型分类的？_____

   A. 低精度质量模型

   B. 高精度质量模型

   C. 低精度质量模型和高精度质量模型

   D. 细精度质量模型

2. 在【挤出】修改器参数面板中，下列哪项选择用于控制拉伸的高度，需要自定义的？_____

   A. 数量   B. 分段

   C. 封口始端   D. 封口末端

3. _____参数依赖图形上顶点的方向和旋转方向，旋转对象时可能会产生法线错误，导致模型内部造型外翻。

   A. 度数   B. 焊接内核

   C. 翻转法线   D. 方向

4. _____修改器通过在二维剖面上添加厚度，使得二维线性转换为三维物体。

   A. 旋转   B. 放样

   C. 平面   D. 挤出

5. _____ 参数卷展栏是控制倒角效果的中心部分，通过利用其中的参数可以制作出多种倒角效果。

A. 倒角值　　　　　B. 倒角
C. 轮廓　　　　　　D. 附加

三、问答题

1．说说你对二维修改器和三维修改器的理解。

2．UVW 贴图的作用是什么，试着使用一下并说说你对它的认识。

3．说说如何将现有模型的堆栈塌陷。

四、上机练习

1．制作折扇效果

本练习制作一个折扇造型。在制作的过程中，将利用到弯曲、阵列等一些常用的编辑方法。折扇的制作包括两部分，第一部分是扇面的制作方法，第二部分则是扇骨的制作方法。在整个制作过程中，将使用到多种建模手法，包括曲线建模、标准几何体建模等，效果如图 4-83 所示。

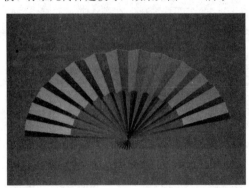

图 4-83　扇子效果

2．制作靠垫效果

本练习是制作一个沙发上的靠垫造型，利用 3ds Max 制作一个类似的模型。由于沙发靠垫的形状具有一定的不规则性，因此需要使用一个可以手动调整的修改器进行修改，这里可以选择 FFD 修改器。可以先建立一个倒角长方体，然后为其施加修改器进行修改。效果如图 4-84 所示。

图 4-84　靠垫效果

第5章

复合建模

复合建模是建模过程中最为重要的一个环节，在大多数三维软件当中都支持这种建模方式。复合对象是三维造型中使用非常广泛的编辑方法，经常用于二维图形的放样创建复杂的一个整体模型、通过布尔运算来的加减来合成一个整体模型。其他复合命令包括散布、变形、一致、连接、水滴网格、图形合并、地形以及网格化等。复合对象编辑命令在实际应用中极为广泛，因此，应熟练掌握各种命令的使用方法和技巧。本章将重点介绍 3ds Max 中的复合建模方法。

5.1 复合对象的创建

在 3ds Max 中创建复合建模有两种途径，用户可以通过修改由软件提供的基本模型，创建出属于自己的模型，也可以通过在三维空间中构建形成物体的基本曲线框架，使用各种复合建模工具创建出各种造型。只有在熟练使用复合建模的各种工具的基础上才能建出复杂的曲面模型。本节我们将学习如何利用复合建模的一般方法，包括放样变形、散布符合对象及布尔运算等，关于它们的简介如下。

打开【标准基本体】下拉列表，从中选择【复合对象】选项，即可显示出复合建模的创建面板。在该面板中包括 12 种类型的复合建模方法，如图 5-1 所示。

● 5.1.1 变形

【变形】是一种与 2D 动画中的中间动画类似的动画技

图 5-1 复合对象面板

术。变形对象可以合并两个或多个对象，方法是插补第一个对象的顶点，使其与另外一个对象的顶点位置相符。如果随时执行这项插补操作，将会生成变形动画，如图 5-2 所示。原始对象称作种子或基础对象。种子对象变形成的对象称作目标对象。

5.1.2 散布

3ds Max【散布】是复合对象的一种形式，将所选的源对象散布为阵列，或散布到分布对象的表面。本节将介绍【散布】工具的使用方法，以及一些常用参数的含义。

📀 图 5-2 变形效果

【散布】是复合对象的一种形式，将所选的源对象散布为阵列，或散布到分布对象的表面，其效果如图 5-3 所示。由于场景的制作是一个繁琐的过程，因此可能每个场景都具有自身的特点，为此就需要针对不同的场景进行考虑，这样才能够合理地布置场景，3ds Max 提供的这个复合工具解决了这类问题。

要创建一个散布符合对象，则可以在选择一个源对象后，在【复合对象】选项中单击【散布】按钮，然后单击【拾取分布对象】按钮，并在视图中拾取要散布的对象即可，如图 5-4 所示是将石块散布到一个球体上的效果。

📀 图 5-3 散布效果

📀 图 5-4 散布对象

将一个源对象散布到一个对象上时，可以通过【修改】面板对其参数进行设置，从而使其能够按照我们的意愿进行排列，下面向大家介绍【散布】的一些参数的功能，如图 5-5 所示的是该复合工具的参数卷展栏。

1．基本参数设置

1）拾取分布对象
拾取分布对象。单击此按钮，然后在场景中单击一个对象，将其指定为分布对象。

2）参考/复制/移动/实例

用于指定将分布对象转换为散布对象的方式。它可以作为参考、副本、实例或移动的对象进行转换。

3）分布

【使用分布对象】可以根据分布对象的几何体来散布源对象；【仅使用变换】可以使用【变换】卷展栏上的参数来定位源对象的重复项。

4）重复数

重复数是指定散布的源对象的重复项数目，效果对比如图 5-6 所示。默认情况下，该值设置为 1，不过，如果要设置重复项数目的动画，则可以从零开始，即将该值设置为 0。

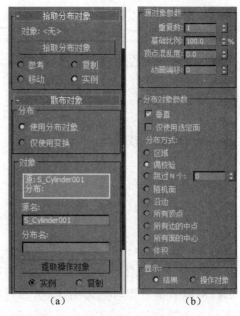

(a)　　　　　　(b)

图 5-5　参数面板

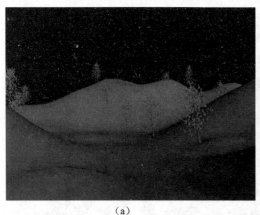

（a）　　　　　　　　　　　　　　（b）

图 5-6　重复数量多少的对比

5）基础比例

基础比例是改变源对象的比例，同样也影响到每个重复项。该比例作用于其他任何变换之前。

6）顶点混乱度

对源对象的顶点应用随机扰动。

2．分布方式

该选项区域提供了几种不同的散布方式，通过选择不同的单选按钮，可以使散布源对象按照不同的方式进行排列。

1）区域

在分布对象的整个表面区域上均匀地分布重复对象，效果如图 5-7 所示。

2）偶校验

偶校验是用分布对象中的面数除以重复项数目，并在放置重复项时跳过分布对象中相邻的面数。

3）跳过 N 个

在放置重复项时跳过 N 个面。该可编辑字段指定了在放置下一个重复项之前要跳过的面数。如果设置为 0，则不跳过任何面。如果设置为 1，则跳过相邻的面，以此类推。

图 5-7　区域散布

4）随机面

在分布对象的表面随机地放置重复项。

5）沿边

沿着分布对象的边随机地放置重复项。

6）所有顶点/所有边的中点/所有面的中心

【所有顶点】在分布对象的每个顶点放置一个重复对象；【所有边的中点】可以在每个分段边的中点放置一个重复项；【所有面的中心】可以在分布对象上每个三角形面的中心放置一个重复项。

图 5-8　体积方式

7）体积

遍及分布对象的体积散布对象，如图 5-8 所示。其他所有选项都将分布限制在表面。

关于散布的参数很多，不同的参数设置所产生的效果也是不相同的。由于篇幅的原因，在这里就不再作过多地介绍。

5.1.3　一致

【一致】对象是一种复合对象，通过将某个对象（称为"包裹器"）的顶点投影至另一个对象（称为"包裹对象"）的表面而创建。此功能还有一个空间扭曲版本。使用【一致】制作的如图 5-9 所示。

5.1.4　连接

图 5-9　山路效果

使用【连接】复合对象，可通过对象表面的洞连接两个或多个对象。要执行此操作，删除每个对象的面，在其表面创建一个或多个洞，并确定洞的位置，以使洞与洞之间面对面，然后应用【连接】命令，连接效果如图 5-10 所示。

5.1.5　水滴网格

【水滴网格】复合对象可以通过几何体或粒子创建一组球体，还可以将球体连接起来，就好像这些球体是由柔软的液态物质构成的一样。如果球体在离另外一个球体的一定范围内移动，它们就会连接在一起。如果这些球体相互移开，将会重新显示球体的形状，如图 5-11 所示。

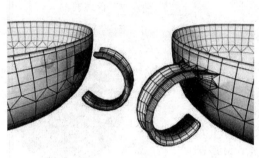

图 5-10　连接效果

图 5-11　水滴网格

5.1.6　图形合并

使用【图形合并】可以创建包含网格对象和一个或多个图形的复合对象。这些图形嵌入在网格中（将更改边与面的模式），或从网格中消失。该命令经常用来做物体上的文字，如图 5-12 所示。

5.1.7　布尔

在 3ds Max 中，【布尔运算】子菜单包含了曲面的并集工具、差集工具和交集工具三种运算方式。通过【并集】命令可以将两个相交的 NURBS 物体变成一个整体，交集部分将被删除；通过【差集】命令可以让一个曲面将另一

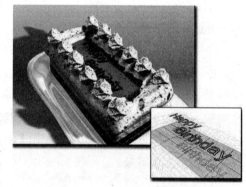

图 5-12　图形合并效果

个与其相交曲面的相交部分剪除；【交集】命令使被运算的物体只保留相交部分的曲面。下面分别介绍它们的操作方法以及特性。

1．执行布尔运算

【布尔】通过对两个以上的物体进行并集、差集、交集的运算，从而得到新的物体形态。在 3ds Max 2016 中布尔运算不只限于一次，对生成的布尔对象可以再进行多次的布

尔运算。此外，布尔运算的方式和记录可以编辑修改，运算或修改的过程可以记录为动画，可以制作一些神奇的切割效果等。执行布尔运算时，需要场景存在两个或者两个以上用于计算的原始物体。如图5-13所示为利用布尔运算所能够制作的几种物体外形。

图 5-13　布尔运算的几种效果

　　执行布尔运算时，选择一个参与运算的物体，在【标准几何体】下拉列表中选择【复合对象】选项，单击【对象类型】卷展栏中的【布尔】按钮，即可打开其参数面板，如图5-14所示。可以根据其参数的功能以及自己的设计要求执行相应的操作。

　　执行布尔运算的关键在于其参数的设置，例如选择布尔运算的计算方式等。下面简单介绍一下布尔运算的主要参数。

　　1）拾取操作对象 B

　　单击该按钮，在场景中选择另一个物体完成布尔运算。其下的4个选项用来控制运算对象 B 的属性，它们要在拾取运算对象 B 之前确定。

　　2）操作对象

　　该选项区域中的参数用来显示所有的运算对象的名称，并可对它们做相关的操作。

　　3）名称

　　显示列表框中选中的操作对象的名称，可对其进行编辑。

图 5-14　布尔参数卷展栏

　　4）提取操作对象

　　它将当前指定的运算对象重新提取到场景中，作为一个新的可用对象，包括【实例】和【复制】两种属性。

　　5）操作

　　（1）并集

　　用来将两个造型合并，相交的部分将被删除，运算完成后两个物体将成为一个物体，结果如图5-15所示。

（2）交集

用来将两个造型相交的部分保留下来，删除不相交的部分，如图 5-16 所示。

图 5-15　并集效果

图 5-16　交集效果

（3）差集（A-B）

在 A 物体中减去与 B 物体重合的部分。默认的布尔运算方式，如图 5-17 所示。

（4）差集（B-A）

在 B 物体中减去与 A 物体重合的部分。与上述的操作方式相反，如图 5-18 所示。

图 5-17　差集（A-B）效果

图 5-18　差集（B-A）效果

（5）切割

用 B 物体切除 A 物体，但不在 A 物体上添加 B 物体的任何部分。当【切割】单选按钮被选中时，它将激活其下方的 4 个单选按钮让用户选择不同的切除类型。如图 5-19 所示的是两种不同的切割效果。

2．进行布尔运算

【布尔】在执行布尔运算之前，它采用了 3ds Max 网格并增加了额外的智能。首先它组合了拓扑，然后确定共面三角形并移除附带的边。然后不是在这些三角形上而是在 N 多边形上执行布尔运算。完成布尔运算之后，对结果执行重复三角算法，然后在共面的边隐藏的情况下将结果发送回 3ds Max 中。这样额外工作的结果有双重意义：布尔对象的可靠性非常高，因为有更少的小边和三角形，因此结果输出更清晰。如图 5-20 所示的是两个利用【布尔】制作的效果。

图 5-19 不同的切割效果

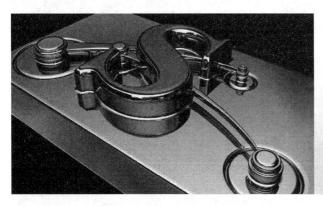

图 5-20 利用【布尔】制作的效果

这种布尔运算的操作方法和【布尔】是相同的，所不同的是它的计算方法经过改良。要利用该工具创建布尔物体，则可以按照下面的流程进行操作。

（1）为布尔运算设置对象，如图 5-21 所示。例如，要从圆柱体中减去一个球体。

（2）选择基本对象。在这个场景中选择要执行布尔操作的基本体，例如圆柱体，如图 5-22 所示。

（3）在【创建】|【几何体】

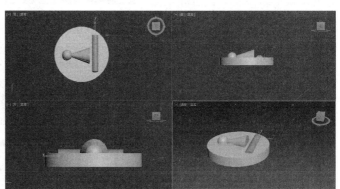

图 5-21 设置对象

选项卡中，从下拉列表中选择
【复合对象】选项，然后单击【布
尔】按钮，如图 5-23 所示。

（4）在【参数】卷展栏上，
选择要使用的布尔运算的类型，
如【并集】、【交集】、【差集】等。
还要选择该软件如何将拾取的
下一个运算对象传输到布尔对
象。本示例的参数设置如图 5-24
所示。

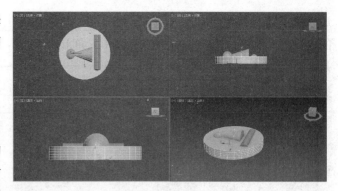

图 5-22　选择对象

（5）单击【开始拾取】按钮。
在视图中拾取一个或多个对象
参与布尔运算，如图 5-25 所示。

拾取对象时，对于每个新拾
取的对象、可以更改布尔运算的
方式，以及将下一个运算对象传
输到布尔中的方式。只要确保
【开始拾取】按钮处于按下状态，
就可以继续拾取运算对象。将
拾取的每个对象添加到布尔运
算中。

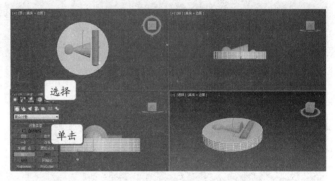

图 5-23　启用【布尔】工具

3．布尔运算的注意事项

在执行布尔运算的时候，需
要按照严格的操作流程分步执
行，这样可以有效地避免布尔运
算的错误，本节将向读者介绍如
何在布尔运算当中避免一些不
必要的错误。

1）布尔运算的次对象

在 3ds Max 中，布尔运算的
一个灵活性就在于构成布尔运
算的各个次对象仍然能够作为
一个对象存在。每个运算对象仍
然能够保留它自身的修改器堆
栈，当进入布尔运算的次对象模
式后，可以独立地对其编辑
修改。

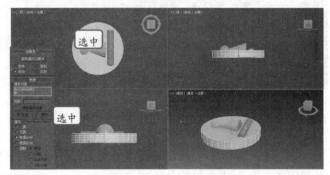

图 5-24　设置布尔参数

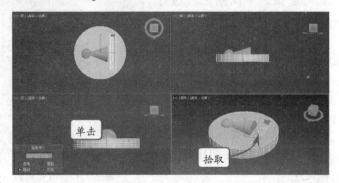

图 5-25　拾取物体

2）布尔运算的嵌套

布尔运算不只限于一次，对生成的布尔对象可以再使用任意次数的布尔运算。创建的布尔对象可以作为下一个布尔组合对象的【操作对象 A】，与其他几何体再进行一次布尔运算。每次对一个对象执行布尔操作时，实际上是使原始对象作为新布尔对象的第一个运算对象。

3）布尔运算的注意事项

布尔运算虽然是一种常用的建模方法，但是使用布尔运算时需要小心，否则就有可能得不到有效的布尔对象。生成布尔对象时，要确保两个操作对象充分接触，对两个表面接触不完全的布尔对象执行操作时，有可能产生难以预料的结果。所以在进行布尔运算之前，最好能够使用【暂存】命令暂存一下场景，当布尔操作不理想时，可以使用【取回】命令返回原来的状态。另外，执行布尔运算后，不能使用 Ctrl+Z 快捷键执行撤销操作。

5.1.8 地形

地形复合物体可以将一个或者几个二维造型转换为一个平面，其效果如图 5-26 所示。

5.1.9 放样建模

放样是基于二维图形进行创建模型的一种建模技术，创建放样模型的前提是必须有放样截面图形和放样路径图形，其中放样截面图形可以是单个也可以是多个。可以为任意数量的横截面图形创建作为路径的图形对象。该路径可以成为一个框架，用于保留形成对象的横截面。如果仅在路径上指定一个图形，3ds Max 会假设在路径的每个端点有一个相同的图形。然后在图形之间生成曲面。放样建模的效果如图 5-27 所示。

1．放样参数卷展栏

创建两个物体，使用放样工具对齐进行放样操作后，进入修改面板，在这里可以看到所有放样参数卷展栏，如图 5-28 所示。接下来我们对一些常用的命令进行介绍。

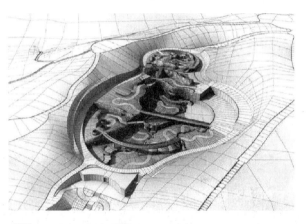

图 5-26 地形效果

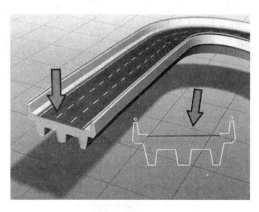

图 5-27 放样建模

1）获取路径和获取图形

单击【获取路径】按钮可以将路径指定给选定图形或更改当前指定的路径；单击【获取图形】按钮可以将图形指定给选定路径或更改当前指定的图形。另外，下方的三个单选按钮用于指定路径或图形转换为放样对象的方式。

2）平滑长度

沿着路径的长度提供平滑曲面。当路径曲线或路径上的图形大小更改时，这类平滑非常有用。图 5-29 所示的是启用【平滑长度】前后效果对比。

（a）

（b）

图 5-28 【放样】卷展栏

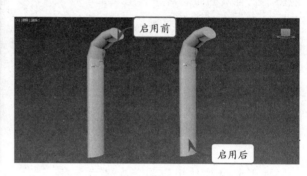

图 5-29 平滑长度

3）平滑宽度

围绕横截面图形的周界进行平滑曲面。当图形更改顶点数或更改外形时，这类平滑非常有用，图 5-30 所示的是启用【平滑宽度】前后效果对比。

4）面片和网格

【面片】和【网格】是放样生成模型的两种不同类型，图 5-31 所示的是这两种模型的效果对比。

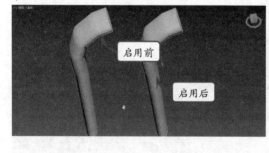

图 5-30 平滑宽度

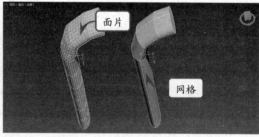

图 5-31 面片和网格效果

5）路径

通过输入值或拖动微调器来设置路径的级别。如果【捕捉】处于启用状态，该值将变为上一个捕捉的增量。

6）百分比、距离和路径步数

三种调整路径级别的方式。选中【百分比】单选按钮，将把路径级别表示为路径总

3ds Max 2016 中文版标准教程

长度的百分比；选中【距离】单选按钮，将把路径级别表示为路径第一个顶点的绝对距离；选中【路径步数】单选按钮，路径级别将取决于曲线路径的步数和顶点。

提 示

选中【路径步数】单选按钮后，会弹出一个警告消息框，告知该操作可能会重新定位图形。并且，在【路径】参数的后面会显示出曲线路径的顶点数，每调整一次【路径】参数，将自动切换到路径的一个顶点。

7）封口始端和封口末端

这两个复选框决定放样模型的两端是否被封口。如图 5-32 所示是禁用【封口末端】的效果。

8）圆形步数

设置横截面图形的每个顶点之间的步数，同时该值会影响围绕放样周界边的数目。图 5-33 是不同【圆形步数】的效果对比。

图 5-32 禁用【封口末端】效果

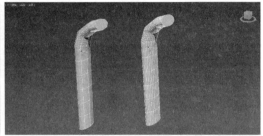

图 5-33 不同【圆形步数】对比

9）路径步数

设置路径的每个主分段之间的步数，同时该值会影响沿放样长度方向的分段的数目。图 5-34 所示的是不同【路径步数】效果对比。

2．放样对象的变形处理

放样变形可以使一个二维图形沿某条路径扫描，进而形成复杂的三维对象。通过在同一路径上的不同位置

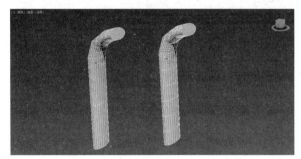

图 5-34 不同【路径步数】对比

设置不同的剖面，可以利用放样来实现很多复杂模型的建模。在 3ds Max 中，利用一系列曲线就可以放样出一个结构复杂的曲面，3ds Max 中的放样提供了 5 种基本的变形方法，分别是【缩放】、【扭曲】、【倾斜】、【倒角】和【拟合】，下面分别介绍它们的特性。

1）缩放变形

使用【缩放】可以改变截面的 X 和 Y 方向的比例，从而改变模型的结构。下面以【缩放】为例，使用简单的操作介绍变形编辑窗口的基本操作方法。

在透视图中创建一个圆和一条直线,然后使用放样工具将圆沿路径进行放样,结果如图 5-35 所示。

选中放样模型,切换到【修改】面板,在【变形】卷展栏中单击【缩放】按钮,打开【缩放变形】窗口,单击工具栏中的█按钮,然后在编辑窗口的红线上添加两个顶点,如图 5-36 所示。

单击工具栏上的【移动】按钮█,移动控制点的位置,这时,放样模型的形状也会跟着变化,如图 5-37 所示。

此外,在控制点上右击,在弹出的快捷菜单中可以选择顶点的方式,如图 5-38 所示是将顶点改为【Bezier-角点】方式的结果。

图 5-35　创建放样模型

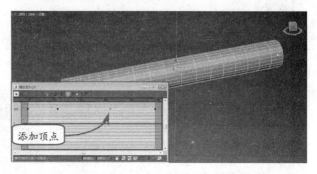

图 5-36　添加顶点

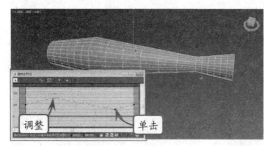

图 5-37　移动顶点位置

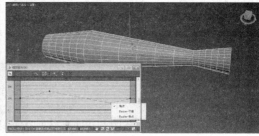

图 5-38　改变控制点的方式

2)扭曲变形

【扭曲】用来控制截面相对路径的旋转程度,它通过调整控制点之间的相对位置来控制旋转的角度,如图 5-39 所示为扭曲的效果,注意观察控制点的位置。

3)倾斜变形

倾斜变形可以使放样截面围绕垂直于路径的 X 轴和 Y 轴旋转,使用这种变形可以制作金属外壳的褶皱效果等,如图 5-40 所示。

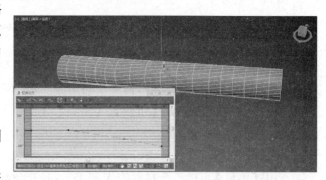

图 5-39　扭曲变形

4）倒角变形

【倒角】变形对放样物体执行一种类似于【倒角修改器】的变形功能，一般应用在放样物体的首端或者末端，如图 5-41 为倒角变形效果。

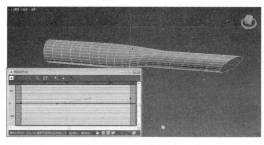 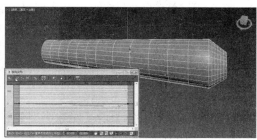

图 5-40　倾斜效果　　　　　　　　　倒角变形

5）拟合变形

使用【拟合】变形可以将两个二维图形定义为放样对象的顶部和侧剖面，【拟合】变形是变形放样中功能最强的一种方式，是在原来放样的基础上添加了一个 Y 轴方向上的投射轮廓。

5.1.10　网格化

使用网格化，可以在视图中直接创建网格复合对象，并可以使自己的形状变成任何网格物体。网格复合对象以每帧为基准将程序对象转化为网格对象，这样可以应用修改器，如弯曲或 UVW 贴图。它可用于任何类型的对象，但主要为使用粒子系统而设计。网格对于复杂修改器堆栈的低空的实例化对象同样有用。

1．【参数】卷展栏

【参数】卷展栏如图 5-42 所示。

（1）拾取对象：在视图中拾取要与网格对象相关联的物体，相关联的对象名称将显示在该按钮上。

（2）时间偏移：设置网格物体的粒子系统与原物体粒子系统帧的时间差值。

（3）仅在渲染时生成：选择此项，网格物体粒只应用于渲染，可加快视图刷新速度。

（4）更新：单击此按钮，手动更新对原粒子系统或网格物体时间偏移设置的修改。

（5）自定义边界框：选择此项，网格物体会使用所关联对象的边界盒代替粒子系统中的动态边界盒。

（6）拾取边界框：单击此按钮，然后在视图中选取定制的边界框对象。

（7）使用所有粒子流事件：选中该复选框，对所有的粒子

图 5-42　【网格化】卷展栏

流事件都使用"网格"合成方式。

（8）粒子流事件：在列表中显示应用了网格合成方式的粒子流事件名称。

（9）添加：单击此按钮，可在列表中添加一个粒子流事件。

（10）移除：单击此按钮，可从列表中删除选中的粒子流事件。

2．使用方法

要使用【网格】对象，需执行以下操作。

（1）添加并设置粒子系统。

（2）在【复合对象】的【对象类型】卷展栏中单击【网格化】。

（3）在视图中拖动可以添加【网格】对象。网格的大小不适合，但它的方向应该和粒子系统的方向一致。

（4）转至【修改】面板，单击【拾取对象】按钮，然后选择粒子系统。网格对象变为该粒子系统的克隆，并在视图中将粒子显示为网格对象，无需考虑粒子系统的视口显示的设置如何。

（5）将修改器应用于修改网格对象，然后设置其参数。例如，可能应用【弯曲】修改器并将其角度参数设置为 180。

（6）播放动画。根据原始的粒子系统和其设置以及应用于网格对象的任何修改器，可能会获得意外的结果。通常发生这种情况是因为当应用于粒子系统时，该修改器的边界框会在每一帧重新计算。例如，将弯曲【超级喷射】粒子系统设置为随时间展开时，如同粒子流发散和分离一样，边界框会变得更长、更厚，可能导致意外的结果。要解决此问题，可以使用其他对象来指定静态的边界框。

（7）要使用另一个对象的边界框来限制已修改的【网格】对象，首先要添加并设置此对象。其位置、方向和大小都被用来计算边界框。

（8）选择网格化对象，并转至【网格化】的堆栈层。

（9）在【参数】卷展栏中，启用【自定义边界框】，单击【拾取边界框】按钮，然后选择边界框对象。

提 示

可以使用任何对象作为一个边界框，通常使用粒子系统本身最快。移动到需要大小的粒子系统所在的位置的帧，然后拾取它。

5.1.11 ProBoolean

ProBoolean 是 3ds Max 最新版本的新增内容，它们同样可以将二维图形和三维物体组合在一起进行建模。其中 ProBoolean 复合工具可以理解成传统【布尔】工具的增强版，相比较而言，它可以生成质量更好的网格，使用也更容易更快捷，可以连续进行多次运算而不出错，另外还可以重新定义运算后的四边面网格。其用法和【布尔】工具基本相同，不再赘述，图 5-43 是使用该工具创建的模型。

5.1.12 ProCutter

ProCutter 也是一个新增的布尔运算工具，主要用于将现有的模型进行分割，因此又被称为"超级切割器"。ProCutter 运算的结果适合用在动画中，例如一个玻璃杯的破碎过程等。在动态模拟中，对象炸开，或由于外力或另一个对象使对象破碎，都可以利用该工具来实现。利用 ProCutter 制作的效果如图 5-44 所示。

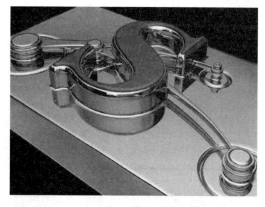

图 5-43　ProBoolean 建模

当启用 ProCutter 工具后，即可打开其参数设置面板，下面介绍一些常用参数的功能以及使用方法。

1．拾取切割器

单击该按钮时，在视图中拾取的物体将被作为一个切割器来使用，可以用来细分被切割对象。

2．拾取原料对象

单击该按钮时，在视图中拾取的对象将

图 5-44　破碎效果

被作为被切割对象，也就是可以被切割器细分的对象。当我们选择了一种拾取方式后，还可以通过其下面的【参考】、【复制】、【移动】、【实例化】单选按钮来定义执行的方式。

3．自动提取网络

选择被切割对象后自动提取结果。自动提取网格没有将被切割对象保持为子对象，但对其进行了编辑，并用剪切结果替换了该对象。这样可以快速执行剪切、移动剪切器以及再次执行剪切操作。

4．按元素展开

启用该复选框后，被切割的部分将会被自动分离出来，以便于用户执行编辑操作。

5．切割器外的原料

启用该复选框后，执行结果包含所有剪切器外部的原料部分，如图 5-45 所示。

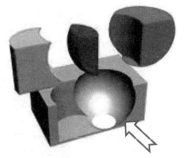

图 5-45　切割器外的原料

6．切割器内的原料

启用该复选框后，执行结果包含一个或多个剪切器内的原料部分，如图 5-46 所示。

7. 原材料外的剪切器

启用该复选框后，执行结果包含不在原料内部的剪切器的部分。

注 意

如果视图中两个剪切器也产生了相交，那么它们也会进行相互剪切。这一点尤为重要，很多切割操作错误都是由于该原因所导致的。

○ 图 5-46　切割器内的原料

5.2　课堂实例 1：橘色瓷花瓶

本例制作一个花瓶的模型。首先使用放样建模制作出花瓶的外壳，这中间要用到放样中的缩放变形；然后使用【可编辑多边形】调整模型；接着给模型添加 Shell 修改器制作出瓶体的厚度；最后再添加【编辑多边形】修改器调整瓶口处复杂的部分。通过本练习主要使读者掌握放样建模的编辑方法，以及和其他建模工具的配合应用，操作步骤如下所示。

1 在视图中创建一个半径为 12 的圆；再创建一个【半径 1】和【半径 2】分别为 12 和 10.5 的星形，将【点】设置为 16；最后，再创建一条直线，如图 5-47 所示。

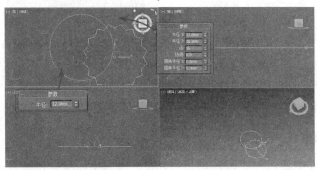

○ 图 5-47　创建图形

2 切换到顶视图，选择星形并执行右键快捷菜单中的【转换为】|【可编辑样条线】命令。进入到其【顶点】次层级编辑模式，选择所有顶点并执行右键快捷菜单中的【平滑】命令，再执行 Bezier 命令，将其转换为【Bezier 角点】，如图 5-48 所示。

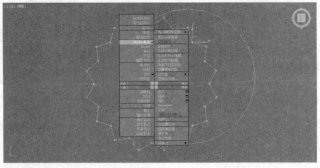

○ 图 5-48　转换顶点模式

3 使用移动工具调整顶点的位置，然后选中控制手柄，使用缩放工具调整切线的曲率，结果如图 5-49 所示。

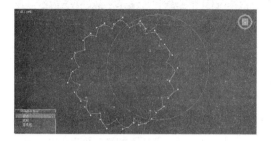

图 5-49　调整曲线顶点

4 在【透视】视图中选择直线，在【复合对象】下单击【放样】按钮，接着单击【获取图形】按钮，在视图中拾取圆形，产生一个放样物体，如图 5-50 所示。

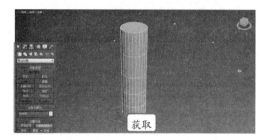

图 5-50　使用圆形放样

5 切换到【修改】面板，在【路径参数】卷展栏下将【路径】设置为 35。在【创建方法】卷展栏下单击【获取图形】按钮，接着在视图中单击星形物体，结果如图 5-51 所示。

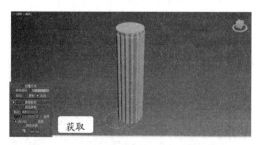

图 5-51　使用星形放样

6 确认放样物体处于选中状态，以 Z 轴为镜像轴镜像图形，然后展开【变形】卷展栏并单击其中的【缩放】按钮，在打开的窗口中单

击■按钮，接着在红色的线上添加 4 个顶点，并在右键快捷菜单中将插入的顶点类型都改为【Bezier-平滑】类型，如图 5-52 所示。

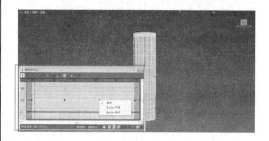

图 5-52　添加顶点

7 单击工具栏上的■按钮，然后调整顶点的位置并通过调整控制手柄来改变曲率，结果如图 5-53 所示。

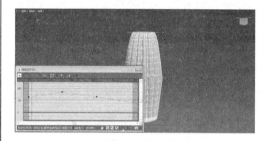

图 5-53　编辑顶点

8 在【蒙皮参数】卷展栏下将【图形步数】和【路径步数】分别设置为 1 和 2，结果如图 5-54 所示。

图 5-54　设置分段

9 给模型添加【编辑多边形】修改器，进入多边形编辑模式，选择瓶口处的面将其删除，结果如图 5-55 所示。

图 5-55 删除表面

图 5-57 光滑模型

10 进入模型的顶层级，给其添加【壳】修改器，在【参数】卷展栏下设置【外数量】和【分段】分别为 1 和 2，结果如图 5-56 所示。

12 可以给模型添加材质和灯光，以及渲染输出，如图 5-58 所示的是渲染出来的效果。

图 5-56 添加【壳】修改器

11 退出顶点模式，该模型添加【网格平滑】修改器，效果如图 5-57 所示。

图 5-58 渲染效果

5.3 课堂实例 2：趣味时钟

本例制作一个钟表的模型。在这个实例的实现过程中，需要多次利用【布尔】进行计算，下面是座钟的实现流程。

1 使用【弧】工具，分别制作半径为 26.5 和 54 的两段圆弧。绘制两段如图 5-59 所示的直线，用【附加】命令将几条线型连在一起。单击【次对象】，在【顶】级别中编辑线型。

2 选择【修改】|【修改器列表】|【倒角】命令，为刚才的线添加厚度，并制作倒角，形成钟架，如图 5-60 所示。

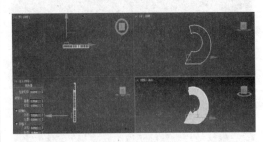

图 5-60 制作倒角

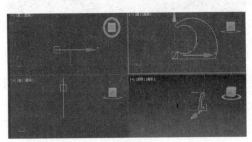

图 5-59 构建轮廓

3 在【前】视图中创建一个大小适中的椭圆，

并为其添加【倒角】修改器，调整出一定的高度，如图 5-61 所示。

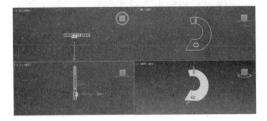

图 5-61 创建倒角体

4 在视图中选择钟表架，切换到【复合对象】面板中，单击【布尔】按钮，保持默认的参数不变，单击【拾取操作对象 B】按钮，在视图中拾取椭圆物体，从而创建一个布尔物体，如图 5-62 所示。

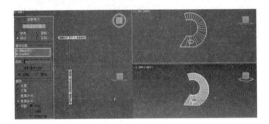

图 5-62 创建布尔运算

5 使用椭圆及三角形工具创建大小适中的图像，利用【挤出】拉伸厚度。用【网格平滑】使其光滑，如图 5-63 所示。

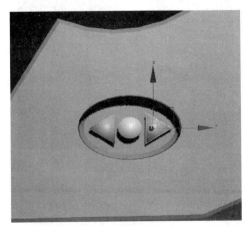

图 5-63 创建按钮

6 利用【油桶】工具在视图中创建一个胶囊，并使用非等比缩放工具调整它的形状，如图 5-64 所示。

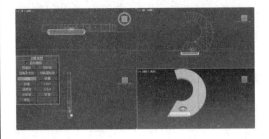

图 5-64 创建物体

7 再在场景中创建一个长方体，其长度要大于胶囊的长度，并按照如图 5-65 所示的位置进行放置。

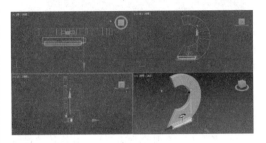

图 5-65 创建长方体

8 在视图中选择胶囊物体，启用【复合对象】工具，单击【拾取操作图形 B】按钮，在视图中拾取长方体，得到一个如图 5-66 所示的物体。

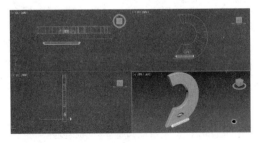

图 5-66 布尔物体

9 调整布尔物体倒贴在钟表架上，作为一个造型，如图 5-67 所示。调整完毕后，框选场景中的所有物体，选择右键快捷菜单中的【隐藏选定对象】命令，隐藏场景中的所有物体。

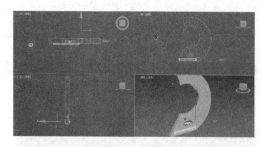

图 5-67　调整物体位置

10 使用【切角圆柱体】工具在【前】视图中创建一个切角长方体，并适当调整一下它的参数，如图 5-68 所示。

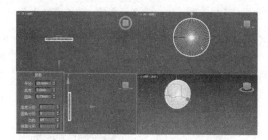

图 5-68　创建表盘

11 使用【切角圆柱体】工具再在视图中创建一个圆柱体，使其稍微小一些，并将其按照如图 5-69 所示的方式对齐。

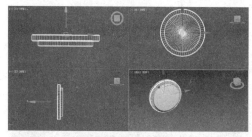

图 5-69　创建物体

12 在场景中选择表盘造型，切换到【复合对象】面板中，单击其中的【布尔】按钮，保持默认的参数不变，单击【拾取操作对象 B】按钮，在视图中拾取圆柱体，从而创建一个布尔物体，如图 5-70 所示。

图 5-70　创建布尔物体

13 再创建一个切角圆柱体，并按照如图 5-71 所示的参数进行设置，用于作为座钟的表盖。

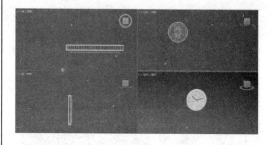

图 5-71　制作表镜

14 最后，需要制作钟表的指针以及刻度，即可完成整个实例，最终的效果如图 5-72 所示。

图 5-72　钟表的模型

5.4　课堂实例 3：切割玻璃杯

利用 ProCutter 工具可以将一个完整的物体切割为形状不同的碎片，但是这些碎片仍然能够保证原来的物体形状。然后，通过利用动力学将其产生碰撞，并形成破碎的动画效果。本节将介绍破碎的具体实现方法。

1 打开场景文件，这是一个利用车削修改器创建的酒杯模型，如图 5-73 所示。

图 5-73 打开配套资料文件

2 利用【线】工具分别在前视图和左视图中绘制一些线段，如图 5-74 所示。

图 5-74 绘制曲线

3 分别在前视图和左视图中框选这些曲线，为其添加【挤出】修改器，从而将它们拉伸为三维物体，拉伸的数量以覆盖酒杯为基准，如图 5-75 所示。

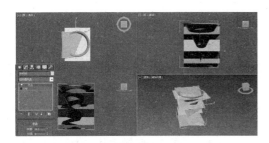

图 5-75 添加挤出

4 在视图中选择一个挤出的单面物体，切换到复合面板，单击 ProCutter 按钮，启用超级切割器，如图 5-76 所示。

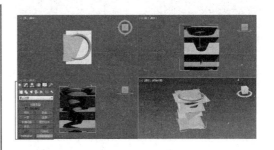

图 5-76 启用超级切割器

5 然后，在展开的【切割器拾取参数】卷展栏中单击【拾取原料参数】按钮，再在视图中选择酒杯模型，如图 5-77 所示。

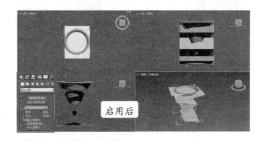

图 5-77 拾取原料对象

6 再单击【拾取切割器对象】按钮，在视图中依次选取用于作为切割器的单面物体，从而将杯子切割，如图 5-78 所示。

图 5-78 拾取切割器

7 切割完毕后，切换到【修改】命令面板。启用【自动提取网格】、【按元素展开】以及【切割器参数】中的所有复选框，观察此时的模型变化，如图 5-79 所示。

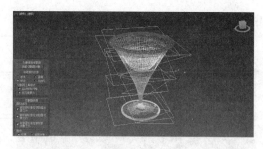

图 5-79 模型效果

8 在视图中选择单面物体，按 Delete 键将其删除，观察此时的模型效果，如图 5-80 所示。

图 5-80 删除切割器

此时，酒杯上以不同的演示显示碎片。实际上，此时的酒杯已经不是一个完整的物体，而是被切割成很多碎片。

9 到这里为止，关于酒杯的切割就完成了。读者可以为其添加刚体动力学。然后，使其碰撞，即可产生破碎效果，如图 5-81 所示的是破碎后的碎片效果。

图 5-81 破碎的效果

5.5 思考与练习

一、填空题

1. _____对象可以合并两个或多个对象，方法是插补第一个对象的顶点，使其与另外一个对象的顶点位置相符。

2. _____是一种传统的三维建模方法，它可以使一个二维图形沿某条路径扫描，进而形成复杂的三维对象。

3. 使用_____可以改变截面的 X 和 Y 方向的比例，从而改变模型的结构。

4. _____是复合对象的一种形式，将所选的源对象散布为阵列，或散布到分布对象的表面。

5. 当启用 ProCutter 工具后，即可打开其参数设置面板，单击_____按钮时，在视图中拾取的物体，将被作为一个切割器来使用，可以用来细分被切割对象。

二、选择题

1. 打开【标准基本体】下拉列表，从中选择_____选项，即可显示出复合建模的创建面板。

    A. 复合对象   B. 变形
    C. 散布   D. 一致

2. 在 3ds Max 中，利用一系列曲线就可以放样出一个结构复杂的曲面，3ds Max 中的放样提供了 5 种基本的变形方法，下列不属于其命令可以使曲线沿着某一个轴旋转，从而形成新的曲面的是_____。

    A. 缩放   B. 路径
    C. 扭曲   D. 倒角

3. _____是复合对象的一种形式，将所选的源对象散布为阵列，或散布到分布对象的表面。

    A. 散布   B. 放样

C. 复合　　　　D. 拟合

4. 在 3ds Max 中，_____子菜单包含了曲面的并集工具、差集工具和交集工具三种运算方式。

　　A. 布尔运算　　　B. 放样工具
　　C. 散布　　　　　D. 破碎

5. _____是一个新增的布尔运算工具，主要用于将现有的模型进行分割，因此又被称为"超级切割器"。

　　A. ProCutter　　　B. 拾取切割器
　　C. 拾取原料对象　　D. 自动提取网络

三、问答题

1. 说说放样工具的功能，如何将一个二维图形转换成三维图形？

2. 散布主要用来做什么，能说说它的操作方法吗？

3. 试着述说一下如何在两个相交曲面上执行布尔运算。

四、上机练习

1. 图腾柱

在 3ds Max 建模模块中，放样建模占据了很大的分量，有时候它比 NUBUS 还要方便。在园林设计和房产规划中，经常会见到一些样式别致的欧式柱子。本练习将利用放样建模配合其他的建模方法创建图腾柱的模型，效果如图 5-82 所示。

图 5-82　完成效果

2. 丛林深深

在游戏场景当中，有时为了能够快速建模，并且对现有的对象进行分配，就可以使用到 Scatter 复合建模。在本练习当中，将在一个地形场景中将石头、树木分配布置，从而构建一个游戏场景。效果如图 5-83 所示。

图 5-83　完成效果

第6章

多边形建模

    3ds Max 多边形建模方法比较容易理解，非常适合初学者学习，是相对较为简单和易于掌握的建模方式。熟练应用这种建模方式进行建模也不是那么容易的，因为它的随机性很强，建模时主要依靠用户的经验和对形体的把握能力，不像基础型建模那样通过参数来控制对象的外形。正因为其自由的编辑模式，大大拓展了用户的创作思维，从而创建出更为丰富的三维模型。

    本章主要介绍多边形相关知识和技巧、多边形建模的方法以及多边形编辑工具的使用。

6.1   了解多边形建模

    在工业设计中，效果图的制作是比较重要的一个方面，它可以直接向顾客展示设计师设计的商品，使用 3ds Max 2016 制作效果图时，效果图的模型创建是非常重要的，一般在创建模型的时候，经常使用 3ds Max 中的【可编辑多边形】命令，它具有非常明显的优势，3ds Max 2016 中提供了许多高效的工具，为实际创作带来很大的便利；可以对模型的网格密度进行较好的控制，使最终模型的网格分布稀疏得当，在制作后期还能对网格进行调整。

6.2   编辑多边形建模

    可编辑多边形是一种可变形对象，是一个多边形网格。其功能强大，使用率也非常高，以避免看不到边缘。例如，对可编辑多边形进行切割和切片操作，程序并不会沿着任何看不到的边缘插入额外的顶点，NURBS 曲线、可编辑网格、样条线、各种基本体和面片曲面均可转换为可编辑多边形。

6.2.1 转换多边形

在进行多边形建模前可以将三维对象转换为可编辑多边形，同编辑样条线类似，可以采用以下的任意一种方法。

1. 使用右键快捷菜单

选择对象并右击，在弹出的快捷菜单中选择【转换为】|【转换为可编辑多边形】命令，如图6-1所示。

2. 使用工具面板

选择物体后，切换到【工具】面板，并单击其中的【塌陷】按钮，如图6-2所示。

3. 使用修改器

选择需要转换的对象，切换到【修改】命令面板，选择修改器列表中的【编辑多边形】修改器，如图6-3所示。

> **提 示**
>
> 使用右键快捷菜单将对象转化为多边形时，对象中原始创建参数可能会被清除掉。

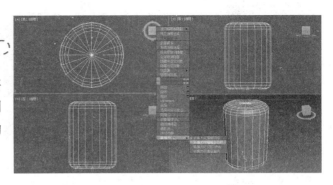

图6-1 右键转换

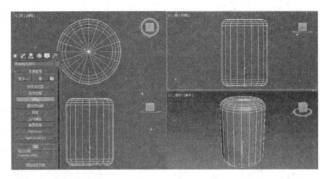

图6-2 塌陷操作

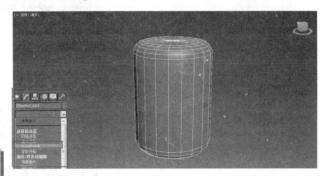

图6-3 添加修改器

6.2.2 公用属性卷展栏

选择可编辑多边形，进入可编辑多边形后，可以看到公用的卷展栏，如图6-4所示。【选择】卷展栏中提供了各种选择集的按钮，同时也提供了便于选择集选择的各个选项。

下面介绍一些比较常用的命令。

1. 按顶点

启用该复选框后，只有通过选择模型上的顶点才能选

图6-4 【选择】卷展栏

择子对象。单击顶点时，将选中该顶点的所有子对象，如图6-5所示。

图6-5 按顶点选择

2. 忽略背面

未启用该复选框的情况下，当选择次对象时，模型背部的次对象也会被选中。启用该复选框后，将只影响朝向用户的子对象。

3. 按角度

只有在将当前选择集定义为【多边形】时，该复选框才可用。勾选该复选框并选择某个多边形时，可以根据复选框右侧的角度设置来选择邻近的多边形。

4. 收缩与扩大

在选择一组次对象后，单击【收缩】按钮可以取消选择最外部的次对象以减小次对象选择区域。单击【扩大】按钮可以扩大选择范围。

5. 环形

选择该对象后，单击该按钮可以将所有与当前选择边平行的边选中，如图6-6所示。

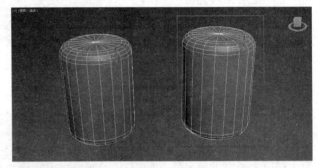

图6-6 环形选择效果

6. 循环

单击该按钮可以在与选中的边相对齐的同时，尽可能大地扩展选择，如图6-7所示。

技 巧

在【环形】和【循环】按钮的右侧都有微调钮，选择一个边后，按住Ctrl键不放，单击向上或者向下的微调钮，可以逐渐增加环形选择或者循环选择。

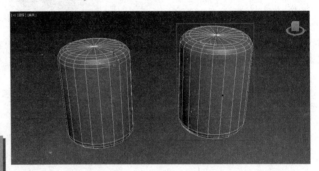

图6-7 循环选择效果

6.2.3 软选择

只有将当前选择集定义为一种模式后，【软选择】卷展栏才变为可用，如图6-8所示。【软选择】卷展栏按照一定的衰减值将应用到选择集的移动、旋转、缩放等变换操作传递给周围的次对象。

6.2.4 编辑顶点

多边形对象各种选择集的卷展栏主要包括【编辑顶点】和【编辑几何体】卷展栏,【编辑顶点】主要提供了编辑顶点的命令。在不同的选择集下,它表现为不同的卷展栏。将当前选择集定义为【顶点】,下面将对【编辑顶点】卷展栏进行介绍,如图 6-9 所示。

1.移除

选中顶点后,按下该按钮可以删除顶点,然后对网格使用重复三角算法,使表面保持完整。如果使用 Delete 键,那么依赖于那些顶点的多边形也会被删除,这样会在网格中创建一个洞,如图 6-10 所示。

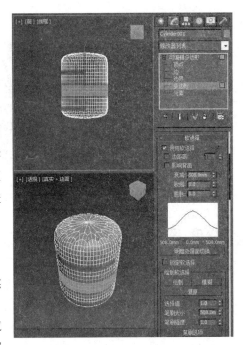

图 6-8 【软选择】卷展栏

图 6-9 【编辑顶点】卷展栏

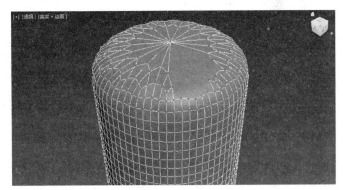

图 6-10 移除顶点

2.断开

单击此按钮后,会在选择点的位置创建更多的顶点,选择点周围的表面不再共享同一个顶点,每个多边形表面在此位置会拥有独立的顶点。

3.挤出

单击【挤出】按钮,在模型上选择 个或框选多个顶点,然后上下拖动鼠标可以挤出顶点的高度,左右拖动可以改变挤出基面的宽度。也可以单击右侧的【设置】按钮,在弹出的对话框中设置挤出参数,如图 6-11 所示。

4.切角

单击【切角】按钮,然后在活动对象中拖动顶点,会对顶点产生切角效果,如图 6-12

所示。单击右侧的【方块】按钮，在弹出的对话框中可以设置【顶点切角量】的大小。

图 6-11　挤出顶点

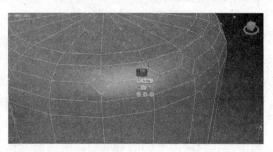

图 6-12　点切角效果

5. 焊接和目标焊接

这两个工具都可以将顶点焊接到一起，形成一个顶点。使用【焊接】工具可以在【焊接顶点】对话框中设置被焊接顶点的距离范围，如图 6-13 所示。而使用【目标焊接】则是将一个顶点和目标顶点进行焊接。

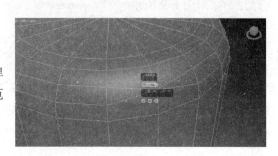

图 6-13　焊接效果

6. 连接

该工具可以在选中的顶点对之间创建新的边。

7. 移除孤立顶点

单击该按钮后，将删除所有孤立的点，不管是否选择该点。

8. 移除未使用的贴图顶点

没用的贴图顶点可以显示在【UVW 贴图】修改器中，但不能用于贴图，所以单击此按钮可以将这些贴图点自动删除。

9. 权重

设置选定顶点的权重，供 NURMS 细分选项和【网格平滑】修改器使用。增加顶点权重，效果是将平滑时的结果向顶点拉。

● 6.2.5　编辑边

多边形对象的边是指在两顶点之间起连接作用的线段，都是在两个点之间起连接作用，将当前选择集定义为【边】，接下来将介绍【编辑边】卷展栏，如图 6-14 所示。与【编辑顶点】卷展栏相比较，改变了一些选项。

图 6-14　【编辑边】卷展栏

1．插入顶点

该工具可以在模型的边线上单击以添加顶点。

2．移除

该工具可以删除选定边并组合使用这些边的多边形，如图 6-15 所示。

3．分割

该工具可以沿选定的边分割多边形对象。如果选择的是单个的边，则不会产生任何作用。必须选择两条或两条以上的边才可以。

4．挤出

在视图中操作时，可以手动挤出。在视图中选择一条边，单击该按钮，然后在视图中进行拖动，如图 6-16 所示。

5．切角

单击该按钮，然后拖动活动对象中的边。如果要采用数字方式对顶点进行切角处理，单击按钮，在打开的对话框中更改切角量值，如图 6-17 所示。

6．焊接和目标焊接

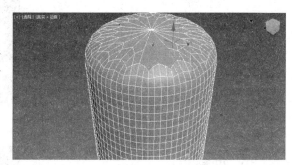

图 6-15　移除边效果

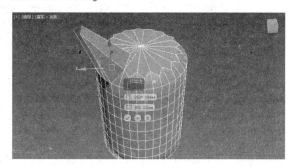

图 6-16　边挤出效果

边的焊接工具不像顶点的焊接工具那样灵活，它只能焊接开口的边，或者边界的边。一般在创建一个复杂模型的时候都是分局部创建，然后附加为一个模型再进行焊接处理，如图 6-18 所示。

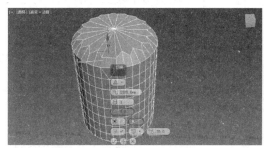

图 6-17　边倒角效果

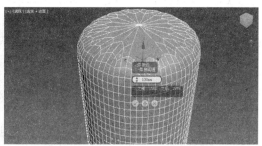

图 6-18　焊接效果

7．桥

使用该工具可以连接边界的边，单击右侧的【设置】按钮，在弹出的对话框中可以选择连接的方式，以及连接之后多边形上的分段和平滑度等。

8．连接

该工具可以在每对选定边之间创建新边，如图 6-19 所示。单击右侧的【设置】按钮，在弹出的对话框中可以设置连接边的【分段】、【收缩】程度等。

9．利用所选内容创建图形

该工具可以通过选择的边创建样条线。执行该操作后，会打开一个【图形创建】对话框。在该对话框中可以为创建的图形命名，也可以选择图形的类型，有平滑和线性两种形式，如图 6-20 所示。

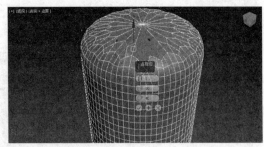

图 6-19　使用连接工具

10．权重

设置选定边的权重，供 NURMS 细分选项和【网格平滑】修改器使用。增加边的权重时，可能会远离平滑结果。

11．拆缝

指定选定的一条边或多条边的折缝范围。由 OpenSubdiv 和 CreaseSet 修改器、NURMS 细分选项与网格平滑修改器使用。在最低设置，边相对平滑。在更高设置，折缝显著可见。如果设置为最高值 1.0，则很难对边执行折缝操作。

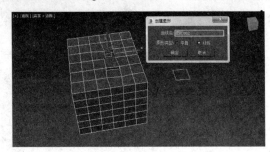

图 6-20　创建图形

6.2.6　编辑边界

【边界】选择集是多边形对象上网格的线性部分，通常由多边形表面上的一系列边依次连接而成。边界是多边形对象特有的次对象属性，通过编辑边界可以大大提高建模的效率，在【编辑边界】卷展栏中提供了针对边界编辑的各种选项，如图 6-21 所示。

1．挤出

可以直接在视图中对边界进行手动挤出处理。单击此按钮，然后垂直拖动任何边界，以便将其挤出。

2．插入顶点

是通过顶点来分割边的一种方式，该选项只对所选择的边界中的边有影响，对未选择的边界中的边没有影响。

图 6-21　【编辑边界】卷展栏

3. 切角

单击该按钮, 然后拖动对象中的边界, 单击该按钮右侧的按钮, 可以在打开的【切角边】对话框中进行设置, 如图 6-22 所示。

4. 封口

【封口】是编辑边界特有的工具, 当在视图中选择一个边界后, 单击【封口】按钮即可将该边界转换为几何表面, 如图 6-23 所示。

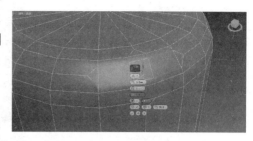

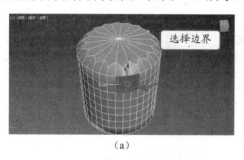
（a）

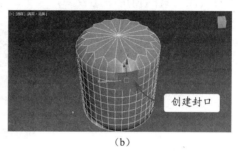
（b）

🔘 图 6-23 创建封口

5. 桥

使用该按钮可以创建新的多边形来连接对象中的两个多边形或选定的多边形。

6. 连接

在选定边界边之间创建新边, 这些边可以通过点相连。

其中【利用所选内容创建图形】、【编辑三角剖分】、【旋转】与【编辑边】卷展栏中的含义相同, 这里就不再介绍。

6.2.7 多边形和元素编辑

【多边形】选择集是通过曲面连接的三条或多条边的封闭序列。多边形提供了可渲染的可编辑多边形对象曲面。【元素】与多边形的区别在于元素是多边形对象上所有的连续多边形面的集合, 它可以对多边形面进行拉伸和倒角等编辑操作, 是多边形建模中最重要也是功能最强大的部分。

【多边形】选择集与【顶点】、【边】和【边界】选择集一样都有自己的卷展栏,【编辑多边形】卷展栏如图 6-24 所示。

（a）

（b）

🔘 图 6-24 【编辑多边形】和【编辑元素】卷展栏

1．插入顶点

单击【插入顶点】按钮后在视图中的相应面上单击，即可插入一个顶点，同时也对多边形面执行了分割操作，如图 6-25 所示。

2．挤出

使用【挤出】工具可以挤出多边形面，该工具的使用率比较高，可以直接在视图中操作，单击该工具右侧的【设置】按钮，在打开的对话框中有三种不同的挤出方式，各自的挤出效果如图 6-26 所示。

3．倒角

通过直接在视图中执行手动倒角操作。单击该按钮，然后垂直拖出任何多边形，以便将其挤出，释放鼠标，再垂直移动鼠标以便设置挤出轮廓。单击该按钮右侧的按钮，打开【倒角多边形】对话框，并对其进行设置，如图 6-27 所示。

4．轮廓

该工具用于增加或减小每组连续的选定多边形的外边。单击【轮廓】右侧的按钮，即可打开【轮廓设置】对话框，通过调整该数值可以设置轮廓的大小，如图 6-28 所示。

5．插入

【插入】是对选择的多边形进行倒角的另一种方式。与【倒角】功能不同的是【插入】生成的多边形面相对于原多边形面没有高度上的变化，新的多边形面只是相对于原

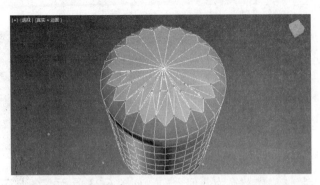

图 6-25 插入顶点

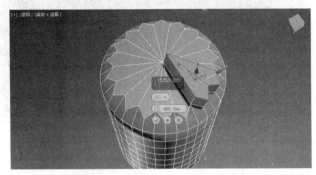

图 6-26 挤出多边形

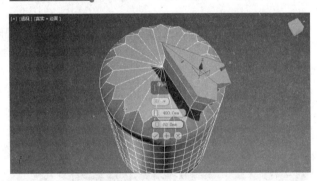

图 6-27 倒角多边形

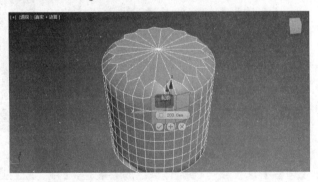

图 6-28 设置多边形轮廓

多边形面在同一平面上收缩，如图 6-29 所示。在其【插入多边形】对话框中可以选择插入的类型和插入量。

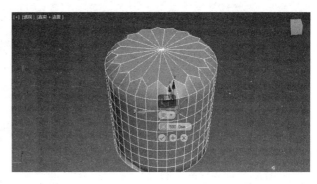

6. 桥

使用该工具可以连接同一个模型上的两个多边形或者多边形组，在【跨越多边形】对话框中可以选择连接的方式和设置连接后的多边形，如图 6-30 所示。

图 6-29　插入面

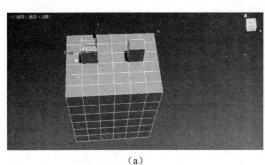 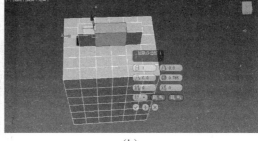

（a）　　　　　　　　　　　　　　（b）

图 6-30　使用桥工具

7. 翻转

单击【翻转】按钮，可以将选择的多边形面的法线翻转。

8. 从边旋转

该工具可以使选择的多边形面围绕一条边进行旋转并生成新的多边形面。具体操作方法是：在模型上选择一个或者一组多边形面，单击【从边旋转】按钮后，回到视图在任意一条边上上下拖动鼠标，即可使面围绕该边进行旋转，如图 6-31 所示。另外在其【从边旋转多边形】对话框中还可以设置旋转模型的分段等。

9. 沿样条线挤出

【沿样条线挤出】工具可以使选择的多边形面沿样条线的走向进行挤出。在其【沿样条线挤出多边形】对话框中可以设置挤出面的【分段】以及【扭曲】等参数，如图 6-32 所示。

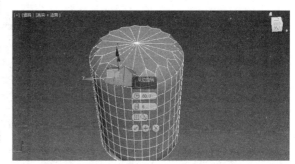

图 6-31　从边旋转多边形

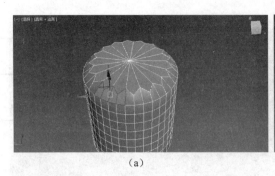
（a）

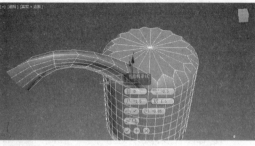
（b）

图 6-32　沿样条线挤出

6.3　课堂实例 1：手机建模

　　本例创建一个手机的模型，在制作之前，首先导入了一个手机的图片作为参考图，因为手机外壳是左右对称的，在制作手机外壳的过程中，使用镜像工具镜像出另一半的模型，然后进入点的编辑模式中调整手机的造型，通过本节的学习要求读者掌握手机外壳的制作方法以及镜像的使用。

1. 制作手机外壳

1　在场景中新建一个【长方体】，并设置其参数如图 6-33 所示。

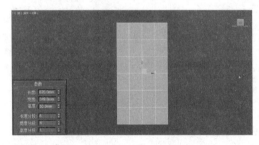

图 6-33　创建长方体

2　右击菜单选择【长方体】|【可编辑多边形】命令，如图 6-34 所示。

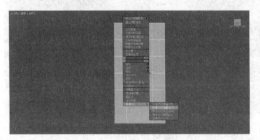

图 6-34　转化为可编辑多边形

3　框选右侧的点将其删除，然后单击■按钮，

设置其参数如图 6-35 所示。

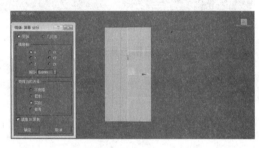

图 6-35　镜像多边形

4　使用移动工具移动右侧的点，调整成如图 6-36 所示的形状。

图 6-36　移动点

5　选择右侧的线，单击【环形】按钮，选择其他的曲线，再单击【连接】按钮添加一条曲线，如图 6-37 所示。

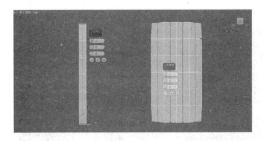

图 6-37　添加线

6　继续调整点，如图 6-38 所示。

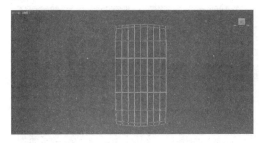

图 6-38　调整点

7　选择键盘周围的线，单击【连接】按钮将其连接成一条线，并调整形状，如图 6-39 所示。

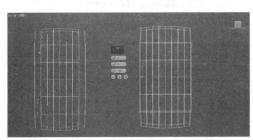

图 6-39　连接线

2．制作手机壳边缘

1　选择手机边缘部分的线，单击【切角】右侧的小方块按钮，设置其参数如图 6-40 所示。

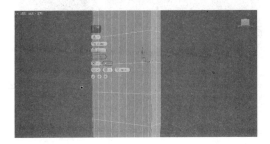

图 6-40　添加切角

2　接着选择如图 6-41 所示的线，使用同样的方法为其制作倒角。

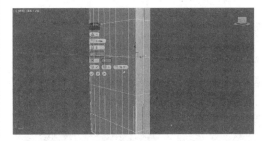

图 6-41　制作下方倒角

3　选择手机壳的边缘部分，单击【挤出】按钮右边的小方块按钮，设置其参数如图 6-42 所示。

图 6-42　挤出边缘

4　选择手机外围的一圈线，为其制作倒角效果，如图 6-43 所示。

图 6-43　制作外围倒角

5　选择手机的顶点，单击【切角】按钮，为其添加切角效果，如图 6-44 所示。

图 6-44　添加切角

6　回到前视图，在如图 6-45 所示的位置选中面，并挤出面。

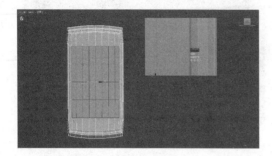

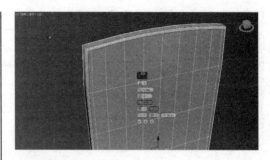

图 6-45　挤压屏幕区域

图 6-48　切角

7　选择屏幕区域的面将其删除，如图 6-46 所示。

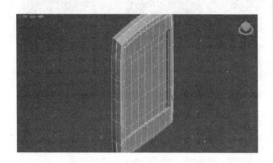

图 6-46　删除面

图 6-49　创建后置摄像头

8　在场景中再新建一个【长方体】，并设置其参数如图 6-47 所示。

11　接着为手机添加前置摄像头，创建一个圆柱图，其参数如图 6-50 所示。

图 6-47　创建长方体

图 6-50　创建前置摄像头

9　在手机的背面选中手机的边缘线，然后单击【切角】为其倒角，参数如图 6-48 所示。

12　选中手机的一个面，单击【挤出】按钮，创建一个手机按钮，设置其参数如图 6-51 所示。

10　在手机背面创建一个圆柱模型，作为手机后置摄像头，参数设置如图 6-49 所示。

图 6-51　挤出按钮

13 然后进入边编辑状态，如图 6-52 所示。

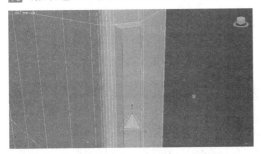

图 6-52 修复不正确的面

14 接着将其调节后挤出边，为其添加切角，如图 6-53 所示。

图 6-53 添加挤出命令

15 制作好一个按钮后，使用【挤出】命令添加一个新的挤出面，如图 6-54 所示。

图 6-54 优化三角面

16 然后进入边编辑状态，如图 6-55 所示。

图 6-55 创建三条线

17 接着在如图 6-56 所示的位置再次添加【切角】效果，用于另一个按钮的制作。

图 6-56 制作另一个按钮

18 创建一个圆柱模型用于制作手机插孔，参数设置如图 6-57 所示。

图 6-57 创建圆柱体

19 选中手机模型，单击【布尔】按钮，使用【布尔】运算功能，选中【并集】，然后单击【拾取操作对象 B】选中圆柱模型，其设置如图 6-58 所示。

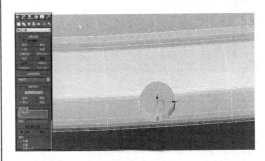

图 6-58 耳机插孔

20 接着回到顶点编辑状态，在如图 6-59 所示的位置对顶点进行调节，用于制作手机电源插孔。

图 6-59 向下挤压

21 进入到面编辑模式，选中调节好的面，使用【挤出】命令将其向后挤压，如图 6-60 所示。

图 6-60 挤出面

22 选择最外围的边，使用【切角】命令为其产生切角，如图 6-61 所示。

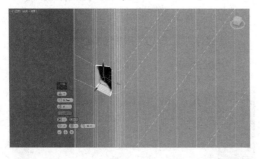

图 6-61 切角

23 首先在手机屏幕上方，为其添加扩音喇叭，创建一个油管，其设置如图 6-62 所示。然后，按住 Shift 键选中油管，单击复制两个油管，用于制作背面扩音喇叭。

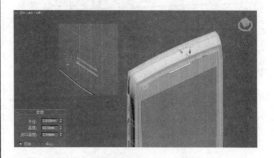

图 6-62 创建油管（喇叭）

24 至此，手机模型就制作完成了。效果如图 6-63 所示。

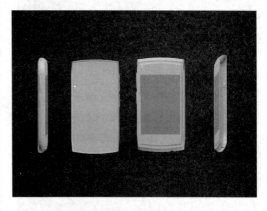

图 6-63 制作完成

6.4 课堂实例 2：手枪建模

本例制作一个手枪模型，左轮手枪的细节比较多，光滑处理比较频繁，适合初学者使用。在本案例的实现过程中采用了分步讲解的方式，即把整个手枪拆分为多个模型分开进行制作，详细的制作流程如下。

1. 枪托模型

1️⃣ 在【创建】面板的【几何体】子面板下单击【标注基本体】选项，然后单击【长方体】按钮，在视图中创建一个长方体模型并将其命名为枪托，如图 6-64 所示。

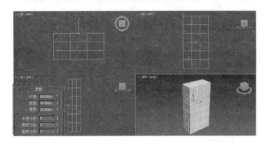

💿 **图 6-64** 创建长方体

2️⃣ 将枪托模型转换为【可编辑多边形】模型，然后切换到多边形顶点编辑状态，并使用移动工具编辑枪托模型的顶点，编辑结果如图 6-65 所示。

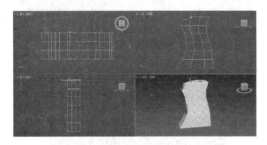

💿 **图 6-65** 编辑顶点

3️⃣ 选择枪托模型，切换到多边形编辑状态并在视图中选择模型上的面，然后使用挤出工具编辑选中的面，如图 6-66 所示。

💿 **图 6-66** 挤出面

4️⃣ 单击【确定】按钮🔳，完成挤出操作。然后使用缩放工具编辑挤出的面，如图 6-67 所示。

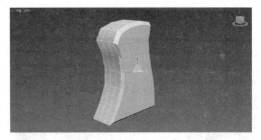

💿 **图 6-67** 缩放面

5️⃣ 切换到多边形的编辑状态，选择枪托模型上的一条边，然后单击【环形】按钮，如图 6-68 所示。

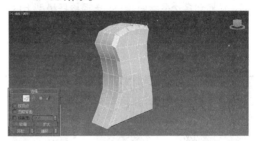

💿 **图 6-68** 选择循环边

6️⃣ 展开【编辑边】卷展览，单击【连接】按钮，为模型添加循环边，如图 6-69 所示。

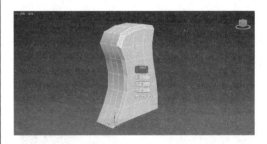

💿 **图 6-69** 连接边

7️⃣ 选择枪托模型上的一条边，然后单击【环形边】按钮，如图 6-70 所示。

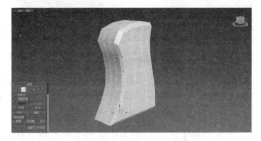

💿 **图 6-70** 添加环形边

8 展开【编辑边】卷展栏，单击【连接】按钮，为模型添加环形边，如图 6-71 所示。

图 6-71　连接边

9 切换到多边形编辑状态，选择枪托模型上的面，然后按 Delete 键将其删除，如图 6-72 所示。

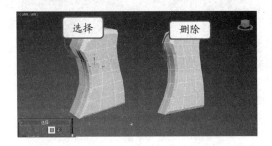

图 6-72　删除面

10 选择枪托模型，然后为其添加循环边和环形边，这里就不再阐述了，编辑结果如图 6-73 所示。

图 6-73　编辑模型

11 选择枪托模型，切换到修改器列表，选择镜面修改器。然后展开【参数】卷展栏，设置【镜像轴】为 Y，启用【复制】复选框，如图 6-74 所示。

图 6-74　镜像物体

12 选择枪托模型，在工具栏中单击【层次】按钮，单击【仅影响轴】按钮，在左视图中将模型的轴心点放置到如图 6-75 所示的位置，再次单击【仅影响轴】按钮，即可退出该操作。

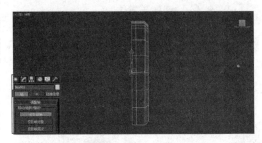

图 6-75　移动轴心点

13 选择枪托模型，再次为其添加镜像修改器，如图 6-76 所示。

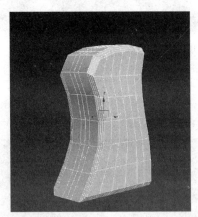

图 6-76　镜像物体

14 选择枪托模型，将其转换为【可编辑多边形】，选择模型上的顶点，然后单击【焊接】按钮，将模型上的顶点焊接在一起，如图 6-77 所示。

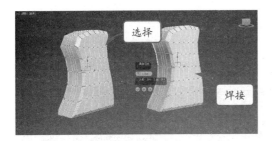

图 6-77 焊接顶点

15 选择枪托模型，使用【平滑】工具使模型更加平滑，如图 6-78 所示。

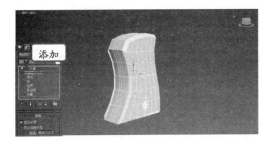

图 6-78 平滑

16 选择枪托模型上的面，然后使用【挤出】工具编辑选择的面，如图 6-79 所示。

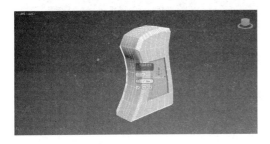

图 6-79 挤出面

17 连续单击【应用并继续】按钮⊕，挤出模型上选择的面。然后使用缩放工具编辑挤出的面，编辑结果如图 6-80 所示。

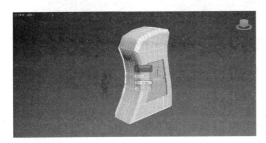

图 6-80 挤出面

18 选择模型上的边，然后使用连接工具添加环形边，并设置连接参数，如图 6-81 所示。

图 6-81 连接边

19 至此，枪托模型就制作完成了，枪托模型的最终编辑结果如图 6-82 所示。

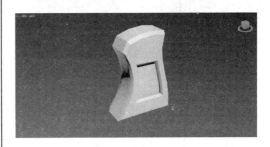

图 6-82 枪托模型

2. 枪身模型

1 选择枪托模型的面，切换到【编辑几何体】卷展栏，单击【分离】按钮，在弹出的【分离】对话框中启用【以克隆对象分离】复选框，如图 6-83 所示。

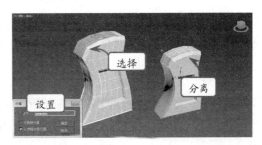

图 6-83 分离面

2 选择分离出的多边形面，将其命名为枪身，然后使用挤出工具编辑该面，如图 6-84 所示。

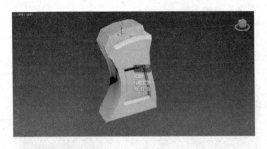

图 6-84 挤出多边形面

3 选择枪身模型，切换到多边形的顶点编辑状态，编辑模型上的点，如图 6-85 所示。

图 6-85 编辑点

4 选择枪身模型，展开【编辑几何体】卷展栏，然后单击【快速切片】按钮，使用该工具为模型添加切边，如图 6-86 所示。

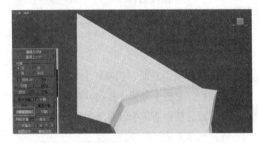

图 6-86 添加切边

5 使用同样的方法为枪身模型再添加量条切边，切换到多边形顶点编辑状态，编辑顶点模型上的点，编辑结果如图 6-87 所示。

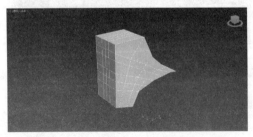

图 6-87 编辑点

6 选择枪身模型上的面，使用挤出工具挤出选中的面，然后使用移动工具编辑模型上的点，编辑结果如图 6-88 所示。

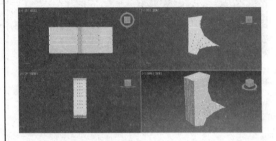

图 6-88 编辑顶点

7 使用【挤出】工具编辑枪身模型的侧面，然后使用【移动】工具编辑模型上的点，编辑结果如图 6-89 所示。

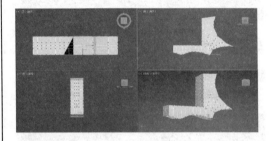

图 6-89 编辑模型

8 选择枪身模型底部的面，然后使用【挤出】和【缩放】工具进行编辑，如图 6-90 所示。

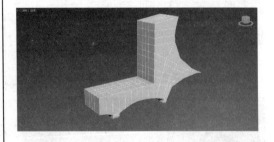

图 6-90 编辑面

9 确定面处于选中状态，切换到【编辑多边形】卷展栏，然后单击【桥】按钮，使用该工具桥接选中的面，如图 6-91 所示。

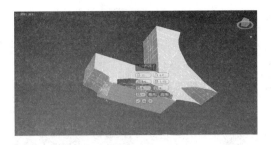

图 6-91 桥接面

10 选中枪身模型,切换到多边形顶点编辑状态,然后使用【移动】和【缩放】工具编辑模型上的点,编辑结果如图 6-92 所示。

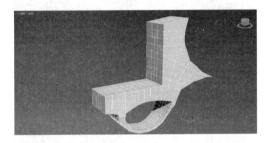

图 6-92 编辑模型

11 选中枪身模型顶部的面,然后使用【挤出】工具编辑选中的面,如图 6-93 所示。

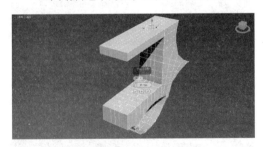

图 6-93 挤出面

12 继续使用挤出工具编辑枪身模型顶部的面,如图 6-94 所示。

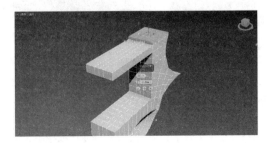

图 6-94 挤出面

13 然后使用【缩放】工具编辑挤出的多边形面,如图 6-95 所示。

图 6-95 缩放面

14 确定面处于选中状态,再次单击【挤出】按钮,使用该工具挤出选中的面,如图 6-96 所示。

图 6-96 挤出面

15 选中枪身模型上的一条边,单击【环形】按钮,然后单击【连接】按钮,为模型添加环形边,如图 6-97 所示。

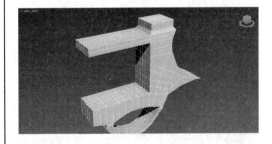

图 6-97 添加环形边

16 使用线工具在视图中绘制一条闭合的曲线,然后将其转换为可编辑的样条线,并使用【移动】工具编辑该曲线上的点,如图 6-98 所示。

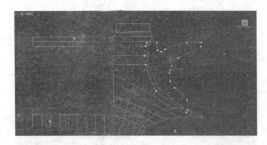

17 选择绘制的样条曲线，为其添加倒角修改器，编辑结果如图 6-99 所示。

图 6-99　倒角效果

18 使用同样的方法制作手枪扳机模型，编辑结果如图 6-100 所示。

图 6-100　切角效果

19 选择枪身模型的边，切换到【编辑边】卷展栏，然后单击【切角】按钮，如图 6-101 所示。

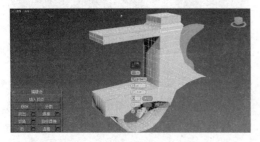

图 6-101　切角效果

20 切换到枪身模型上的点后切换到【编辑顶点】卷展栏，然后单击【切角】按钮，如图 6-102 所示。

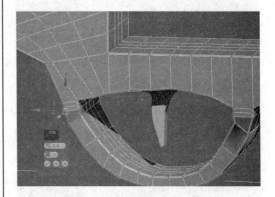

图 6-102　添加切角

21 使用同样的方法为枪身模型添加切角，然后再为模型添加连接边，编辑结果如图 6-103 所示。

图 6-103　编辑结果

22 为枪身模型添加网格平滑修改器，光滑枪身模型，最终结果如图 6-104 所示。

图 6-104　枪身模型

3. 弹夹模型

1 在【创建】面板的【几何体】子面板下，选择【标准基本体】选项，然后单击【圆柱体】

按钮，在视图中创建一个圆柱体模型并将其命名为弹夹，如图 6-105 所示。

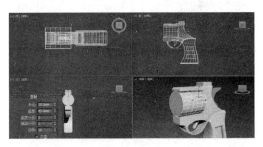

图 6-105 创建圆柱体

2 选择弹夹模型，按 Ctrl+V 快捷键复制出一个新的 cylinder2，然后使用【缩放】工具编辑模型的大小，如图 6-106 所示。

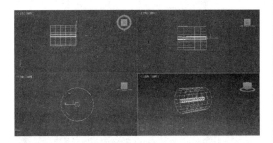

图 6-106 缩放工具

3 选择圆柱体模型的 cylinder2，再复制出一个新的模型并将其移动到如图 6-107 所示的位置。

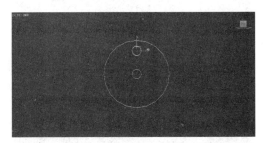

图 6-107 复制物体

4 选择圆柱体模型 cylinder3，将模型的轴心点放置到如图 6-108 所示的位置。

5 选择圆柱体的 cylinder3，使用旋转工具并结合 Shift 键旋转复制物体，如图 6-109 所示。

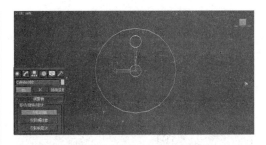

图 6-108 移动轴心点

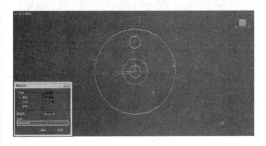

图 6-109 复制物体

6 完成克隆操作，编辑结果如图 6-110 所示。

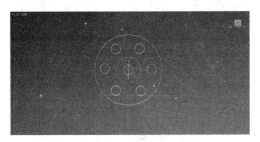

图 6-110 克隆物体

7 选择弹夹模型，切换到【复合对象】面板中，单击 ProBoolean 按钮，然后单击【开始拾取】按钮，在视图中依次选择圆柱体模型，如图 6-111 所示。

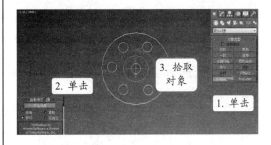

图 6-110 拾取对象

8　右击退出布尔运算操作，可以看到一个布尔
　物体，如图 6-112 所示。

图 6-112　布尔物体

9　使用同样的方法对弹夹模型的外部执行布
　尔运算，这里就不再阐述了，编辑结果如图
　6-113 所示。

图 6-113　布尔物体

10　选择弹夹模型，切换到【编辑几何体】卷展
　栏中，单击【快捷切片】按钮，使用该工具
　为模型添加切边，如图 6-114 所示。

图 6-114　添加切边

11　选择模型上的面，然后使用挤出工具编辑选
　中的面，如图 6-115 所示。

12　至此，弹夹模型就制作完成了，弹夹模型的
　最终编辑结果如图 6-116 所示。

图 6-115　挤出面

图 6-116　弹夹模型

4．制作零部件

1　在视图中创建一个长方体模型，并将其命名
　为挡板，如图 6-117 所示。

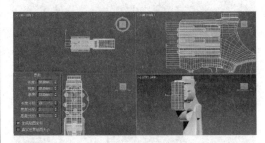

图 6-117　创建长方体模型

2　将长方体模型转化为可编辑的多边形，然后
　编辑模型上的点，编辑结果如图 6-118
　所示。

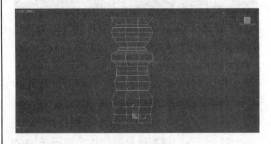

图 6-118　编辑顶点

3 选择挡板模型，使用快捷切片工具为模型添加切边段，如图 6-119 所示。

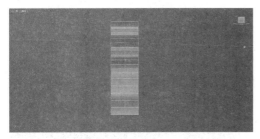

图 6-119 添加切边段

4 选择单板模型上的面，然后使用【挤出】工具编辑选中的面，如图 6-120 所示。

图 6-120 挤出面

5 然后为挡板模型添加网格平滑修改器，光滑挡板模型，编辑结果如图 6-121 所示。

图 6-121 网格平滑

6 在视图中创建一个管状物体作为枪管模型，然后将其放置到如图 6-122 所示的位置。

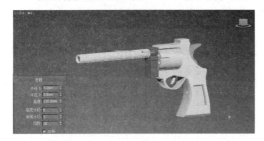

图 6-122 创建管状物体

7 选择管状模型并将其转化为可编辑多边形。选择枪管模型上的面，然后使用【挤出】工具编辑选中的面，如图 6-123 所示。

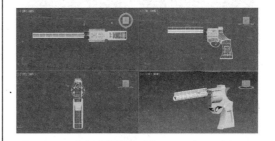

图 6-123 挤出面

8 切换到多边形的顶点编辑状态，然后使用【移动】工具编辑管状模型上的点，如图 6-124 所示。

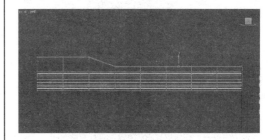

图 6-124 编辑点

9 选择枪管模型底部的面，然后使用【挤出】工具编辑选中的面，如图 6-125 所示。

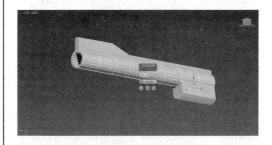

图 6-125 挤出面

10 选择枪管模型上的一条边，切换到【编辑】边卷展栏，单击【环形】按钮，然后再单击【连接】按钮，为模型添加连接边，如图 6-126 所示。

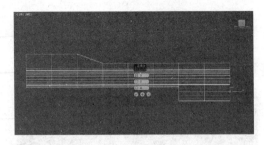

图 6-126　添加连接边

11 选择枪管模型，然后使用快捷切片工具添加边线，如图 6-127 所示。

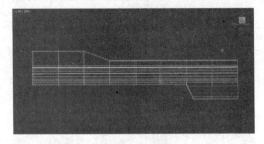

图 6-127　添加边线

12 选择枪管模型的循环边，切换到【编辑边】卷展栏，然后单击【切角】按钮，为模型添加切角效果，如图 6-128 所示。

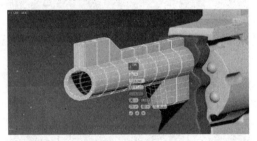

图 6-128　添加切角

13 切换到【编辑边】卷展栏，单击【切割】按钮，然后使用该工具连接边，如图 6-129 所示。

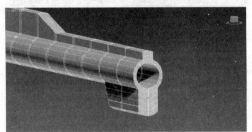

图 6-129　切割边

14 选择模型上未缝合在一起的点，然后使用【焊接】工具将它们焊接在一起，如图 6-130 所示。

图 6-130　焊接点

15 选择枪管模型上的面，然后按 Delete 键将其删除，如图 6-131 所示。

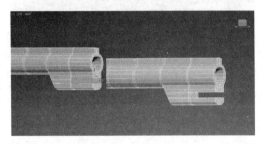

图 6-131　删除面

16 选择模型上的边，切换到【编辑边】卷展栏，单击【桥】按钮，然后使用该工具桥接边，如图 6-132 所示。

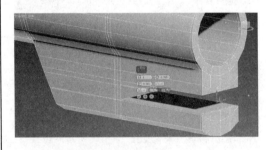

图 6-132　桥接边

17 使用同样的的方法桥接其他的边，然后再使用连接工具为模型添加边线，编辑结果如图 6-133 所示。

18 选择枪杆模型上的点，然后使用【焊接】工具将其选中的点焊接在一起，如图 6-134 所示。

图 6-133　连接边

图 6-134　焊接点

19　然后为枪管模型添加网格平滑修改器，光滑枪杆模型，编辑结果如图 6-135 所示。

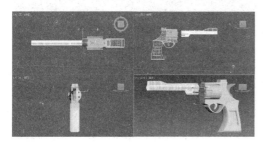

图 6-135　光滑枪杆模型

20　在视图中创建一个圆柱体模型，并将其命名为弹壳，如图 6-136 所示。

图 6-136　创建圆柱体

21　选择子弹模型顶部的一条边，切换到【编辑边】卷展栏，单击【环形】按钮，为模型添加分段，如图 6-137 所示。

图 6-137　连接边

22　切换到多边形顶点编辑状态，编辑模型上的点，然后删除模型顶部的面，如图 6-138 所示。

图 6-138　编辑圆柱体

23　创建一个圆球模型，将其转化为可编辑的多边形，然后删除球体的底部并用【缩放】工具编辑该模型，如图 6-139 所示。

图 6-139　缩放模型

24　选择弹壳模型，单击【附加】按钮，然后在视图中拾取球体模型，如图 6-140 所示。

25　然后使用【焊接】工具将其附加在一起的模型焊接在一起，如图 6-141 所示。

图 6-140　　拾取对象

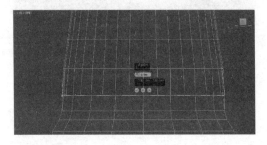

图 6-141　　焊接点

26　使用【连接】工具为弹壳和弹头模型的焊接处添加边线，使其能够光滑过度，编辑结果如图 6-142 所示。

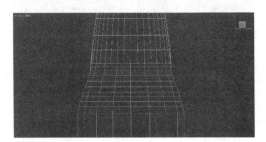

图 6-142　　子弹模型

27　至此，左轮手枪模型部分就制作完成了。左轮手枪的组成部分如图 6-143 所示。

图 6-143　　场景文件

28　为手枪模型赋予金属材质，然后渲染输出，最终的渲染效果如图 6-144 所示。

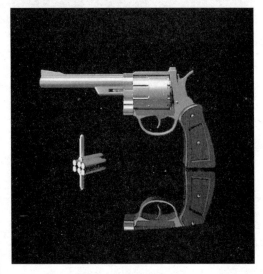

图 6-144　　手枪效果

6.5　思考与练习

一、填空题

1．_____启用该复选框后，只有通过选择模型上的顶点才能选择子对象。

2．【目标焊接】与_____类似，同样可以将两个点焊接为一个点，但不同的【目标焊接】是将选择的点附加到另一个点上，一个点的位置不变。

3．工业模型大多数棱角都需要使用_____制作出倒角，否则在光滑后会出现意想不到的错误。

4．【倒角】也是经常用到的工具，它与_____类似，挤出后会产生一个新的元素，同时会使挤出元素产生一个角度。

5．_____选择两个点后，单击该按钮可以使选中的两个点合并在一起。

二、选择题

1．在 3ds Max 2016 中，如果要把一个存在对象转换为可编辑多边形，不可以采用以下的哪

一种方法？_____

    A．使用右键快捷菜单

    B．使用工具面板

    C．使用修改器

    D．目标焊接

2.下列_____选项是在未启用该复选框的情况下，当选择次对象时，模型背部的次对象也会被选中。

    A．忽略背面   B．按顶点

    C．切角   D．环形

3.【焊接】可以将选中的两个元素进行焊接，_____越大连接的距离也就越远，如果该值过小将不会有效果。

    A．焊接阈值   B．目标焊接

    C．焊接   D．挤出

4.下列选项中，工业模型大多数棱角都需要使用_____制作出倒角，否则在光滑后会出现意想不到的错误。

    A．切角   B．连接

    C．挤出   D．倒角

5._____可以创建新的多变形物体，创建的方法由选择的元素决定。

    A．创建   B．塌陷

    C．挤出   D．倒角

三、问答题

1．简述产品设计的概念。

2．说出三种方法转换多边形及操作。

3．说说焊接和目标焊接的主要作用是什么。

四、上机练习

1. 创建酒吧椅子模型

本练习创建一个酒吧椅子的模型，如图6-145所示。制作该模型可以使用多边形建模，对于底座、椅腿、脚凳、椅座，是在制作的最后，使用布尔运算复合工具制作得到的。通过本练习希望读者能够找到适合自己的建模方法。

图 6-145   酒吧椅子

2. 创建打火机模型

本练习制作一个打火机模型，首先制作机壳的模型，在建模过程中用到倒角、挤出、插入循环边、创建多边形、布尔运算。通过本练习使读者进一步掌握多边形建模工具的用法。效果如图6-146所示。

图 6-146   最终效果

第 7 章

材质与贴图

在实际生活当中，物体是由一些材料组成的。这些材料都有着不同的颜色、纹理、光泽度以及透明度等多种属性。在 3ds Max 2016 中，可以使用材质和纹理来模拟材料的外观，然后通过渲染将材质分配给物体，从而使虚拟的物体产生应有的质感。

本章将介绍 3ds Max 2016 中的材质模拟方法、标准材质、光线跟踪材质、混合材质和卡通材质、金属和半透明材质以及贴图部分。

7.1 物体质感表现概要

3ds Max 2016 可以逼真地模拟物体的质感，在建筑作品中，使用 3ds Max 可以轻松模拟出真实的玻璃、天空、金属等质感，如图 7-1 所示。

在工业建模中，3ds Max 也能够逼真地模拟产品的质感，例如跑车的金属光泽、按键的质感等，如图 7-2 所示。

图 7-1 建筑质感

图 7-2 工业质感

而在角色的制作中，3ds Max 强大的贴图能力也能出色地完成人物皮肤的纹理，如图 7-3 所示。

图 7-3 　皮肤贴图

●-----7.1.1　材质的概念---

　　材质是什么？简单地说就是物体看起来是什么质地。材质可以看成是材料和质感的结合。它是表面各可视属性的结合，这些可视属性是指表面的色彩、纹理、光滑度、透明度、反射率、折射率、发光度等。

　　大部分质感可以通过仔细观察周围的事物来掌握其本质属性。例如，水是透明的、岩石是坚硬的、雾气是朦胧的等，如图 7-4 所示为真实世界中的水。在我们观察事物的同时也是编辑材质的开始，而有些时候我们还需要给现实中不存在的物体创造材质，如图 7-5 所示。

图 7-4 　水材质

图 7-5 　恐龙

　　材质是对视觉效果的模拟，而视觉效果包括颜色、质感、反射等多种因素，这些视觉因素相互组合使得物体产生不同的视觉特性，材质正是对这些视觉特性的模拟，从而使场景中有些物体具有某种材料特有的特性，例如人物，如图 7-6 所示。

　　当然，仅凭三维软件中材质的基本参数还无法使材质变得更加真实更加细腻，所以目前主流的三维软件中都添加了贴图来弥补基本参数单一的缺陷，纹理贴图所使用的素材分很多类，首先是软件中自带的一些程序贴图，另外可以直接利用照片作为纹理贴图的素材，如图 7-7 所示。

图 7-6　三维人物　　　　　　图 7-7　木纹照片

7.1.2　影响质感表达的因素

在一个虚拟的三维世界中，如何使创建的场景最大幅度地符合真实世界是我们学习的目标，在这个过程中，材质与贴图在其中起到了至关重要的作用，而在现实世界中，只有物体的质感相似是不够的，还要有灯光、阴影等一些外在因素的影响，所以影响质感表达的因素不能局限于材质。

1. 模型的外观

在进行材质贴图以前，我们会对要创作的物体进行建模，在这个过程中，首先应该充分考虑好对象外观和未来将要实现的材质，接着在这个基础上制作作品，例如一个圆形的足球，如图 7-8 所示。如果建模的部分出现错误了，那么以后的模拟将会很糟糕。

2. 选择合适的贴图

只靠 3ds Max 中的材质并不能表现出现实世界中的所有质感，因此很多时候需要在材质中添加一些贴图，这些贴图可以是 3ds Max 中的程序贴图，也可以是合适场景的图片，无论使用哪项，制作出真实的感觉才是最终的目的，如图 7-9 所示。

图 7-8　足球的外形　　　　　　图 7-9　选择贴图

3．照明的重要性

只有在有光线的情况下，眼睛才能看到事物，在三维世界中也是如此，而光线在空气中触碰到物体之后可以被反射或者被吸收，到达水面也会出现折射和反射现象，即使制作好了材质，如果不能完美地表现光线效果，那么制作出的材质也是不真实的。例如透明度，它会根据照明的强度不同产生不同的效果，应该考虑光线是否会透过对象、透过了对象会不会对阴影产生影响，如图 7-10 所示。

图 7-10　焦散效果

7.2　材质知识要点

当一个模型被建好以后，在 3ds Max 中，材质是对真实世界中材料视觉效果的模拟，为其添加材质用于表现物体的质感。因此在 3ds Max 中提供了许多基础的材质形式，在这些基础的材质形式上，可以调整材质的光感、颜色和透明度等参数，以表现出不同的材质效果。为了产生真实的视觉效果，只有通过 3ds Max 中的材质模拟真实世界中的视觉效果。本节来学习事物的物理特性和纹理的作用。

7.2.1　3ds Max 中的材质与贴图

在刚接触 3ds Max 的时候会出现【材质】和【贴图】两个词汇，它们两个有不同的含义，在制作过程中是不能够混淆的，贴图是指将图案赋予物体的表面，是物体表面出现花纹或者色彩，而材质的概念则要广泛许多，它包含纹理、反射强度、反射区域、透明度、折射率等一系列的属性。贴图只是材质的一个方面，一系列的贴图和参数才能完成一个材质，所以材质涵盖贴图。

例如一块纹理贴图，当它没被 3ds Max 处理之前只是一张贴图，没有高光、没有置换等操作，只是一张平面的布纹贴图，而我们使用 3ds Max 材质编辑器中的一系列命令处理之后就成了沙发的材质，此时它有了高光、有了置换，变成了一个比较真实的沙发材质，如图 7-11 所示。

另外，有一些贴图并不是真实的照片，它可能是一张用在透明通道中的黑白贴图，也可能是一张用在凹凸通道中的纹理贴图，例如，皮包的材质，大部分皮包都是纯色的，那么皮包的颜色我们就可以指定一个颜色，如图 7-12 所示。而皮包的凹凸使用颜色则表现不出来，此时我们就可以在凹凸通道中添加一张纹理的贴图来表现，如图 7-13 所示。

想要创建出完美的材质，即使是对世界级的艺术大师来说，都不是一件简单的事情，需要有大量的经验，而材质的运用和设计也是体现了主观的过程，那么 3ds Max 中的材质是在哪里创建的呢，下一节将介绍材质编辑器。

（a）布纹贴图

（b）沙发布材质

图 7-11 布纹贴图与沙发布材质

图 7-12 皮包材质

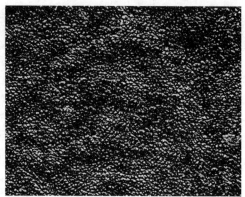
图 7-13 纹理贴图

7.2.2 认识材质编辑器

在表现物体真实的质感之前，需要掌握材质编辑器的使用方法。材质编辑器是编辑材质的平台，它提供了各种有利于编辑的工具。通过使用这些工具，可以快速、准确地编辑出需要的效果。本节将详细介绍材质编辑器的使用方法，通过本节的学习，要求大家必须掌握其工具的使用方法。

材质编辑器是 3ds Max 中制作材质的地方，在这里可以使用 3ds Max 中自带的材质来模拟出需要的材质，也可以在材质的各个通道中添加需要的贴图，单击■按钮可以弹出材质编辑器，材质编辑器包含以下几个部分，如图 7-14 所示。

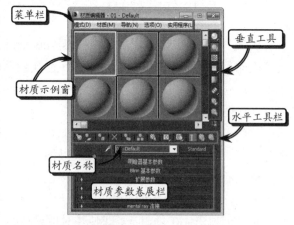
图 7-14 材质编辑器

1．材质示例窗

材质示例窗是显示材质效果的窗口，其中每一个小的方形窗口都代表一个材质，在下面的材质参数卷展栏中进行参数编辑后的效果，如材质颜色、反射程度、折射属性、透明度等都可以在示例球中显示出来。在默认情况下材质示例窗中显示 6 个示例球，处于激活状态的示例球周围将以高亮显示。在任意一个材质示例球上右击，在弹出的菜单中可以切换材质的数目。

2．材质编辑工具栏

在材质编辑器中，菜单栏下面的各种命令在工具栏中基本上都能完成，而使用工具栏进行编辑控制更为直观方便。

1）垂直工具栏

垂直工具栏位于材质示例窗的右侧，主要控制材质示例球的显示效果。

2）水平工具栏

水平工具栏位于材质示例窗的下方，这些工具包括了一些材质的存储和材质层级切换功能，在实际应用中十分重要。

3．材质参数卷展栏

不同的材质类型有不同的材质参数，通过在材质卷展栏中设置颜色、光泽度、贴图等参数，可以得到千变万化的材质效果。

材质参数卷展栏中整合了所有用于制作材质的参数，例如材质的明暗方式、常用材质参数、常见贴图通道以及各种扩展参数等。由于知识点比较多，我们将在"标准材质"一节中详细介绍。

7.3 标准材质

根据材质的应用类型，3ds Max 自身将以标准材质是我们平常使用频率最高的材质，有些高级的材质参数比较难理解，例如流体，对于初学者来说，首先要掌握好最常用的材质类型，对于一些基本的属性概念一定要完全理解，这是深入研究材质的基本前提。本节将主要介绍标准的材质，以及它们的应用领域。

7.3.1 基础参数卷展栏

现实世界当中的所有物体都受光线的影响，这也是我们能够看到物体的基本原理。从光线投射到物体的表面来看，可以将其分为三个区域，分别是最亮的区域（高光区域）、反射到其他物体上的离散反射区域（漫反射区域）和由反射光线所产生的影子，即暗部区域（环境区域）。3ds Max 也是利用这三个区域的不同光照来模拟物体表面的光照效果，这些参数集中在【Blinn 基本参数】卷展栏中，如图 7-15 所示。

【Blinn 基本参数】卷展栏中的参数主要对这三部分进行控制，在其他明暗器下的这些参数的含义是一样的。

1．环境光

用于设置整个物体暗部所呈现的颜色，它主要影响物体的阴影部分。

2．漫反射

是物体表面最基本的颜色，决定物体的整体色调。通常所说的物体颜色，就是指物体的漫反射颜色。

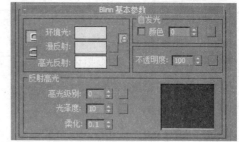

图 7-15　【Blinn 基本参数】卷展栏

3．高光反射

直接影响物体高光点以及其周围的色彩变化，一般情况下，高光色彩为对象自身色彩与光源色彩的混合。

4．自发光

在现实生活中自发光的物体具有照明效果，但这里的自发光只是一个材质效果，不是一个光源，无法照亮环境，如图 7-16 所示。

5．不透明度

控制材质是否透明及透明的程度。不透明度单独使用时效果很差，如果结合光线跟踪贴图则可表现各种玻璃效果，如图 7-17 所示。

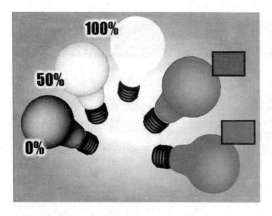

图 7-16　自发光

图 7-17　不透明度

6．高光级别

光线照射到物体上，会产生一个最亮的区域，这个区域亮的程度，就是由高光级别来控制的，如图 7-18 所示。

7．光泽度

光泽度控制高光区域的大小，值越大高光范围越小，相对强度就越大，物体就表现得更光滑，如图 7-19 所示。

图 7-18　高光级别

图 7-19　光泽度

7.3.2　贴图卷展栏

贴图卷展栏是整个材质编辑过程中的中心，它作用于整个材质，主要在材质的不同通道中设置不同的贴图，如图 7-20 所示。另外，贴图卷展栏的内容也随着明暗器类型的不同而发生变化。从表面上看，贴图卷展栏中的每个选项的参数都是相同的，【数量】用于设置控制贴图的程度，右侧的【无】按钮用于设置贴图。本节将介绍不同的贴图通道的主要功能。

图 7-20　【贴图】卷展栏

【贴图】卷展栏是材质的基础组成部分，每个材质都预留了各种类型的通道进行调节，各个通道控制着各个部分的贴图，【贴图】卷展栏是 3ds Max 材质部分中相当重要的部分，下面介绍常用通道的作用。

1．环境光颜色和漫反射颜色

【漫反射颜色】通道主要表现材质的纹理效果。例如，如果要表现出水晶的纹理，就要选择带有水晶纹理的贴图作为漫反射贴图，如图 7-21 所示。【漫反射颜色】控制着环境光的颜色，默认情况下，它们的通道锁定在一起。

2．高光颜色和高光级别

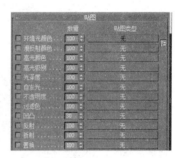

图 7-21　漫反射贴图

【高光颜色】通道能够将图像展示在物体的高光区域，如果在高光区域放一张风景图片，那么色彩在高光区就会显示出来，如图 7-22 所示。【高光级别】控制着高光的形状，如图 7-23 所示。

图 7-22 高光颜色

图 7-23 高光级别

3. 自发光和不透明度

【自发光】通道对应着材质中的自发光参数。它能够根据导入的图案模拟出物体表面花纹的自发光效果，如图 7-24 所示。【不透明度】可以控制物体的透明度变化，如图 7-25 所示。

图 7-24 自发光

图 7-25 不透明度

4. 凹凸和置换

【凹凸】通道上的图像可以在物体表面产生起伏变化的效果，如图 7-26 所示。【置换】起到一个置换效果，如图 7-27 所示。

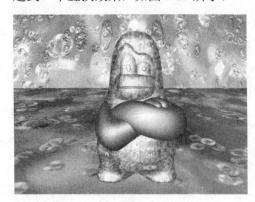

图 7-26 凹凸

图 7-27 置换

7.4 贴图介绍

贴图主要用于模拟纹理，它不能反映出物体表面的光泽、质感等，它仅仅用于模拟物体表面所要显示的纹理，通常与材质一起使用。在前面，我们曾经介绍过材质编辑器中的贴图通道，而本节所介绍的贴图将应用在贴图通道中。3ds Max 中的贴图包含的类型很多，在这里将主要介绍使用比较频繁的几种。

7.4.1 二维贴图

二维贴图是二维图像，它们通常贴图到几何对象的表面，或用作环境贴图来为场景创建背景。在实际使用过程中，最为简单的二维贴图是位图，而其他种类的二维贴图则是由贴图程序自动生成的。关于常见的二维贴图简介如下。

1. 位图贴图

【位图】贴图使用一个或多个位图图像作为贴图文件，如静态的.bmp、.jpg 图像文件等，或者是动态的.avi 等由静态图像序列所组成的动画文件。几乎所有 3ds Max 支持的文件贴图或动画文件格式都可以作为材质的位图贴图，它有一个贴图公用卷展栏。Coordinates 卷展栏下主要参数的含义如图 7-28 所示。

1）纹理

将该贴图作为纹理贴图对物体表面应用。在 Mapping 列表中有 4 种坐标类型可供选择。

2）环境

该选项是在将图片指定给环境中的背景时使用。选中【环境】单选按钮后，【贴图】卷展栏下有 4 种方式可供选择。

3）偏移

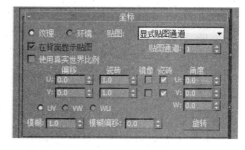

图 7-28 【坐标】卷展栏

该选项可以移动贴图在对象上的位置。移动的位置根据 UV、VW、WU 的方向进行指定，如图 7-29 所示。

（a）   （b）

图 7-29 偏移效果对比

4）瓷砖

决定贴图沿每根轴重复的次数。

5）U/V/W 角度

绕 U、V 或 W 轴旋转贴图（以度为单位）。

6）旋转

单击该按钮后，会弹出一个对话框，用于通过在弧形球图上拖动来旋转贴图（与用于旋转视图的弧形球相似，虽然在圆圈中拖动是绕全部三个轴旋转，而在其外部拖动则仅绕 W 轴旋转）。

7）模糊

根据贴图与视图的距离影响其清晰度和模糊度。贴图距离越远，模糊就越大。模糊主要是用于消除，如图 7-30 所示。

8）模糊偏移

影响贴图的锐度或模糊度，而与贴图离视图的距离无关。模糊偏移模糊对象空间中自身的图像。如果需要贴图的细节进行软化处理或者散焦处理以达到模糊图像的效果时，可以使用此选项。

▸ 图 7-30 模糊效果

2．平铺贴图

使用【平铺】可以创建瓷砖或者砖的材质，通过设置 Tiles 贴图的自身参数可以调节出不同的砖瓦效果，【平铺】有很多设置好的建筑砖块图案可以使用，当然也可以自定义一些图案用于不同的需要，【平铺】贴图效果如图 7-31 所示。

3．渐变贴图

【渐变】贴图是从一种颜色到另一种颜色进行着色。这种贴图通常用来作为其他贴图的 Alpha 通道或者过滤器灯。在实际操作过程中，用户只需为渐变指定两种或三种颜色，中间值将自动插补，从而形成平滑的渐变颜色，如图 7-32 所示。

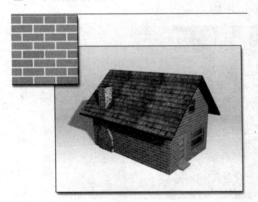

▸ 图 7-31 平铺效果

▸ 图 7-32 渐变效果

4．棋盘格贴图

【棋盘格】贴图可以产生两种总颜色交替的棋盘贴图效果，默认为黑白相间的棋盘，它是一种程序贴图。常用于室内建筑设计中，例如厨房、卫生间地面等，如图 7-33 所示。

5．渐变坡度贴图

【渐变坡度】贴图类似于渐变贴图，功能也比较相近，可以说是渐变贴图的高级形式，它提供了更多的渐变形式，而且可以为渐变指定贴图等。【渐变坡度】贴图的效果如图 7-34 所示。

图 7-33　棋盘格贴图

图 7-34　渐变坡度贴图

6．漩涡贴图

【漩涡】贴图是依靠两个通道混合类似实现漩涡的效果，如同其他双色贴图一样，任何一种色彩都能够使用贴图代替，如图 7-35 所示。

7.4.2　三维贴图

三维贴图是贴图程序在空间的三个方向上都产生的贴图，例如【细胞】贴图会在整个实体内部产生细胞斑点的贴图效果，假如用户切除模型上的某一部分，则切面部分仍然会显示相应的斑点效果。本节将介绍一些三维贴图的功能与特性。

图 7-35　漩涡贴图

1．衰减贴图

【衰减】贴图是基于几何体曲面上面法线的角度衰减来生成从白到黑的贴图，如图 7-36 所示。它会根据用户指定角度衰减的方向产生渐变，根据用户的定义，贴图会在法线从当前视图指向外部的面上生成白色，而在法线与当前视图相平行的面上生成黑色。

2．澡波贴图

【噪波】贴图是三维贴图中较为常用的一种贴图，经常用它来创建各种凹凸或者置换效果，例如鸡蛋壳、粗糙的地面等，如图 7-37 所示。

图 7-36 衰减效果   图 7-37 澡波效果

3．泼溅贴图

泼溅贴图可以用来模拟颜色溅出的不规则图案，这种图案有一种特别的艺术味道，如图 7-38 所示。

4．细胞贴图

【细胞】贴图是一个功能非常强大的贴图程序，它可用于表现各种视觉效果的细胞图案，包括马赛克瓷砖、鹅卵石表面甚至海洋表面，效果如图 7-39 所示。

图 7-38 泼溅效果   图 7-39 细胞效果

7.4.3 反射和折射贴图

反射与折射贴图也是 3ds Max 中重要的贴图类型，通过使用这些通道或者贴图类型可以制作出真实的材质质感，例如使用镜面反射制作场景中的镜子效果，利用反射贴图制作金属表面的反射纹理，利用折射贴图制作玻璃水杯的折射效果。本节将介绍反射与折射贴图的使用方法。

1．光线跟踪贴图

该贴图一般应用在材质的【反射】或【折射】贴图通道上。光线跟踪贴图和光线跟踪材质一样都是以光线跟踪的方式表现反射和折射的效果，效果如图7-40所示。

除了这些以外，用户还可以使用光线跟踪材质，该材质使用相同的光线跟踪器生成更精确的光线跟踪反射和折射。光线跟踪贴图和光线跟踪材质之间的区别如下。

（1）使用光线跟踪贴图与使用其他贴图的操作一样，这意味着可以将光线跟踪反射或折射添加到各种材质中。

（2）可以将光线跟踪贴图指定给材质组件，反射或折射除外。

（3）光线跟踪贴图比光线跟踪材质拥有更多衰减控件。

（4）一般情况下，光线跟踪贴图比光线跟踪材质渲染得更快。

图7-40 光线跟踪贴图

2．反射/折射贴图

【反射/折射】贴图生成反射或折射表面。要创建反射，用户只需将该贴图类型添加到材质的反射通道中即可。要创建折射，则将其添加到反射通道中。利用【反射/折射】贴图创建的效果如图7-41所示。

图7-41 反射与折射贴图

7.5 光线跟踪材质

光线跟踪材质是高级表面着色材质，它能支持漫反射表面着色、颜色密度、半透明、荧光等效果，并且还可以创建完全【光线跟踪】的反射和折射。使用【光纤跟踪】材质生成的反射和折射效果，比用【反射/折射】贴图更精确，但是渲染光线跟踪对象会更慢。

7.5.1 认识光线跟踪

光线跟踪材质经常用来创建玻璃、水、金属等自然界一切带有反射性质的物质，这也是材质中最出效果的材质之一，如图7-42所示。还支持雾、颜色密度、透明度、荧光等其他特殊效果，当然渲染速度会比默认的材质要慢。而另一方面，【光线跟踪】材质与其他材质相比

图7-42 【光线跟踪】材质

参数要多。

如果要使用光线跟踪材质，则可以在打开材质编辑器后，单击水平工具栏上的 Standard 按钮，在打开的窗口中双击【光线跟踪】选项。

1. 光线跟踪基本参数卷展栏

光线跟踪的基本参数设置和标准材质的基本参数设置相似，但是光线跟踪材质的颜色设置具有自身的特点。本节将介绍光线跟踪的基本参数。另外，这里仅介绍与标准材质不同的参数，图 7-43 所示的是【光线跟踪基本参数】卷展栏。

1）反射

【反射】可以调整对象对周围环境的反射值，如图 7-44 所示。

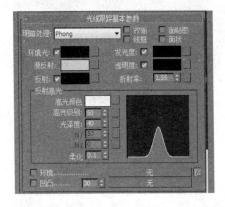

图 7-43 【光线跟踪基本参数】卷展栏

图 7-44 反射效果

2）发光度

类似于标准材质的自发光参数，所不同的是自发光利用漫反射颜色来发光，而【发光度】利用自身的颜色来发光，如图 7-45 所示。

图 7-45 发光度效果

3）透明度

用于调整物体的透明度，即折射的程度。它的控制方式和【反射】的控制方式相同，也具有颜色和数值两种控制方式，并且可以以同样的方法进行切换，如图7-46所示。

4）折射率

用于决定事物具有多大的折射率，如图7-47所示。

图7-46 透明度效果

图7-47 折射率效果

5）环境

通过【环境】选项可以将指定的贴图作为覆盖全局贴图的环境贴图。

6）凹凸

用于设置凹凸效果，相当于贴图卷展栏中的凹凸贴图通道。

2. 扩展参数卷展栏

扩展参数卷展栏中的参数用于在材质上提供特殊效果，例如材质的透明效果、烟雾效果、荧光等，也是光线跟踪材质经常用到的部分，如图7-48所示。

1）附加光

利用光线跟踪材质将灯光添加到对象表面。

2）荧光

创建一种与在黑色灯光海报上的黑色灯光相似的效果。通常情况下，荧光将会影响折射的色彩，其效果如图7-49所示。

图7-48 【扩展参数】卷展栏

图7-49 荧光色彩

3）雾

使用雾来填充对象内部的功能，一般用于制作染色玻璃。

4）数量

用于决定雾效果的浓度，该值越大浓度越大。

7.5.2 制作玻璃酒杯

在制作玻璃酒杯的静物场景，在该场景中，将利用【光线跟踪】材质作为基本材质展开制作。通过本节的学习，要求读者掌握光线跟踪材质中的漫反射颜色和透明度颜色的区别，还需要读者掌握玻璃材质反射和折射的程度。

（1）打开场景文件，这是一个已经制作好场景和灯光的练习文件，如图7-50所示。

（2）打开材质编辑器，将一个空白的材质球赋予球体，单击水平工具栏上的Standard按钮，在打开的对话框中双击【光线跟踪】选项，如图7-51所示。

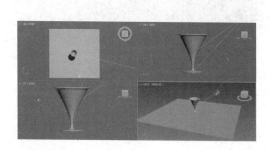

图 7-50 练习文件

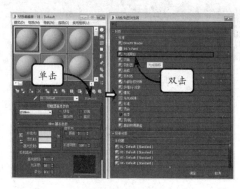

图 7-51 添加光线跟踪

（3）保持默认的材质参数不变，快速渲染摄像机视图，观察此时的受光情况，如图7-52所示。

（4）在【光线跟踪基本参数】卷展栏中，将【高光级别】设置为120、【光泽度】设置为80、【折射率】设置为1.7，如图7-53所示。

图 7-52 观察受光情况

图 7-53 设置高光

（5）单击【透明度】右侧的颜色块，在打开的拾色器中，将其颜色设置为白色，如图7-54所示。

（6）展开【贴图】卷展栏，单击【反射】右侧的【无】按钮，在打开的对话框中双击【衰减】贴图，保持其默认参数不变，再次渲染摄像机视图，观察效果，如图7-55所示。

（7）返回到【光线跟踪基本参数】卷展栏中，将【透明度】设置为 RGB（144，144，144）、【漫反射】RGB 为（0，0，128）。为了更好的效果，再将【扩展参数】卷展栏中的【特殊效果】选项里的【半透明】设置为 RGB（202，122，216），快速渲染摄像机视图，观察效果，如图 7-56 所示。

图 7-54 玻璃球效果　　　　图 7-55 此时的玻璃效果　　　　图 7-56 观察效果

这样，真实的玻璃酒杯效果就产生了。在实际应用过程中，可以将其应用到其他玻璃材质上，不过在应用时，应当考虑材质的光泽度以及反光度。

7.6　金属材质与半透明材质

金属材质和半透明都是应用最为广泛的材质，它具有较好的软高光效果，是许多艺术家经常使用的材质，有高质量的镜面高光效果，所使用的参数可以设置高光的柔化程度和高光的亮度，这适用于一些有机表面。在大多数情况下我们会使用金属材质和半透明材质模拟真实的黄金和翡翠的效果。它们经常用来制作一些大型的雕塑或者小型的装饰品。本实例使用 3ds Max 中的材质编辑器模拟真实的黄金和翡翠的效果，通过本节的学习要求读者掌握这些材质的制作方法。

7.6.1　制作翡翠飞凤

半透明材质的应用十分广泛，半透明材质允许光线进入并穿过，在其内部使光线散射，通常可以使用半透明材质模拟被侵蚀的玻璃，本实例我们使用半透明材质表现翡翠的质感，要求读者掌握半透明材质的应用。

（1）首先打开场景文件，将一个材质球赋予模型物体。在【明暗器基本参数】卷展栏中将着色方式设置为【半透明明暗器】，如图 7-57 所示。

（2）将【漫反射】的颜色设置为 RGB（23，99，0），【高光反射】的颜色设置为 RGB（230，254，242），【高光级别】和【光泽度】的值分别设置为 100、60，如图 7-58 所示。

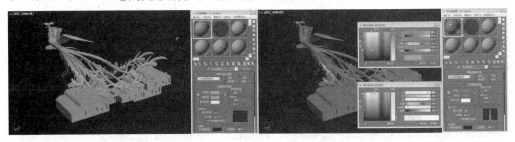

图 7-57 设置明暗器基本参数　　　　图 7-58 设置参数

（3）然后，将【半透明颜色】设置为RGB（0，159，37），如图7-59所示。

（4）在材质编辑器中，展开【贴图】卷展栏，先将【反射】值改为35，然后单击后面的【无】按钮，在弹出的对话框中双击【光线跟踪】选项，如图7-60所示。

图7-59 设置不透明颜色　　　　　　图7-60 添加光线跟踪贴图

（5）渲染当前效果如图7-61所示。

（6）在【贴图】卷展栏中，单击【反射】通道进入【光线跟踪器参数】卷展栏。然后，单击【无】按钮，在弹出的对话框中双击【衰减】选项，如图7-62所示。

（7）连续返回上一级，然后在【半透明基本参数】卷展栏下将【漫反射级别】改为82，如图7-63所示。这样材质的颜色会更重一些。

（8）在【贴图】卷展栏中，单击【自发光】通道，在弹出的对话框中双击【衰减】选项，然后单击【衰减参数】卷展栏下的【白色】颜色框，将颜色值重新设置为RGB（58，128，49），如图7-64所示。

图7-61 渲染效果

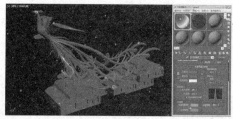

图7-62 添加衰减　　　　　　　　　图7-63 修改漫反射级别

（9）然后再为【半透明颜色】添加衰减贴图，设置两个颜色块的值分别为RGB（9，132，0）和RGB（0，188，115），如图7-65所示。

 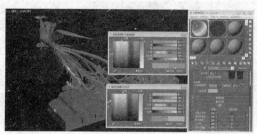

图7-64 设置衰减　　　　　　　　　图7-65 设置衰减

（10）最后快速渲染场景，渲染效果如图 7-66 所示。

7.6.2　制作黄金葡萄

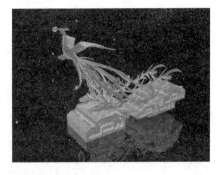

金属明暗器可以提供效果逼真的金属表面以及各种有机体材质模型，对于反射高光，金属明暗器具有不同的曲线，本节使用明暗器制作一个黄金葡萄模型，要求读者掌握金属材质的制作方法。

（1）首先打开场景文件，将一个材质球赋予台灯物体。在【明暗器基本参数】卷展栏 7 中将着色方式设置为【金属】，如图 7-67 所示。

🔘 图 7-66　最终效果

（2）在【金属基本参数】卷展栏中，设置【漫反射颜色】为 RGB（255，200，0），将【高光级别】设置为 80、【光泽度】设置为 60，如图 7-68 所示。

🔘 图 7-67　场景文件　　　　　　🔘 图 7-68　设置参数

（3）展开【贴图】卷展栏，单击【反射】右侧的长条按钮，在打开的对话框中双击【光线跟踪】选项，从而添加该贴图，如图 7-69 所示。

（4）保持默认参数不变，返回【贴图】卷展栏，并将反射的【数量】设置为 80，如图 7-70 所示的形状。

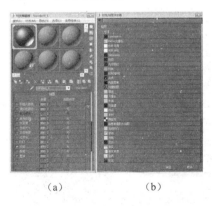
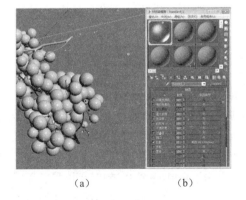

　（a）　　　　　（b）　　　　　　　（a）　　　　　（b）

🔘 图 7-69　添加光线跟踪贴图　　🔘 图 7-70　设置反射数量

（5）单击【凹凸】通道，在打开的对话框中双击【噪波】选项，从而添加该贴图，如图 7-71 所示。

（6）展开【噪波参数】卷展栏，将【大小】设置为 0.2、【高】设置为 0.6，如图 7-72 所示。

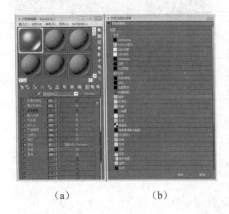

（a）　　　　　　　（b）

图 7-71　添加噪波

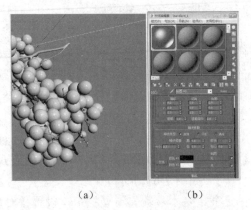

（a）　　　　　　　（b）

图 7-72　设置噪波参数

（7）噪波参数设置完毕后，整个金属材质的制作就完成了，快速渲染效果如图 7-73 所示。

7.7　混合材质和卡通材质

【混合】材质能够在物体表面上将两种材质进行混合。该材质的概念已经超出了普通材质的范围，准确地说，它不是一个材质，而是多种材质的集合。它可以将不同的材质节点合成在一起，每一层都具有其自己的属性，每种材质都可以单独设计，然后连接到分层底纹上。【卡通】材质主要创建一些与卡通相关的效果，通常利用这种材质制作一些动画片。给材质节点赋予颜色，可以很好地表现卡通和一些特殊的绘画效果。本节将介绍混合材质和卡通材质。

图 7-73　渲染效果

7.7.1　认识混合材质

【混合】材质最大的优点在于：它可以控制在同一对象的具体位置上实现截然不同的两种质感效果，图 7-74 所示的是混合材质的基本参数面板。

一般情况下，使用一种贴图或材质就可以模拟真实世界中的物体；但往往真实世界中更多的还是有瑕疵的物体，例如生锈的铜、斑驳的墙等，这些不规则的物体往往使用一种材质或贴图很难模拟出来，例如一堵掉漆的墙的材质，可以使用【混合】

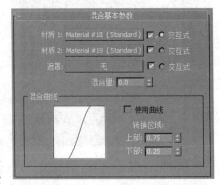

图 7-74　【混合基本参数】面板

材质先制作墙的材质，然后再制作漆的材质，此刻就会将它们混合在一起，如图 7-75 所示。

混合好后利用 Blend 材质中的 Mask 贴图通道添加遮罩贴图将掉漆的部分显现出来，这样掉漆的墙就制作好了，如图 7-76 所示。下面介绍混合材质的参数。

图 7-75 混合墙体和漆　　　　　　　　　图 7-76 掉漆的墙

1. 混合材质基本类型

1）材质 1

该选项用于确定作为混合材质的第一个材质。

2）材质 2

该选项用于选择合成材质中的第二个材质，只有在启用了每个材质旁边的复选框后才能使用相应的材质。

3）交互式

该选项用于决定材质 1 和材质 2 中哪一个在视图窗口中进行交互显示。

4）遮罩

该选项用于指定作为遮罩的贴图，该贴图通道将把彩色的贴图转变为灰度图，并按照灰度的级别来确定其显示效果。

提 示

> 通常情况下，黑色的部分将变为完全透明，白色的区域变为不透明区域，灰色区域将按照其灰度显示不同的半透明状态。

5）混合量

该选项只有在添加了【遮罩】贴图后才变为可用状态。通过调整该参数的值可以把材质 1 和材质 2 完全合成在一起。数值确定混合的比例，以百分比为单位。

另外，不仅可以通过【遮罩】来合成不同的材质为对象添加质感，同时还可以制作两个材质交替的动画，此时只需要将【混合量】设置为动画即可。

2. 混合曲线

【混合曲线】选项区域在激活【遮罩】后变为可用状态，通过该功能曲线，可以动态地调整材质 1 和材质 2 的结合程度。图 7-77 所示的效果，就是利用两种不同的贴图通过混合而制作出来的腐蚀效果。

7.7.2 认识卡通材质

卡通材质和其他的大多数材质提供的三维真实效果不同，该材质提供带有墨水边缘的平面效果。卡通材质主要由基本材质扩展、绘制控制、墨水控制等卷展栏组成，如图7-78所示。

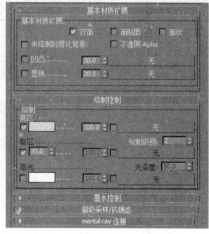

图 7-77 混合材质效果

图 7-78 【卡通材质】参数面板

绘制控制卷展栏下的参数主要控制物体表面颜色和属性的区域，共包含三个基本的选项，下面分别予以介绍。

1. 亮区

【亮区】用于设置对象中亮面的填充颜色，默认设置为淡蓝色。禁用该复选框将使对象不可见，但墨水除外。默认设置为启用。

2. 绘制级别

【绘制级别】用于指定对象的过渡层数，从淡到深。值越小，对象看起来越平坦。值的范围为1～255，默认值为2。

3. 暗区

【暗区】用于控制物体的暗部的颜色深度，值越小暗部颜色越深。

4. 高光

【高光】用于设置反射高光的颜色。后面的【光泽度】用来调整高光区域的大小。

7.7.3 墨水控制

【墨水控制】卷展栏主要控制的是物体的描边、轮廓的粗细、颜色以及勾线的位置。

3ds Max 2016 中文版标准教程

164

【墨水控制】卷展栏如图 7-79 所示。

1. 墨水

启用该复选框后物体将具有描边效果，效果对比如图 7-80 所示。

图 7-79 【墨水控制】卷展栏

图 7-80 禁用与启用墨水效果

2. 墨水宽度

【墨水宽度】以像素为单位。在未启用【可变宽度】时，它是由微调器标记的【最小值】指定，如图 7-81 所示。

3. 轮廓

物体外边缘处（相对于背景）或其他对象前面的墨水。默认设置为启用，其效果如图 7-82 所示。

图 7-81 墨水宽度

图 7-82 轮廓效果

7.8 瓷器材质

瓷器材质是最常见的材质类型之一，现实生活中有很多种类的瓷器，它们都具有高光和反射属性。理解和掌握瓷器材质特性和创建方法，可以更好地应用贴图。该实例通过创建瓷器材质，使读者熟悉材质的基本创建方法和贴图参数的一些编辑，向大家展示了 3ds Max 中的瓷器材质的应用效果。

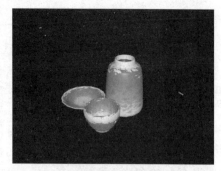

通过本节的学习，要求读者掌握瓷器质感的表现方法，以及如何配合灯光创建效果。图 7-83 所示的是瓷器的效果。

图 7-83 瓷器效果

7.8.1 制作陶罐

在制作瓷器的过程中，我们使用了建筑材质作为瓷器的材质，它有着很多的模板，并能够简单快捷地体现出需要展现的材质。瓷器罐子上的花纹使用的是渐变坡度贴图，它可以很好地模拟出罐子的纹理。

（1）打开场景文件，这是一个已经布置好场景和灯光以及摄像机的完整场景，如图 7-84 所示。

（2）打开材质编辑器，选择一个示例球，命名为【瓦罐】，选择【建筑】材质，将其赋予瓦罐，如图 7-85 所示。

图 7-84 瓷器场景文件

图 7-85 材质命名

（3）在【物理性质】卷展栏中，设置【反光度】为 90、【半透明】为 65，如图 7-86 所示。

（4）在【漫反射贴图】通道中添加【渐变坡度】贴图，如图 7-87 所示。

图 7-86 设置参数

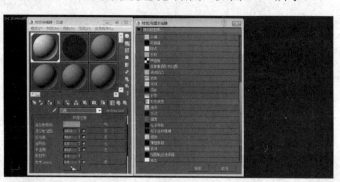

图 7-87 设置参数

3ds Max 2016 中文版标准教程

166

技 巧

与其说建筑材质是一种材质，还不如说它是一系列模板的组合。实际上，建筑材质已经提供了各种材料的模板，只需要选择一个适合要表现的材质的模板，就可以轻松表现其表面的光泽。

图 7-88 调整颜色

　（5）在【渐变坡度参数】卷展栏中将【插值】设置为【缓入】选项。然后，在色盘上将第 1 个色标的颜色设置为白色，然后将中间的色标的颜色也设置为白色，并在其右侧单击创建一个色标，将其颜色设置为 RGB（87，112，238），色标的位置和效果如图 7-88 所示。此时还看不出渐变效果。

　（6）再在上述色标的右侧创建三个色标，将第 1 个色标的颜色设置为 RGB（47，56，240），将第 2 个和第 3 个色标的颜色设置为 RGB（36，33，238），如图 7-89 所示。

　（7）然后，在【噪波】选项区域中将【数量】设置为 0.35，选中【湍流】按钮，从而使创建的渐变产生噪波，效果如图 7-90 所示。

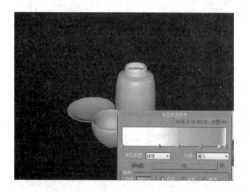

图 7-89 调整颜色

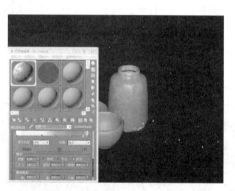

图 7-90 设置噪波

　（8）将陶罐材质复制到一个新的材质球中，进入到刚复制的材质球中进行编辑，如图 7-91 所示。

　（9）将材质复制出一个并赋予两个小件摆设物体，渲染效果如图 7-92 所示。

图 7-91 复制贴图

图 7-92 渲染效果

　到这里，关于瓦罐的材质就制作完成了，可以将制作好的材质直接赋予瓦罐的盖子，当然为了更加突出效果，可以将制作好的材质复制一份，并再做一些细节的调整后赋予盖子物体。

7.8.2 制作陶盘

盘子的材质和瓦罐的材质实现方法是不同的。这是因为碗的纹理是区域性显示的。鉴于这样的问题存在，因此我们将利用【多维/子对象】材质来实现（关于材质的 ID 已经分配好）。

（1）在示例窗中选择一个空白的示例球，将其命名为【盘子】。单击水平工具栏上的 Standard 按钮，在打开的窗口中双击【多维/子对象】选项，进入其编辑环境，如图 7-93 所示。

（2）单击【设置数量】按钮，在打开的对话框中将子材质的数量设置为 2，单击【确定】按钮完成设置，如图 7-94 所示。

图 7-93 多维/子材质

（3）然后进入到 1 号材质中，使用【建筑】材质，在建筑材质的设置环境中，将【漫反射颜色】设置为白色，并将材质的模板设置为【瓷砖、光滑的】选项，如图 7-95 所示。

图 7-94 设置数量

图 7-95 选择模板

（4）单击【渲染】按钮，渲染效果如图 7-96 所示。

（5）进入到 2 号材质中，使用【建筑】材质，设置【漫反射颜色】为 RGB（220，60，0）、【反光度】为 90，并将材质的模板设置为【瓷砖、光滑的】选项，如图 7-97 所示。

图 7-96 渲染效果

图 7-97 设置 2 号材质

（6）复制罐子材质中【漫反射贴图】的贴图到 2 号材质中的【漫反射贴图】选项中，如图 7-98 所示。

（7）设置完毕后，激活摄像机视图，观察此时的效果，如图 7-99 所示，材质就制作完成了。

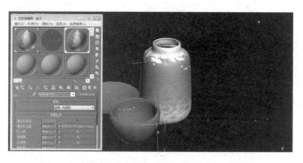

图 7-98　复制贴图

图 7-99　碗的效果

7.9　课堂实例 1：步枪贴图

【位图】贴图是使用得最多的贴图选项，它可以用来创建多种材质，从木纹到墙面到地板皮肤等，也可以使用动画或者视频文件代替位图创建材质。一般用于影视制作方面，本节将使用一个小实例介绍【位图】的添加方法。

1　打开场景文件，观察此时的步枪，如图 7-100 所示。

图 7-100　打开场景

2　打开材质编辑器，选择一个材质球，展开【贴图】卷展栏，如图 7-101 所示。

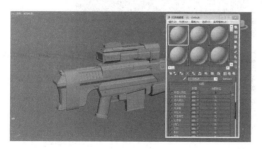

图 7-101　展开贴图卷展栏

3　在【贴图】卷展栏中单击【漫反射颜色】右侧的【无】按钮，在打开的对话框中选择【位图】选项，如图 7-102 所示。

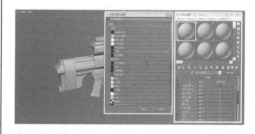

图 7-102　添加位图

4　在打开的对话框中，选择贴图，将贴图添加到该通道里，如图 7-103 所示。

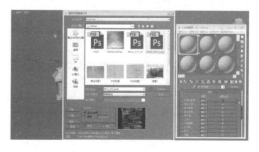

图 7-103　添加位图

5 观察此时的效果，如图 7-104 所示。

图 7-104 观察效果

6 再在【贴图】卷展栏中单击【高光级别】右侧的【无】按钮，并在打开的对话框中双击【位图】选项，如图 7-105 所示。

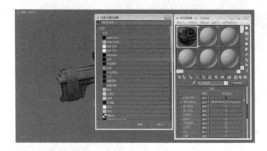

图 7-105 添加位图

7 在打开的对话框中选择贴图，将贴图添加到该通道里，如图 7-106 所示。

图 7-106 添加贴图

8 再在材质编辑器选择一个材质球，保持默认参数不变，将配套资料文件中的 BR41-STD-01 添加到【漫反射颜色】通道中，如图 7-107 所示。

9 在视图中选择枪柄模型，将刚制作好的贴图赋予模型，观察此时的效果，如图 7-108 所示。

图 7-107 添加贴图

图 7-108 添加贴图

10 再按照上面的操作，在枪柄材质上添加一个【高光级别】贴图，从而使枪柄处也产生一些亮光效果，如图 7-109 所示。

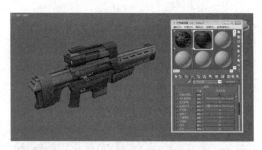

图 7-109 添加贴图

11 渲染当前场景，观察最终的效果，如图 7-110 所示。

图 7-110 渲染效果

7.10 课堂实例2：制作破旧家具贴图

在现实生活中，有许多东西是存在缺陷的，完美的东西是不存在的，在三维动画中经常要模拟现实中的东西,本实例我们使用 3ds Max 中的混合材质来表现旧木桌的效果,通过本次练习，要求读者掌握混合材质的应用。

旧圆桌是生活中能够经常看到的东西，经过时间的洗礼，圆桌的表面通常破旧不堪，表面的漆会有一定的脱落，本节我们介绍混合材质的制作方法，通过本节的学习要求读者掌握混合材质的使用方法。

1　打开场景文件，观察物体，如图 7-111 所示。

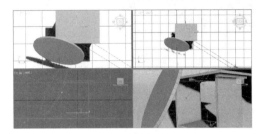

🔘 图 7-111　打开场景

2　打开材质编辑器，选择【混合】材质，如图 7-112 所示。

🔘 图 7-112　混合材质

3　进入到【混合】材质的【材质 1】中，设置【高光级别】为 40、【光泽度】为 30，如图 7-113 所示。

4　展开【贴图】卷展栏，在【漫反射颜色】通道中选择【无】按钮，添加【木纹贴图】，

回到上一层级，将其拖曳复制入【凹凸】通道，设置【数量】为 30，如图 7-114 所示。

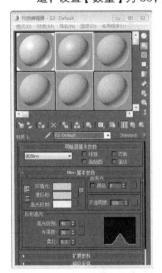

🔘 图 7-113　设置材质参数

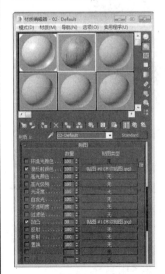

🔘 图 7-114　复制通道贴图

5 将材质赋予场景中的圆桌，渲染效果如图
7-115 所示。

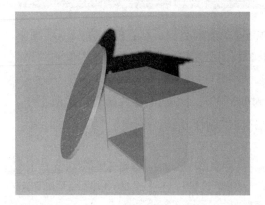

图 7-115 渲染效果

6 然后回到【混合】材质面板，进入到【材质
2】中，设置其参数如图 7-116 所示。

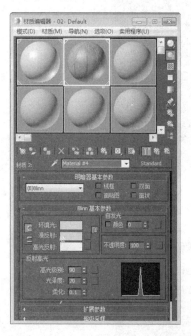

图 7-116 设置材质 2

7 展开【贴图】卷展栏，在【漫反射颜色】通
道中选择【无】按钮，添加【腐蚀贴图】，
如图 7-117 所示。

8 回到最顶层级中的【混合】材质中，在【遮
罩】中添加一个【位图】，然后选择【遮罩
2】文件，如图 7-118 所示。

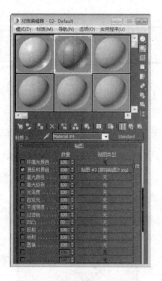

图 7-117 添加贴图

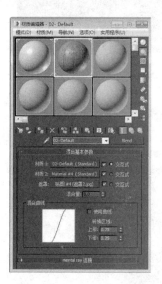

图 7-118 添加遮罩

9 渲染当前效果如图 7-119 所示。

图 7-119 渲染效果

10 给木板附材质。木板的材质与圆桌如出一辙，在赋予贴图时，材质的贴图与实际的物体会有一定的不同，例如纹理的方向不对，纹理太大或太小。这就要我们好好掌握正确的贴图方法。选择一个材质球，添加【混合】材质，进入到【材质1】中，设置【高光级别】为 90、【光泽度】为 50，在【漫反射颜色】通道中选择【无】，添加【木纹贴图2】，返回上一级，将其拖曳复制入【凹凸】通道，设置【数量】为 30，如图 7-120 所示。

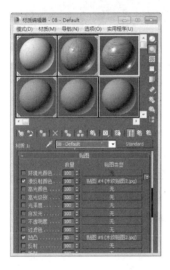

图 7-120　添加贴图

11 将材质赋予木板物体后渲染，如图 7-121 所示。

图 7-121　渲染效果

12 进入到【材质2】中，其他参数与【材质1】相同，如图 7-122 所示。

13 回到上一层级，在【遮罩】中添加【遮罩1】，

渲染效果如图 7-123 所示。

图 7-122　添加贴图

图 7-123　渲染效果

14 将木板材质复制到一个新的材质球中，进入到刚复制的材质球中进行编辑，赋予其他物体，如图 7-124 所示。

图 7-124　还原参数

15 最后为其添加一个简单的场景，渲染最终效果如图 7-125 所示。

图 7-125 最终效果

7.11 思考与练习

一、填空题

1. _____可以看成是材料和质感的结合。

2. _____是 3ds Max 中制作材质的地方，在这里可以使用 3ds Max 中自带的材质来模拟出需要的材质，也可以在材质的各个通道中添加需要的贴图。

3. 现实中的物体都接受光线的影响，并可以分为三个区域，即高光、固有色和_____。

4. 二维贴图是_____，它们通常贴图到几何对象的表面，或用作环境贴图来为场景创建背景。

5. _____材质经常用来创建玻璃、水、金属等自然界一切带有反射性质的物质，这也是材质中最出效果的材质之一。

二、选择题

1. _____是表面各可视属性的结合，这些可视属性是指表面的色彩、纹理、光滑度、透明度、反射率、折射率、发光度等。

    A. 二维贴图

    B. 材质

    C. 三维贴图

    D. 混合材质

2. 下列选项中不属于物体表面最基本的颜色，决定物体的整体色调的是_____。

    A. 环境光

    B. 漫反射

    C. 高光反射

    D. 自发光

3. 下列选项中单击哪一个按钮后，会弹出一个对话框，用于通过在弧形球图上拖动来旋转贴图（与用于旋转视图的弧形球相似，虽然在圆圈中拖动是绕全部三个轴旋转，而在其外部拖动则仅绕 W 轴旋转）？_____

    A. U/V/W 角度

    B. 旋转

    C. 模糊

    D. 模糊 偏移

4. 【光线跟踪】材质是高级表面着色材质，下列选项中，它不支持_____效果，并且还可以创建完全【光线跟踪】的反射和折射。

    A. 着色

    B. 颜色密度

    C. 半透明

    D. 发光度

5. 下列选项中不属于混合材质基本类型的是_____。

    A. 材质 1

    B. 材质 2

    C. 材质 3

    D. 遮罩

三、问答题

1. 简述材质、贴图以及光线跟踪的概念。

2. 说出贴图有哪些类型及其特征。

3. 试着说一下光线跟踪与贴图有什么区别。

四、上机练习

1．制作木桌的材质

本练习要求读者根据本章的知识点，使用 3ds Max 自带的二维贴图给一个木桌的模型添加木纹贴图，要求桌面平滑而富有光泽。对于桌子的模型，读者可以使用前面学习的建模方法进行创建，这里以简单的几何体作为模型，制作了一个参考效果，如图 7-126 所示。

2．制作湿润的岩石

本练习要求读者创建一个较复杂的材质，该材质需要用到两个三维贴图和一个【混合材质】节点。最终的效果要求岩石的表面有凹凸感，且有点湿润，如图 7-127 所示。

图 7–126 木文贴图参考效果

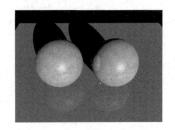

图 7–127 湿润的岩石效果

第8章

灯光与摄像机

在 3ds Max 中，想要完美表现出一个场景，在现实世界中，灯光占有举足轻重的作用，它可以真实地模拟出现实世界中的各种灯光，也可以烘托出场景中的气氛，从而使场景显得更加生动、逼真，所以灯光是三维作品中不可或缺的重要组成元素。

摄像机也是和我们的生活密切相关的，大家在电视上看到的画面，都是通过摄像机拍摄的。在 3ds Max 2016 中，摄像机可以任意地改变焦距、镜头等。本章将介绍 3ds Max 2016 中的灯光以及摄像机的作用以及它们的使用方法。

8.1 灯光的布置与照明技巧

在 3ds Max 2016 中，所有的物体都必须先创建才可以使用，灯光的创建和前面学过的模型创建过程一样，创建好的灯光可以通过视图显示出来，可以根据显示出的图标来选择如何来编辑灯光。

8.1.1 典型灯光布置

有的读者曾经问过这样的问题：怎样才能布置好场景的灯光呢？实际上，关于场景灯光的布置是有一定的规律的。本节向大家提供了一份灯光的布置资料，这是一篇经典灯光设计摘录。

1. 场景的环境类型

场景的类型将决定灯光的选择。场景灯光通常分为三种类型：自然光、人工光以及二者的结合。具有代表性的自然光是太阳光。当使用自然光时，有其他几个问题需要考虑：现在是一天中的什么时间，天是晴空万里还是阴云密布，在环境中有多少光反射到四周。

人工光几乎可以是任何形式。电灯、炉火或者二者一起照亮的任何类型的环境都可以认为是人工的。人工光可能是三种类型的光源中最普通的。还需要考虑光线来自哪里、光线的质量如何。如果有几个光源，要弄清楚哪一个是主光源。确定是否使用彩色光线也是重要的。几乎所有的光源都有一个彩色的色彩，而不是纯白色。

最后一种灯光类型是自然光和人工光的组合。在明亮的室外拍摄电影时，摄影师和灯光师有时也使用反射镜或者辅助灯来缓和刺目的阴影。

2．灯光的目的

换句话说，场景的基调和气氛是什么？在灯光中表达出一种基调，对于整个图像的外观是至关重要的。在一些情况下，唯一的目标是清晰地看到一个或几个物体，但通常并非如此，实际目标是相当复杂的。

灯光有助于表达一种情感，或引导观众的眼睛到特定的位置。可以为场景提供更大的深度，展现丰富的层次。因此，在为场景创建灯光时，你可以自问，要表达什么基调、你所设置的灯光是否增进了故事的情节。

3．场景中的灯光特效

除了通常类型的灯光外，很多三维动画软件以白炽灯、立体光源和特殊材料属性的形式提供了许多特殊效果。虽然严格说来，一些并不属于灯的类型，在场景中，它们通常在可见光效果的外观上再添加进来。一个简单的例子是可见光源的闪耀或发光。由于这些效果在 3D 中不能自动产生，因此需要在渲染中专门把它们包括进来，并且考虑它们的外观和长处。

4．创作来源的资料

在创作逼真的场景时，应当养成从实际照片和电影中取材的习惯。好的参考资料可以提供一些线索，让你知道特定物体和环境在一天内不同时间或者在特定条件下看起来是怎样的。

通过认真分析一张照片中高光和阴影的位置，通常可以重新构造对图像起作用的光线的基本位置和强度。通过使用现有的原始资料来重建灯光布置，也可以学到很多知识。

在考虑了上面的问题后，现在应当为一个场景创建灯光了。虽然光源的数量、类型和它们单独的属性将因场景不同而异，但是，有三种基本类型的光源：关键光、补充光和背景光，它们在一起协调运作。

5．方法是否最有效

场景中的灯光与真正的灯光不同，它需要在渲染时间上多花功夫，灯光设置越复杂，渲染所花费的时间越多，灯光管理也会变得越难。你应当自问，每一种灯光对正在制作的外观是否十分必要。

当增加光源时，自然会减少反射点。在一些点，增加光源不会对场景的外观有所改善，并且将变得很难区分所增加光源的价值。你可以尝试独立察看每一个光源，来衡量它对场景的相对价值。如果对它的作用有所怀疑，就删除它。

6．物体是否需要从光源中排除

从一些光源中排除一个物体，在渲染的时候，便可以节约时间。这个原则对于制作阴影也是正确的。场景中的每一个光源都用来制作阴影，这种情况是很少见的。制作阴影可能是十分昂贵的，并且有时对最终图像是有害的。

8.1.2 典型照明技巧

在 3ds Max 中，灯光的设置可以说至关重要，它直接关系到最终作品的效果，同时也是一个难点。主灯光可以放置在场景中的任何地方，但实际应用中有几个经常放置主灯光的位置，而且每个位置都有其渲染物体的独特方式，下面来分别介绍。

1．前向照明

在摄像机旁边设置主灯光会得到前向照明，实际的灯光位置可能比摄像机的位置要高一些并且偏向一些。前向照明产生的是平面型图像和扁平的阴影，由于灯光均匀照射在物体上并且离摄像机很近，所以得到的是一个二维图形，前向照明会最小化对象的纹理和体积，使用前向照明不需要进行灯光建模。其布光方式和效果如图 8-1 所示。

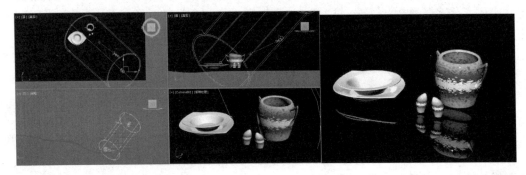

图 8-1　布光方式和渲染效果

2．后向照明

将主灯光放置在对象的后上方或正上方，强烈的高亮会勾勒出对象的轮廓，BACK 照明产生的对比度能创建出体积和深度，在视觉上将前景从背景中分离出来。同时经过背后照明的对象有一个大的、黑色的阴影区域，区域中又有一个小的、强烈的高亮，强烈的背光有时用于产生精神上的表现效果，随着发生过滤和漫射网的使用，物体周围的明亮效果更强了，这种技术因为其对形态的提取而常用来产生神秘和戏剧性的效果。图 8-2 所示的是利用这种方式布置的效果。

3．侧向照明

侧向照明是将主灯光沿对象侧面呈 90°放置，包括左侧放置和右侧放置，侧向照明强调的是对象的纹理和对象的形态，在侧向照明中，对象的某一侧被完全照射，而另一侧处于黑暗中。侧向照明属于高对比度的硬照明，最适合于宽脸或圆脸，因为光线使脸的宽度变小并不显示脸的圆形轮廓，主要用于产生内心的表现和影响，侧向照明也会导致相应变形，因为脸部不是严格对称的。图 8-3 所示的是侧向照明及其渲染效果。

图 8-2 后向布光的方式与效果

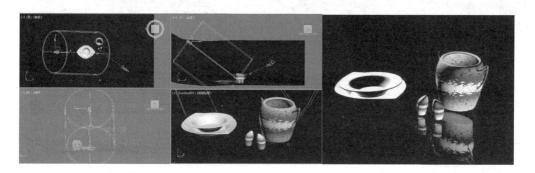

图 8-3 侧向照明与渲染效果

4. 伦布兰特照明

伦布兰特照明是将主灯光放置在摄像机的侧面，让主灯光照射物体，也叫 3/4 照明、1/4 照明或 45°照明。在伦布兰特照明中，主灯光的位置通常位于人物的侧上方 45°的位置，并按一定的角度对着物体，因此又叫高侧位照明，当主灯光位于侧上方时，伦布兰特照明模拟的是早上或下午后期的太阳位置，主灯光在这种位置是绘画和摄影中常用的典型位置，被照射后的物体呈三维形状并可以完全显现轮廓。图 8-4 所示的是伦布兰特照明方式以及渲染效果。

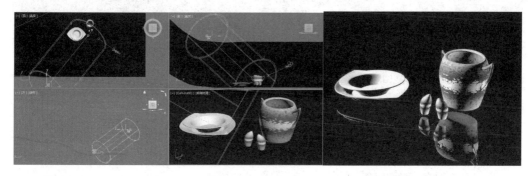

图 8-4 伦布兰特照明及渲染效果

5. 加宽照明

加宽照明是伦布兰特照明的变体，其变化包括位置的变化和照射出比 3/4 脸部更宽的区域，主灯光以和摄像机同样的方向照射物体。

6. 短缩照明

短缩照明是与加宽照明相对的照明方法，在这种照明中主灯光的位置是从较远处照射 3/4 部区域的侧面，因为照射的是一个狭窄的区域，所以叫缩短照明，使场景起来尖瘦，如图 8-5 所示。

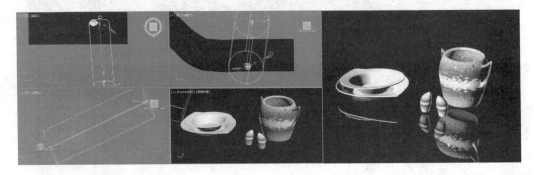

图 8-5　缩短照明及渲染效果

7. 顶部照明

在顶部照明中，主灯光位于对象的上方，也可以放置在侧上方，但是光的方向要通过顶部。顶部照明类似于中午的太阳，会在对象上形成深度阴影，同时被照射的侧面很光滑，如图 8-6 所示。

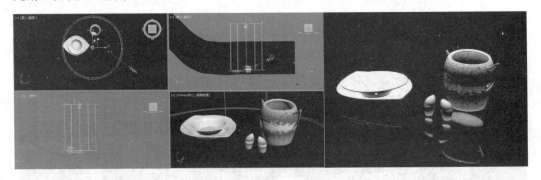

图 8-6　顶部照明及渲染效果

8. 下部照明

下部照明是将主灯光放置在对象的下方，一般向上指向物体以照明物体的下部区域，产生一种奇异的神秘的隐恶的感觉，如图 8-7 所示。

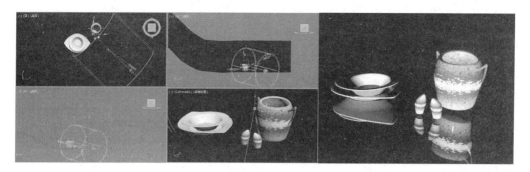

图 8-7 下部照明及渲染效果

9. KICKER 照明

KICKER 照明有两种主灯光放置位置，一种位于物体的上方，一种位于物体的后面，当这两个主灯光照到物体的侧面时，物体的正面处于阴影之中，然后该阴影区域再被反射光照亮，KICKER 照明用于创建物体的高度轮廓。

10. RIM 照明

RIM 照明设置主灯光于物体的后面并稍稍偏离物体一段距离以创建一种光线轻拂物体表面的特殊效果（如图 8-8 所示），主灯光来自物体的后面，创建的是一个显示物体轮廓的亮边，同时相对的处于阴影之中，RIM 照明通常将灯光放置在和物体相同的高度，并且设置其具有更强的亮度，RIM 照明用于强调对象的形状和轮廓的场合。

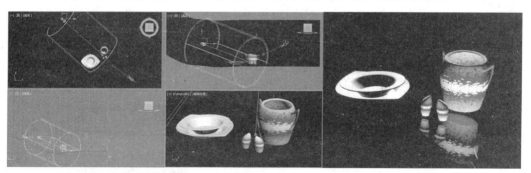

图 8-8 RIM 照明效果

注 意

在本节当中，仅仅向读者介绍了主光源的布置方法。在实际使用过程中，读者还需要按照不同的主光源布置方法添加辅光，这样才能使效果更加完美。

8.2 灯光

在 3ds Max 中有 8 种标准灯光，根据灯光的作用，可以使用不同的灯光来制作不同的光效，再配合上真实的阴影效果，就可以创作出比较好的作品。在本节当中，将介绍 3ds Max 中的灯光公用属性，它们是布置灯光的关键所在。

8.2.1 灯光的创建

要创建灯光，可以在【创建】面板中单击【灯光】按钮，切换到【灯光】面板，如图 8-9 所示。

然后，在对象类型中选择相应的灯光类型，单击即可将其激活，再在视图中拖动鼠标即可创建该灯光，如图 8-10 所示。

 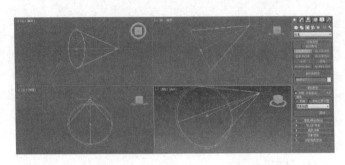

图 8-9 切换到【灯光】面板　　图 8-10 创建灯光

通过上述面板可以发现，标准灯光类型包含 8 种基本灯光类型。此外，3ds Max 还提供了另一种灯光，即光度学灯光。在【标准】下拉列表中选择【光度学】选项即可切换到该面板中。

8.2.2 常规参数

该参数卷展栏是灯光的基本卷展栏，它主要用于控制灯光的使用与禁用、更改灯光类型，以及是否启用阴影等，并在场景中控制灯光的照射等功能，图 8-11 所示的是【常规参数】卷展栏。

1．启用

启用该复选框后，系统使用该灯光着色和渲染以照亮当前场景。当场景中没有光源时，则系统会开启默认光源照明。另外，可以在其后方的下拉菜单中选择灯光的类型。

2．目标

启用或禁用目标点，当启用该复选框后，会自动生成目标点，用户可以移动或旋转该目标点以寻找被照亮物体。

图 8-11 【常规参数】卷展栏

3．启用（阴影）

开启或关闭阴影，启用了该复选框后，则灯光照在物体上会出现阴影。

4．使用全局设置

启用该复选框后，系统会使用该灯光投射阴影的全局设置。如果未选择使用全局设置，则必须选择渲染器使用哪种方法来生成特定灯光的阴影。

5．阴影贴图

在该列表中向用户提供了常用的几种灯光照射阴影方法，它们的名称以及性能如表8-1 所示。

表 8-1　贴图类型比较表

阴影类型	优　点	缺　点
阴影贴图	它可以产生柔和阴影。如果不存在对象动画，则只处理一次。它是最快的阴影渲染类型	占用的系统资源比较大
光线跟踪阴影	支持透明度和不透明度贴图。如果不存在动画对象，则只处理一次	比阴影贴图更慢
Mental Ray 阴影贴图	使用 Mental Ray 渲染器可能比光线跟踪阴影更快	没有光线跟踪阴影精确
高级光线跟踪	支持透明度和不透明度贴图；占用的系统资源比较少，并且支持区域阴影的不同格式	比阴影贴图更慢
区域阴影	支持透明度和不透明度贴图	渲染速度较慢

6．排除

用于设置灯光是否照射某个对象，或者是否使某个对象产生阴影，被排除的模型将不会受到该光照的影响，单击【排除】按钮，会弹出一个对话框，可以在该对话框中设置被排除的对象。

8.2.3　强度/颜色/衰减

在【强度/颜色/衰减】卷展栏中可以定义灯光的强度、颜色和衰减，这是一个重要的参数卷展栏，几乎所有创建的灯光类型，都需要通过该卷展栏来调整灯光的属性。该卷展栏的参数如图 8-12 所示。

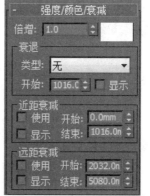

图 8-12　【强度/颜色/衰减】卷展栏

1．倍增

控制灯光的强度，值越大，灯光的强度就越高，被照面得到的光线就越多。当该值为负时会产生吸光的效果，单击右边的颜色块可以调整光线的颜色。

2．衰减

【衰减】是指随着距离的增加，光线逐渐减弱的一种方式。在【类型】下拉列表中有三个不同的选项：【无】、【倒数】和【平方反比】，其中后面两个参数的效果如图 8-13

所示。

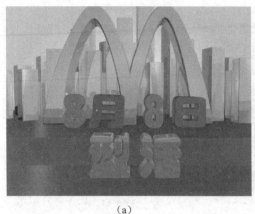

（a）　　　　　　　　　　　（b）

图 8-13　衰减效果对比

3. 近距/远距衰减

在灯光衰减时，近距物体曲面上的灯光可能过亮，或者远距物体曲面上的灯光可能过暗。如果在渲染中有这种效果时，调整【近距衰减】和【远距衰减】这两个区域的参数有助于纠正该问题。当在衰减类型中启用【无】选项时，也可以使用这里的参数调节衰减范围。

4. 开始

该参数用于设置阴影的距离，参数值越大，衰减的距离就越远，且不能设置为负数。

8.2.4　高级效果

【高级效果】卷展栏下的参数是对灯光的一些特殊控制，最常用的是【投影贴图】选项。主要参数含义如下，图 8-14 所示的是该参数卷展栏。

1. 漫反射

启用该复选框后，灯光将影响对象曲面的漫反射属性。禁用该复选框，灯光在漫反射曲面上没有效果。

2. 高光反射

图 8-14　【高级效果】卷展栏

启用该复选框后，灯光将影响对象曲面的高光属性。

3. 仅环境光

启用该复选框，灯光将只影响照明的环境光部分，它有助于对环境光更细致的控制。图 8-15 所示的是分别启用【漫反射】、【高光反射】和【仅环境光】选项所产生的不同灯光效果。

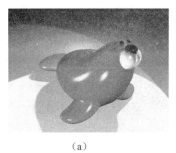  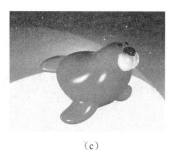

（a） （b） （c）

图 8-15 三种不同的效果

4. 投影贴图

启用【投影贴图】复选框后，单击后面的【无】按钮，在这里可以添加静止的图像，也可以添加动画，则可以反映到场景当中，如图 8-16 所示。

贴图文件

添加贴图

图 8-16 投影贴图效果

8.2.5 阴影参数

【阴影参数】卷展栏主要用于设置阴影的效果。启用【阴影参数】卷展栏中的【启用】复选框时，灯光将会投射出物体的阴影，此时通过设置【阴影参数】卷展栏中的参数，可以自由地控制阴影效果，图 8-17 所示的是【阴影参数】卷展栏。

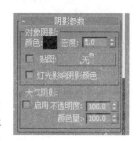

图 8-17 【阴影参数】卷展栏

1．颜色

【颜色】用于控制阴影的颜色，默认的颜色为黑色，可以通过单击其右侧的颜色块来自定义阴影的颜色，图 8-18 所示的是两种不同的颜色所设置出来的阴影效果。

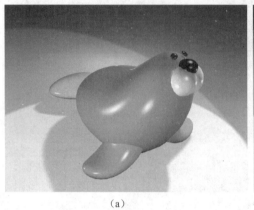 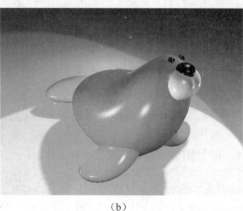

（a）　　　　　　　　　　　　　　　（b）

图 8-18　不同的阴影颜色

2．密度

用于控制阴影的密度。参数越大，阴影的密度就越大，但是相应的渲染时间就会增加。

3．贴图

确定是否使用贴图来表现阴影，并通过单击其右侧的按钮来选择和使用贴图，如图 8-19 所示的是添加贴图阴影前后的效果对比。

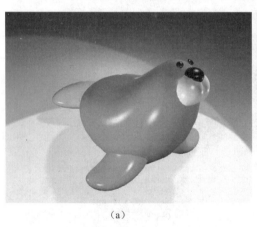 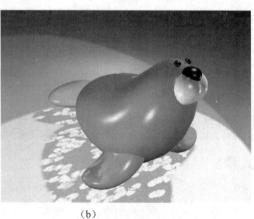

（a）　　　　　　　　　　　　　　　（b）

图 8-19　贴图效果对比

4．灯光影响阴影颜色

启用该选项，则阴影颜色将加入与灯光颜色混合的效果。

5. 启用大气阴影

确认是否使用大气阴影功能。如果启用该选项，则将使用大气阴影效果。在该区域当中，【不透明度】用于设置大气阴影的不透明度，该参数越大不透明度就越大。【颜色亮】可以调节大气颜色与阴影颜色的混合程度，默认值为100，参数越大混合程度就越高。

8.2.6 课堂实例1：三点照明

三点照明是一种常用的照明手段，它通常包括主光、辅光和背光。本节的练习不需要大家了解灯光参数的功能，在这里需要大家了解的是灯光的创建方法和三点照明的思路。

1 打开场景文件，这是一个默认的场景，此时场景中的照明是3ds Max提供的默认照明，如图8-20所示。

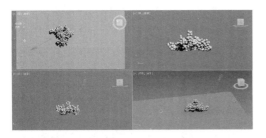

图 8-20 打开场景

2 为了能够和后面的布光效果产生对比，建议先渲染此时的默认效果，如图8-21所示。

图 8-21 默认照明效果

注 意

此时的效果看起来有点失真，显得苍白了一些。失真的主要原因是因为场景的明暗不太明显、整个场景的灯光太均匀导致的。另外，物体的阴影效果也没有表现出来，这也是影响效果的一个关键因素。

3 切换到【创建】面板，单击【泛光灯】按钮。然后，在视图中单击创建泛光灯，如图8-22所示。

图 8-22 创建目标聚光灯

4 分别在顶视图和前视图中调整泛光灯的位置，从而使其能够为场景提供照明，如图8-23所示。

图 8-23 移动灯光

5 调整完成后，快速渲染摄像机视图观察渲染效果，如图8-24所示。

6 在视图中选择泛光灯，切换到【修改】面板。在阴影选项区域中启用【启用】复选框，并将灯光的强度设置为0.3，如图8-25所示。

3ds Max 2016 中文版标准教程

🔘 图 8-24 渲染效果

🔘 图 8-25 修改灯光参数

7 快速渲染摄像机视图，观察此时的灯光效果，如图 8-26 所示。此时，整体物体的背面已经照亮。

🔘 图 8-26 照明效果

8 在【修改】面板中展开【阴影参数】卷展栏，将阴影颜色设置为 RGB（65，62，50），如图 8-27 所示。

🔘 图 8-27 修改阴影效果

9 快速渲染摄像机视图，观察此时的灯光效果，效果如图 8-28 所示。

🔘 图 8-28 渲染效果

10 此时，场景中有了一些细节，但是最好能在如图 8-29 所示的位置放置一盏泛光灯作为辅光源。

🔘 图 8-29 创建辅光

提　示

在布置灯光时，要考虑整体场景的效果，适当调整场景中灯光的高度，以及灯光的照射角度。

11 切换到【修改】面板。在阴影选项区域中启用【启用】复选框，并将灯光的强度设置为0.3，如图 8-30 所示。

🔘 图 8-30 调整辅光源的强度

12 快速渲染摄像机视图，观察此时的灯光效果，如图 8-31 所示。

13 可以看出正对着摄像机的葡萄比较暗，可以适当地调整辅光的位置，如图 8-32 所示。

14 再次渲染摄像机视图，观察此时的灯光效果，如图 8-33 所示。

15 使用泛光灯工具在如图 8-34 所示的位置创建一盏泛光灯，作为背光。

16 切换到【修改】面板。在阴影选项区域中启用【启用】复选框，并将灯光的强度设置为 0.25，如图 8-35 所示。

17 快速渲染摄像机视图，观察此时的灯光效果，如图 8-36 所示。

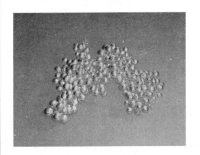

8.3 聚光灯

【聚光灯】是 3ds Max 中使用得最为频繁的灯光类型之一，聚光灯可谓神通广大、无所不能，经常被用作主光源，照亮特定的对象。因为其参数众多，可以方便地设置衰减等，聚光灯几乎可以模拟任何照明效果。3ds Max 中提供了两种聚光灯类型：目标聚光灯和自由聚光灯。

8.3.1 了解聚光灯特性

聚光灯一般被用作主灯使用，可以发出像手电筒一样的聚集的光束，用来照亮指定对象。在 3ds Max 2016 中聚光灯分为两种类型，一种是【目标聚光灯】，一种是【自由聚光灯】。照明效果如图 8-37 所示。

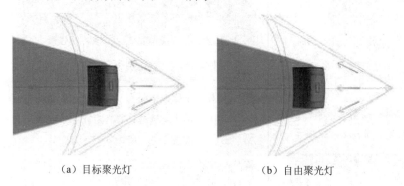

（a）目标聚光灯　　　　　　　　　　（b）自由聚光灯

◎ 图 8-37 目标聚光灯和自由聚光灯

【目标聚光灯】是以目标点为基准来聚集光束，目标点可以被自由移动去寻找被照射的目标对象；【自由聚光灯】具有目标聚光灯的所有性能，只是它没有目标点，只能通过旋转整体来对准被照射对象。如图 8-38 所示。

8.3.2 聚光灯参数

聚光灯的参数设置相对较多，除了【公用参数】卷展栏外，它还有自身的【聚光灯参数】卷展栏，如图 8-39 所示。

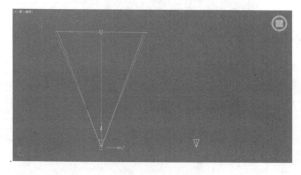

◎ 图 8-38 目标聚光灯和自由聚光灯

◎ 图 8-39 【聚光灯参数】卷展栏

下面介绍该卷展栏中各项参数的含义。

1. 显示光锥

启用【显示光锥】复选框，则聚光灯不被选择时也显示圆锥体。如果禁用了该选项，则不选择聚光灯时，不会显示灯光的光锥。

2．泛光化

选中该复选框之后，聚光灯会像泛光灯一样向周围投射光线，但物体的阴影只发生在其衰减圆锥体内。

3．聚光区/光束

【聚光区/光束】用于调整聚光灯圆锥体的角度，聚光区的值以度为单位进行测量，该参数用于定义整个照明中亮部的区域。

4．衰减区/区域

【衰减区/区域】选项用于调整灯光衰减区的角度，也就是说在这个区域中的灯光将会产生衰减效果，该数值越大衰减区域就越大。不同参数对比如图8-40所示。

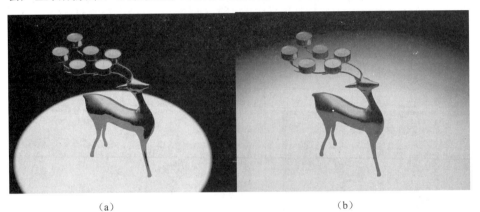

(a)　　　　　　　　　　　　　　(b)

图 8-40 衰减效果对比

5．圆和矩形

这两个参数用来确定聚光区和衰减区的形状，默认是圆形，如果想要一个矩形的光束，应选中【矩形】单选按钮，它们的效果对比如图8-41所示。

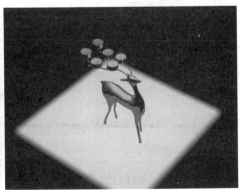

（a）圆形　　　　　　　　　　　　（b）矩形

图 8-41 灯光的照射形状

6. 纵横比

当选择【纵横比】单选按钮后，则该选项起作用。它决定聚光灯矩形框的长度和宽度的比例关系，默认值是1，则表示矩形的形状为正方形。

7. 位图拟合

如果灯光的投影纵横比为矩形，单击此按钮打开位图，则矩形的纵横比将和位图的长宽比相对应。当灯光用作投影灯时，该选项非常有用。

8.3.3 课堂实例2：白瓷花瓶

在这里向大家介绍一个关于成品展示的实例，在这个实例当中，为了突出花瓶的光泽以及突出其真实性，抛弃了利用默认灯光渲染的想法，而利用目标聚光灯作为整个场景中的光源，重新布置了灯光。

1　打开场景文件，这是一个默认的场景，此时场景中的照明是 3ds Max 提供的默认照明，如图 8-42 所示。

图 8-42 打开场景

2　为了能够和后面的布光效果产生对比，建议先渲染此时的默认效果，如图 8-43 所示。

图 8-43 默认照明效果

3　单击【创建】面板上的【灯光】按钮，单击【对象类型】卷展栏上的【目标聚光灯】按钮，在【前视图】中拖动鼠标，创建一个

目标聚光灯，如图 8-44 所示。

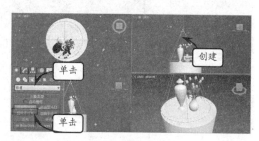

图 8-44 创建目标聚光灯

> **注 意**
>
> 此时的效果看起来有点失真，显得苍白了一些。失真的主要原因是因为场景的明暗不太明显，整个场景的灯光太均匀导致的。另外，物体的阴影效果也没有表现出来，这也是影响效果的一个关键因素。

4　选择整个灯光，在顶视图中调整它的位置，如图 8-45 所示。

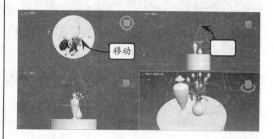

图 8-45 移动灯光

5 选择灯光的投射点，再次移动它的位置，如图 8-46 所示。

🔘 图 8-46 调整光源的照射角度

🔘 图 8-49 启用阴影

6 切换到【修改】面板，展开【强度/颜色/衰减】卷展栏，将【倍增】设置为 1.2，从而减弱灯光的强度，并设置倍增颜色为 RGB（250，223，196），如图 8-47 所示。

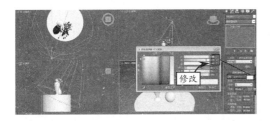

🔘 图 8-47 设置灯光强度

🔘 图 8-50 渲染效果

7 快速渲染摄像机视图，观察此时的灯光效果，如图 8-48 所示。此时，整体物体的背面已经照亮，因此我们通常将这类灯光称为背光。

10 可以观察到，现在的阴影过于浓重，可以切换到【修改】面板，设置【阴影参数】卷展栏中的【密度】为 0.8，如图 8-51 所示。

🔘 图 8-51 设置阴影密度

🔘 图 8-48 照明效果

8 现在，可以看到渲染的光熙效果有了，但是没有阴影，整个画面显得不真实，在【常规参数】卷展栏【阴影】选项中单击【启用】按钮，如图 8-49 所示。

9 快速渲染摄像机视图，观察此时的灯光效果，效果如图 8-50 所示。

提示

在布置灯光时，要考虑整体场景的效果，适当调整场景中灯光的高度，以及灯光的照射角度。

11 快速渲染摄像机视图，观察此时的灯光效果，渲染的效果如图 8-52 所示。

🔘 图 8-52 渲染效果

在 3ds Max 中，泛光灯为正八面体图标，向四周发散光线。标准的泛光灯用来照亮场景易于建立和调节，不用考虑是否有对象在范围外而被照射，而且泛光灯的参数与聚光灯参数大致相同，也可以投影图像。

8.4.1   认识泛光灯特性

泛光灯是一个向所有方向发射光线的点光源，它将照亮朝向它的所有面，如图 8-53 所示。当场景中没有灯光存在时，有两个默认的泛光灯被打开以提供场景中的整体照明，并且这两个泛光灯是不可见的，一旦创建了自己的灯光，这两个默认的灯光将被关闭。

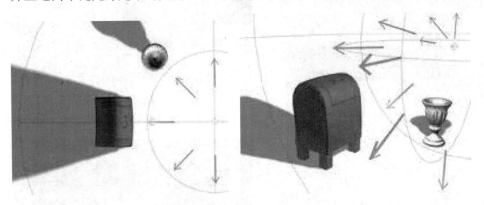

图 8-53 泛光灯光源的照射原理

在场景当中，泛光灯通常的作用是作为辅光。在远距离内使用不同颜色的低亮度的泛光灯是一种常用的手段，这种灯光类型可以将阴暗效果投射并混合在模型上。

实际上，泛光灯是一种比较简单的灯光类型，除了具有与其他标准灯光一样的参数外，并没有自己独立的属性（公用属性将在后面给出介绍）。

8.4.2   课堂实例 3：真实灯光

我们知道泛光灯是一个点光源，可以照射周围物体，没有特定的照射方向，只要不是被排除的物体都会被照亮。在三维场景中泛光灯多作为补光，用来填充场景中的照明，下面我们就来模拟泛光灯的照明。

1 打开场景文件，这是一个简单的封闭场景，在默认的灯光下，其效果如图 8-54 所示。

2 在【创建】面板上单击【灯光】按钮，单击【对象类型】卷展栏中的【泛光灯】按钮，在顶视图中创建三个泛光灯物体，位置如图 8-55 所示。

图 8-54 默认的场景照明

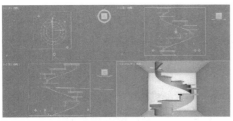

◎ 图 8-55 布置灯光

3 然后，分别选择不同位置的灯光，在【前】视图中调整它们的位置，如图 8-56 所示（其中小图表示的是【顶】视图）。

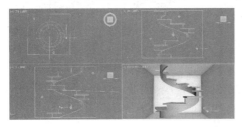

◎ 图 8-56 调整灯光位置

4 在【顶】视图中选择中间的灯光，切换到【修改】面板，并展开【强度/颜色/衰减】卷展栏，将【倍增】设置为 0.8，如图 8-57 所示。

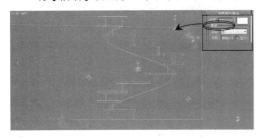

◎ 图 8-57 设置强度

5 单击【倍增】参数后面的色块，在打开的拾色器中将其颜色设置为 RGB（255，0，0），如图 8-58 所示。

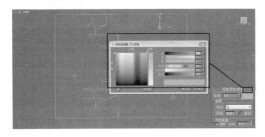

◎ 图 8-58 设置灯光颜色

6 在【常规参数】卷展栏中，启用【阴影】选项区域中的【启用】复选框，从而启用阴影照射功能，此时的效果如图 8-59 所示。

◎ 图 8-59 启用阴影

7 选择位于摄像机附近的灯光，在【强度/颜色/衰减】卷展栏中将【倍增】设置为 0.5，将其颜色设置为 RGB（181，89，224），如图 8-60 所示。

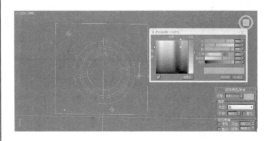

◎ 图 8-60 设置强度与颜色

8 设置完毕后，快速渲染摄像机视图，观察此时的效果，如图 8-61 所示。

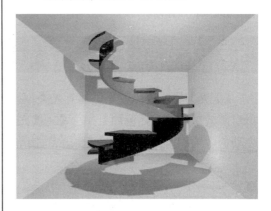

◎ 图 8-61 渲染效果

9 此时，第 2 个灯光将照射整个场景，为了使灯光照射区域化,需要调整灯光的照射范围。启用【强度/颜色/衰减】卷展栏中的【近距衰减】和【远距衰减】选项区域中的【使用】和【显示】复选框,如图 8-62 所示。

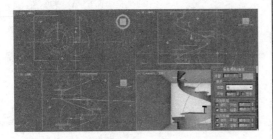

10 分别调整各个参数的大小,可以自定义灯光的照射范围,如图 8-63 所示。

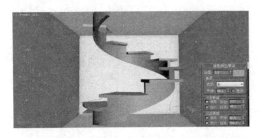

图 8-63 调整大小

11 设置完毕后,可以快速渲染摄像机视图,观察此时场景中的颜色变化,如图 8-64 所示。

12 选择距离摄像机最远的灯光,在【强度/颜色/衰减】卷展栏中将【倍增】设置为 0.8,如图 8-65 所示。

图 8-64 渲染效果

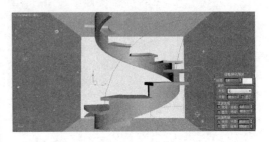

图 8-65 更改衰减参数

13 为了能够更加方便地观察效果,可以更改灯光的颜色,再查看渲染结果,如图 8-66 所示。

图 8-66 渲染效果

8.5 天光系统

【天光】是一种比较先进的灯光类型,它可以模拟日照效果。在 3ds Max 中有多种模拟日照效果的方法,但如果配合【光线跟踪】渲染方式的话,【天光】对象往往能产生最生动的效果。本节将介绍关于天光的使用方法,以及一些常用参数的功能。

8.5.1 认识天光

天光主要用于模拟真实世界中的场景环境日光效果,在场景中添加一盏天光,不论天光在什么位置,它总是可以将视图笼罩在天光之中,如图 8-67 所示。同时也可以为其设置颜色和贴图来丰富天光的效果。

在场景中创建天光后，进入其修改面板，可以发现天光和聚光灯以及平行光一样，有可以控制自身属性的【天光参数】面板，但是天光并没有和其他灯光同样的属性参数，如图 8-68 所示。下面介绍【天光参数】面板中的各选项。

图 8-67 天光效果

图 8-68 【天光参数】面板

1. 启用

启用和禁用灯光。当该复选框处于启用状态时，使用灯光着色和渲染以照亮场景。当该选项处于禁用状态时，进行着色或渲染时不使用该灯光。默认设置为启用。

2. 倍增

设置灯光的强度。例如，如果将倍增设置为 4，灯光将亮两倍。默认设置为 1.0。使用该参数增加强度可以使颜色看起来有"曝光"的效果，如图 8-69 所示。

（a）   （b）

图 8-69 倍增效果对比

3. 天空颜色

该选项区域用来控制天光的颜色，可以利用拾色器定义一种天空的颜色，如果启用其中的贴图选项，则可以单击 None 按钮选择一幅贴图作为天空颜色。

4．投射阴影

启用该复选框后，场景中会出现阴影效果，关闭该复选框时，场景中将不会出现阴影效果，效果对比如图 8-70 所示。

（a）

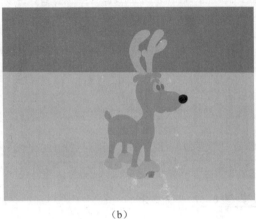
（b）

图 8-70　投射阴影效果对比

5．每采样光线数

该选项用于计算落在场景中指定点上天光的光线数。对于动画，应将该选项设置为较高的值以消除闪烁。

6．光线偏移

对象可以在场景中指定点上投射阴影的最短距离。将该值设置为 0 可以使该点在自身上投射阴影，并且将该值设置为大的值可以防止点附近的对象在该点上投射阴影，效果对比如图 8-71 所示。

（a）

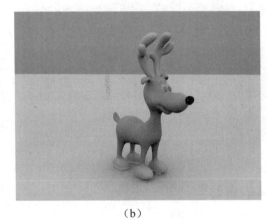
（b）

图 8-71　不同的阴影效果

8.5.2 课堂实例 4：卡通宠物

天光是用来模拟全局照明的一种光源，能够表现比较柔和自然的照明效果。使用天光必须配合 Raytracer 一起使用才能达到最佳效果，它的计算速度也相对较慢。天光只有一个卷展栏，参数设置比较简单。下面我们在案例中学习它的用法。

1 打开场景文件，这是一个简单的场景，由一个卡通宠物模型和一个地板组成，如图 8-72 所示。

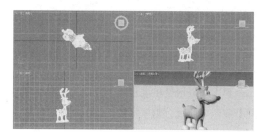

图 8-72 启用光线追踪

2 选择【渲染】|【渲染设置】，在弹出的【渲染设置：默认扫描线渲染器】对话框中，选择【高级照明】选项卡，在【选择高级照明】选项的下拉列表中单击【光线跟踪】命令。确保面板中的【活动】复选框被启用，如图 8-73 所示。

图 8-73 启用光线跟踪

3 在【创建】面板中单击【灯光】按钮，单击【光度学】选项的下拉按钮，选择【标准】按钮，在出现的【对象类型】卷展栏中单击【天光】按钮，在视图中的任意位置创建一盏天光，如图 8-74 所示。

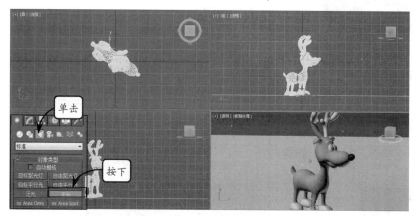

图 8-74 创建天光

4 切换到【修改】面板，在【天光参数】卷展栏中单击【启用】，将【倍增】设置为 2.5，快速渲染摄像机视图，观察此时的效果，如图 8-75 所示。

5 在【天光参数】卷展栏中启用【使用场景环境】单选按钮，选中该单选按钮表示天光的颜色将与环境光的颜色相匹配，如图 8-76 所示。

图 8-75 渲染效果

图 8-76 使用场景环境

6 按键盘上的数字键 8 打开【环境和效果】设置面板。单击【环境贴图】下面的【无】按钮，在打开的对话框中选择【位图】选项，将图片文件导入进来作为整个场景的环境，将环境图片拖曳到材质编辑器中的一个空白材质球中，在【坐标】卷展栏中【贴图】选项的下拉列表中单击【屏幕】选项，如图 8-77 所示。

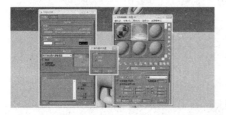

图 8-77 环境效果

7 再次快速渲染摄像机视图，观察此时的效果，如图 8-78 所示。

图 8-78 渲染效果

8 在图 8-78 中可以看到，场景中已经使用了天空的颜色，紫色的地面也成了天空的颜色。接下来在【修改】面板中选中【天空颜色】单选按钮，并设置颜色为 RGB（208，232，255），如图 8-79 所示。

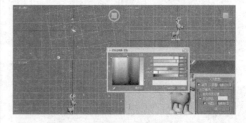

图 8-79 设置天空颜色

9 再次渲染摄像机视图观看效果，如图 8-80 所示。此时，物体将被淡蓝色的光所照亮。

图 8-80 渲染效果

技 巧

此时，场景虽然已经被照亮，但是天空环境和场景环境的颜色产生了很大的差别，这样容易造成失真，为此在实际制作过程中应当注意天空光和环境光颜色一致或者相近。

10 在【天光参数】卷展栏中，将【天光颜色】设置为 RGB（255，241，223），快速渲染摄像机视图观察此时的效果，如图 8-81 所示。

图 8-81 更改颜色后的效果

8.6 摄像机

在真实世界中，摄像机无处不在，我们从电视中看到的大多数画面都是摄像机所拍摄的，在 3ds Max 2016 中，可以使用摄像机来观察场景和拍摄场景，创建一个场景之后，可以使用多个视图观察场景。从场景中看到的视图就是摄像机视图，在一个场景中可以包含多个摄像机和视图。本节将向用户介绍摄像机的创建方法以及它的原理等内容。

8.6.1 了解摄像机的特性

在真实世界中，摄像机使用镜头将场景反射的灯光聚焦到具有灯光敏感性曲面的焦点平面，从而形成影像，图 8-82 展示了在成像过程中的两个参数，下面将介绍它们的具体含义。

1. 焦距

焦距是指焦平面与镜头之间的距离，它主要用于影响出现在画面中的区域大小。一般情况下，焦距越小，画面中包含的场景越多；焦距越大，画面中包含的场景越少，但被包含的物体的细节将会越清晰。

在现实世界中，焦距通常是以 mm 来衡量的，标注摄像机镜头的角度为 50mm。如果焦距大于该值，则被称为长焦或远焦镜头；如果小于该数值，则被称为短焦或广角镜头。

2. 视野

视野（Fov）用于控制可见场景的数量。它以水平线度数进行测量，并且与镜头的焦距直接相关。例如，50mm 的镜头显示水平线为 46°。

3. 透视与 Fov 的关系

短焦距强调透视的扭曲，使对象朝向观察者看起来更深、更模糊。长焦距减少了透视扭曲，使对象压平或与观察者平行。如图 8-83 所示的效果向大家展示了它们的关系。

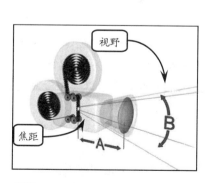

图 8-82 成像要素

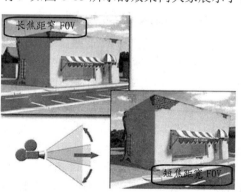

图 8-83 透视与 Fov 的关系

8.6.2　摄像机类型

在 3ds Max 2016 中，摄像机可以被分为两种，一种是目标摄像机，另一种是自由摄像机。其中，目标摄像机带有目标点，是我们常用的一种类型；自由摄像机没有目标点，常用于制作动画。本节主要介绍这两种摄像机的创建方法。

1．目标摄像机

目标摄像机可以围绕摄像机的目标物体观察场景，在摄像机目标始终不动时最适合使用目标摄像机，例如一些静态的画面等。不过，它可以用于创建动画，例如让摄像机以及它的目标物体沿着一条路径运动等，图 8-84 所示的是该摄像机的形状。

2．自由摄像机

自由摄像机可以直接观看摄像机所瞄准的方向，与目标摄像机不同的是，它没有基于目标的物体，场景中自由摄像机只显示为一个单独的图标，这对于制作摄像机动画非常方便，图 8-85 所示的是自由摄像机的图标。

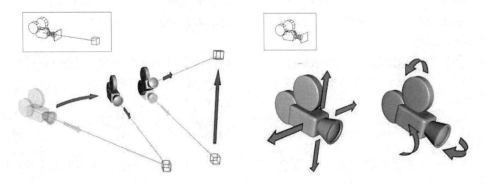

○ 图 8-84　目标摄像机　　　　　　　　　　○ 图 8-85　自由摄像机图标

自由摄像机的创建方法比较简单，用户只需在视图中选择一个合适的角度，单击即可放置一个摄像机。然后，再按照调整目标摄像机的方法设置其参数，即可完成操作。

8.6.3　摄像机基本参数设置

在 3ds Max 2016 中，目标摄像机与自由摄像机的参数设置面板相同，如图 8-86 所示。创建摄像机的方法是：在【创建】命令面板中单击【摄像机】按钮，打开【对象类型】卷展栏，然后选择适当的摄像机类型，并在场景中创建摄像机。本节以目标摄像机的参数面板为例，介绍这些参数的具体含义。

1．镜头

摄像机镜头口径的大小，相当于摄像机的焦距，调节它时【视野】也同时发生变化，【镜头】微调框的值越大，【视野】值越小，如图 8-87 所示。另外，如果用户启用了【正交投影】复选框，摄像机将忽略模型间的距离而不产生透视。

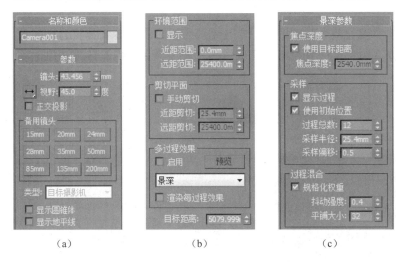

(a)   (b)   (c)

◯ 图 8-86 参数设置面板

(a)   (b)   (c)

◯ 图 8-87 摄像机焦距的变化

2. 类型

用于设置摄像机的类型。在该下拉列表中，用户可以在两种摄像机之间任意切换。

3. 显示地平线

启用【显示地平线】复选框后，在摄像机视图中将出现一条水平黑线，用来代表地平线，利用它可以辅助定位摄像机的位置，在一些大型场景的制作中经常用到，如图 8-88 所示。

提 示

当用户启用了【显示地平线】复选框后，不是从每一个视图中都能看到地平线的。它只有在摄像机视图中才能显示出来。

4. 环境范围

【环境范围】选项用于显示摄像机的取景范围，以便更好地调整摄像机的角度。

5．剪切平面

在摄像机的取景范围内设置两个假想的平面，在这两个平面之间的物体将会被摄像机拍摄到，当物体刚好被这两个平面穿过时，在摄像机视图内就会出现物体被切割的现象，如图 8-89 所示。

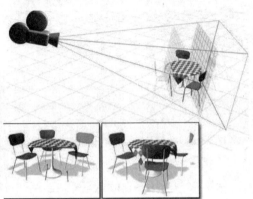

图 8-88 显示地平线

图 8-89 剪切效果

6．景深参数

如果启用了【多过程效果】选项区域下的【启用】复选框，则可以在其下面的下拉列表框中选择【景深】选项。选择该选项后，就可以在摄像机视图中预览景深或运动模糊的效果。

在这里只介绍了摄像机中的常用参数，即【景深参数】卷展栏中的参数。读者可以利用课余时间上网查阅资料，了解其他卷展栏中的参数含义。

8.6.4 课堂实例 5：走进卧室

在本实例中，我们来为一座房子布置灯光与摄像机，大家都知道房子一般是由一盏聚光灯自上而下地照亮的，所以聚光灯就是主光源，具体的参数设置是根据场景的需要而设定的，并没有绝对的数值，这就需要大家根据自己的理解来控制布光的位置和参数了。本实例主要是让读者了解利用摄像机制作漫游动画的一般方法。最终效果如图 8-90 所示

1. 打开场景文件，这是一个典型的卧室场景，如图 8-90 所示。

2. 关闭上述窗口。切换到【创建】面板，选择【灯光】选项中的【标准】，单击【对象类型】卷展栏中的【天光】按钮，在场景的任意视图中创建一盏天光，如图 8-91 所示。

3. 切换到【摄像机】面板，单击对象类型卷展栏中的【自由】按钮，在前视图中创建自由

摄像机，如图 8-92 所示。

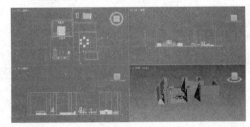

图 8-90 场景文件

图 8-91 创建摄像机

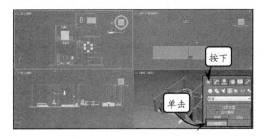

图 8-92 创建天光

4 确认摄像机处于选中状态,在顶视图中调整摄像机的位置,使其放置到曲线的一端,这样可以定义漫游的起始位置,如图 8-93 所示。

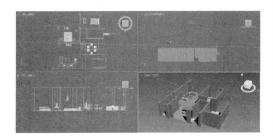

图 8-93 调整位置

5 切换到【修改】面板,在【参数】卷展栏中调整摄像机的视图参数,如图 8-94 所示。

图 8-94 修改视图

6 在视图中选择摄像机,选择【动画】|【约

束】|【路径约束】命令,在视图中选择样条线,从而将它们绑定到一起。此时摄像机已经自动移动到了曲线的开始端,如图 8-95 所示。

图 8-95 添加路径

7 切换到【修改】面板,展开【路径参数】卷展栏,启用【跟随】复选框,在【轴】选项区域启用【翻转】命令,使其沿着指定路径前进,如图 8-96 所示。

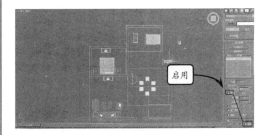

图 8-96 设置运动参数

8 接下来需要做的是调整路径的位置。因为路径不正确可能会导致摄像机"撞墙"的问题,如图 8-97 所示。

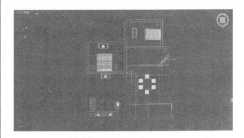

图 8-97 修改路径

9 切换到摄像机视图,按 Shift+Q 快捷键快速渲染,观察此时的效果,如图 8-98 所示。

10 此时的场景看起来过暗,这是采用默认灯光所渲染的效果,为此需要适当布置灯光。按快捷键 F10 打开【渲染设置：默认扫描线渲染器】窗口，切换到【高级照明】选项卡，在【选择高级照明】选项的下拉列表中选择【光跟踪器】选项，从而启用光线跟踪，如图 8-99 所示。

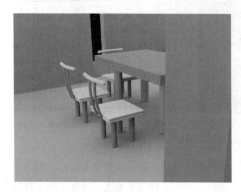

图 8-98 渲染效果

图 8-99 启用光线跟踪

11 快速渲染摄像机视图，观察此时的效果，如图 8-100 所示。

图 8-100 渲染效果

12 在【灯光】选项中单击【目标聚光灯】按钮，在【顶】视图中拖动鼠标创建一盏目标聚光灯，如图 8-101 所示。

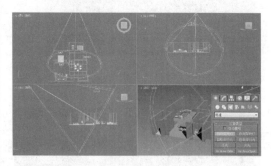

图 8-101 创建目标聚光灯

13 快速渲染摄像机视图，观察此时的场景效果，如图 8-102 所示。

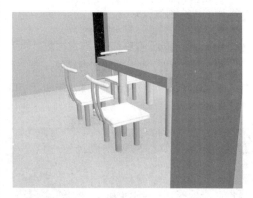

图 8-102 照明效果

14 切换到【修改】面板，启用【常规参数】卷展栏中的【阴影】选项，单击【启用】复选框，使灯光产生阴影效果，如图 8-103 所示。

图 8-103 产生阴影

15 展开【阴影参数】卷展栏，单击【颜色】右侧的颜色块，将颜色修改为 RGB（80，80，80），渲染效果如图 8-104 所示。

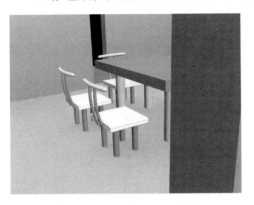

图 8-104 修改后的阴影颜色

16 到这里，关于摄像机漫游的动画就完成了，读者可以拖动时间滑块观察此时的效果。如图 8-105 所示的是拖动时间滑块看到的渲染的效果。

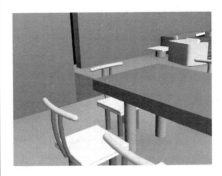

图 8-105 效果

8.7 思考与练习

一、填空题

1．场景灯光通常分为三种类型：自然光、人工光以及_____。

2．_____是伦布兰特照明的变体，其变化包括位置的变化和照射出比 3/4 脸部更宽的区域，主光以和摄像机同样的方向照射物体。

3．在【常用参数】卷展栏中，开启或关闭_____，启用了该复选框后，则灯光照在物体上会出现阴影。

4．在 3ds Max 2016 中聚光灯分为两种类型，一种是【目标聚光灯】，一种是_____。

5．_____是一个点光源，可以照射周围物体，没有特定的照射方向，只要不是被排除的物体都会被照亮。

二、选择题

1．在【常用参数】卷展栏中启用_____复选框后，系统会使用该灯光投射阴影的全局设置。如果未选择使用全局设置，则必须选择渲染器使用_____方法来生成特定灯光的阴影。

A．使用全局设置

B．阴影贴图

C．排除

D．阴影贴图

2．在【强度/颜色/衰减】卷展栏中，_____的作用是控制灯光的强度，值越大，灯光的强度就越高，被照面得到的光线就越多。当该值为负时会产生吸光的效果，单击右边的颜色块可以调整光线的颜色。

A．倍增

B．衰减

C．排除

D．近距/远距衰减

3．在【聚光灯参数】卷展栏中，_____用于调整聚光灯圆锥体的角度，聚光区的值以度为单位进行测量，该参数用于定义整个照明中亮部的区域。

A．泛光化

B．聚光区/光束

C．衰减区/区域

D．圆和矩形

4．在【天光参数】卷展栏中，_____

是区域用来控制天光的颜色的选项，可以利用拾色器定义一种天空的颜色，如果启用其中的贴图选项，则可以单击 None 按钮选择一幅贴图作为天空颜色。

    A．天空颜色

    B．投射阴影

    C．每采样光线数

    D．光线偏移

5．在摄像机基本参数设置卷展栏中，_____是摄像机镜头口径的大小，相当于摄像机的焦距，调节它时【视野】也同时发生变化，【镜头】微调框的值越大【视野】值越小。

    A．镜头

    B．类型

    C．显示地平线

    D．环境范围

三、问答题

1．说明泛光灯的应用。

2．如何保存和调出摄像机视图？

3．试着阐述如何制作景深效果。

四、上机练习

1．灯光表现质感

在前面的讲解中，介绍了灯光和摄像机的使用方法，本练习中，要求读者使用前面所学过的技巧渲染一个逼真的场景，需要注意的是灯光的位置和光照强度，以及景深的深度，如图 8-106 所示。

图 8-106　场景渲染

2．物体阴影表现

本练习要求读者为玻璃材质物体制作逼真的阴影，在此读者需要使用聚光灯，调整其参数值来为场景设置逼真的光影，需要注意的是灯光的外置和参数，以及材质的设置，效果如图 8-107 所示。

图 8-107　逼真的阴影

第 9 章

粒子系统

3ds Max 粒子系统是一种粒子的集合，它通过指定发射源在发射粒子流的同时创建各种动画效果。其功能众多，可以制作数不胜数的粒子特效，是特技制作必不可少的工具，在影视片头动画、广告，以及影视特技中均得到了大量的应用。

本章主要介绍了粒子的应用和喷射、超级喷射、雪、粒子阵列、粒子流等几种常用的粒子动画，用来提高读者对于粒子的驾驭能力，本章中的所有实例都将针对不同的粒子对象而展开讲解。通过本篇的实际操作，能够使读者对粒子有一个全新的认识，同时还能够使读者学习一些特效制作的思路。

9.1 粒子概述

粒子系统实际就是指离子的集合。通过该系统中的不同粒子物体指定发射源和发射粒子的方式。在 3ds Max 中，粒子系统是一个对象，而发射的粒子则是子对象，可以设置粒子系统的属性，从而控制每个粒子行为。粒子动画在影视、游戏、栏目包装等领域中占有举足轻重的地位，本节主要介绍粒子的主要应用领域。

1. 电影

在一些电影、电视的场景中，由于某些片断的制作耗资很大，并且实现的难度较大，此时就可以利用粒子来模拟真实的环境，例如《龙帝之墓》、《功夫熊猫》等都使用到这种手法。通过在场景中使用粒子，可以表现出很多情节，例如如梦如幻的花雨可以表现两个人爱情的纯真、宏大的爆炸场景可以使争斗显得更加激烈、密集的箭雨或者蓬蓬的大雪可以表现出主人公的处境等。图 9-1 所示的是电影《冰雪奇缘》中的粒子阵列效果。

2. 游戏场景

在一些大型游戏中，尤其是三维游戏中，粒子是少不了的，例如魔兽世界、星际争霸等场景中，就大量地利用了粒子，在游戏当中它主要用来模拟天气、人物技能、环境等因素。图 9-2 所示的是《自由空间 2》中的一个粒子特效，在这个画面中可以观察到雪花飘落的效果。

 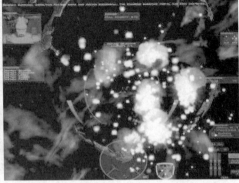

图 9-1　电影场景　　　　　　　　　　　　图 9-2　游戏场景中的粒子

3．影视栏目包装

在快节奏的现代生活中，影视栏目包装也成为影视发展的先锋部队，它直接影响着电视的收视率以及人们对栏目的关注程度，如图 9-3 所示。

4．片头广告

片头广告也是粒子系统的一个重要应用领域，在电视上随处可见，例如沿路径流动的水、挥舞的星星、美丽的夜空等。图 9-4 所示的就是利用粒子模拟的文字破碎的效果。

图 9-3　影视中的粒子　　　　　　　　　　图 9-4　文字破碎效果

5．注意事项

在使用粒子系统制作特效时，需要注意以下几点。

（1）制作前必须充分考虑好粒子出现的时间、形状、所表达的含义等。这一点是非常重要的，它将直接影响影片最后的效果。

（2）粒子必须与环境符合，例如粒子的材质、特效的使用等。

（3）如果要创建出真实的粒子特效，必须与 3ds Max 的其他物体相结合，例如空间扭曲物体等。

（4）要有选择地使用粒子物体。不同的粒子的应用领域会有一定的差异，需要根据自己所要设置的特效挑选合适的粒子系统。

（5）在制作粒子时需要考虑计算机的承受能力，避免因为粒子太多而导致系统崩溃或死机。

9.2 粒子流

粒子流是 3ds Max 的一个全新的事件驱动型粒子系统，用于创建各种复杂的粒子动画。它可以自定义粒子的行为、测试粒子的属性，并根据测试结果将其发送给不同的事件。无论是天空中的雨、雪，还是群鸟飞翔、鱼群跳跃、粒子变物等，只要是你能想得到的，粒子都可以胜任。本节将介绍粒子流的应用。

9.2.1 全新的粒子概念

【粒子流源】系统中的每个粒子是通过【出生】操作符"出生"的。出生后，粒子可以固定地保留在发射点，也可以按两种不同的方式开始运动。图 9-5 形象地说明了粒子的运动。

在图 9-5 当中，图 9-5（a）表示的是刚创建的粒子，无速度；图 9-5（b）表示的是 Speed 操作符设置运动中的粒子；图 9-5（c）表示的是粒子继续移动，直到另一动作对其进行操作。

（a）　　　　（b）　　　　（c）

图 9-5 粒子出生原理

在粒子驻留于事件期间，【粒子源】会完全计算每个事件的动作，每积分步长进行一次计算，并对粒子进行全部适用的更改。如果事件包含测试，则【粒子源】确定测试参数的粒子测试是否为"真"，例如，是否与场景中的对象碰撞。如果为真，并且此测试与另一事件关联，则【粒子源流】将该粒子发送到下一事件；如果不为真，则此粒子保留在当前事件中，并且其操作符和测试可能会进一步对其进行操作。因此，某一时间内每个粒子只存在于一个事件中。

在整个事件当中，动作可以更改粒子的属性，例如形状、粒子自旋或者繁殖粒子等，如图 9-6 所示。

动作还可以将力施加到物体上，例如指定碰撞、更改粒子物体表面属

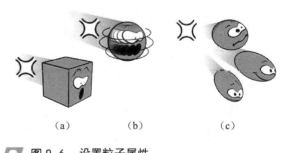

（a）　　　　（b）　　　　（c）

图 9-6 设置粒子属性

性等，如图 9-7 所示。

当然，粒子流的功能并不是这么简单的，在接下来的讲解中将介绍 PF Source 各个部分的功能以及整体操作环境。

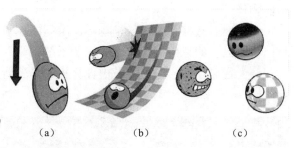

📎 **图 9-7** 驱动粒子

9.2.2　设置粒子环境

【粒子视图】构建和修改粒子流系统的主要环境，如图 9-8 所示。该系统中的第一个事件始终是全局事件，其内容影响系统中的所有粒子。它与【粒子源流】图标拥有相同的名称。默认情况下，全局事件包含一个【渲染】操作符，该操作符指定系统中所有粒子的渲染属性。可以在此添加其他操作符，如材质、显示和速度，并让它们可以全局使用。

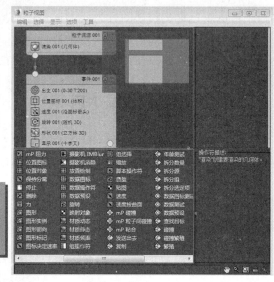

📎 **图 9-8** 粒子视图

> **提　示**
>
> 可以在创建了粒子流发射器后，按键盘上的数字键 6 打开粒子视图，也可以在创建粒子流发射器后，单击参数卷展栏中的【粒子视图】按钮。

第二个事件又称为生成事件，因为它必须包含【出生】操作符。【出生】操作符应位于出生事件的顶部，并且不应出现在其他位置。默认的出生事件还包含许多操作符，它们局部操作以指定粒子在此事件中的属性。图 9-9 所示的是 Particle View 的环境。

> **提　示**
>
> 默认的粒子系统提供了基本的全局事件和出生事件，这些事件可作为创建粒子流系统的起始点。当然，也可以使用空系统，从头开始构建粒子系统。

正是由于这些初始设置，才导致了粒子流灵活多变，成为最为流行的粒子系统。实际上，创建粒子流就类似于程序员编写程序，通过将一段一段的小程序构建到一起，来影响粒子的运动、属性的改变以及测试粒子与场景中的相互作用，并使它们在不同的时刻决定进入一个新的状态或者开始一个新的行为。

1．操作符

操作符是粒子系统的基本元素，用于描述粒子速度和方向、形状、外观以及其他。操作符驻留在粒子视图仓库内的两个组中，并按字母顺序显示在每个组中。每个操作符的图标都有一个蓝色背景，但【出生】操作符例外，它具有绿色背景。

1）出生

该操作符可以指定粒子的总数或每秒出生粒子的速率，也可以通知系统何时开始发射粒子以及何时停止。

2）形状

利用该操作符，可以使用一个或多个空间扭曲来影响粒子运动。将该操作符与各种力一起使用，可以模拟风、重力等效果。

3）位置图标

控制发射器上粒子的初始位移。可以设置发射器从其曲面、体积、边、顶点、轴或子对象选择发射粒子，还可以使用对象的材质来控制粒子发射。

4）旋转

该操作符可以设置事件期间的粒子方向及其动画，并且可选设置粒子方向的随机变化。可以按照五种不同的矩阵应用方向，其中有两个是随机的，三个是明确的。对于部分选项，可以设置指定方向上的随机变化程度或者分散度。

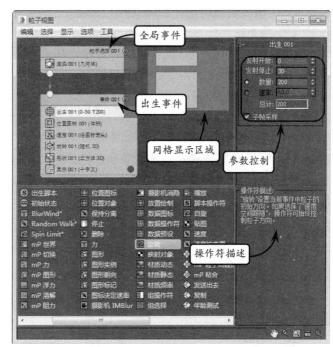

图 9-9　环境简介

5）速度

在创建新【粒子源流】粒子图标时出现在第一个事件中。它提供了对粒子速度和方向的基本控制。

6）显示

设置粒子在视图中的显示方式。默认显示模式是十字叉，这种模式最简单，因此显示速度也最快。另外，该操作符还提供多种简单图形，这些图形在测试动画时能提供快速的反馈，便于在不同的事件中的粒子之间进行区分。

7）渲染

渲染操作符提供渲染粒子的有关控制。可以指定渲染粒子所采用的形式以及出于渲染目的将粒子转换为单个网格对象的方式。

2. 测试

【粒子源流】粒子系统中的测试的基本功能是确定粒子是否满足一个或多个条件，如果满足，使粒子可以发送给另一个事件。粒子通过测试时，称为【测试为真值】。要将有资格的粒子发送给另一个事件，必须将测试与相应事件关联。未通过测试的粒子保留在该事件中，反复受其操作符和测试的影响。如果测试未与另一个事件关联，所有粒子均将保留在该事件中。可以在一个事件中使用多个测试，第一个测试检查事件中的所有粒子，第一个测试之后的每个测试只检查保留在该事件中的粒子。所有测试图标均包含电气开关简图的黄色菱形，如图9-10所示。

1）年龄测试

通过年龄测试，粒子系统可以检查开始动画后是否已过了指定时间，或某个粒子在当前事件中已存在多长时间，并相应导向不同分支。

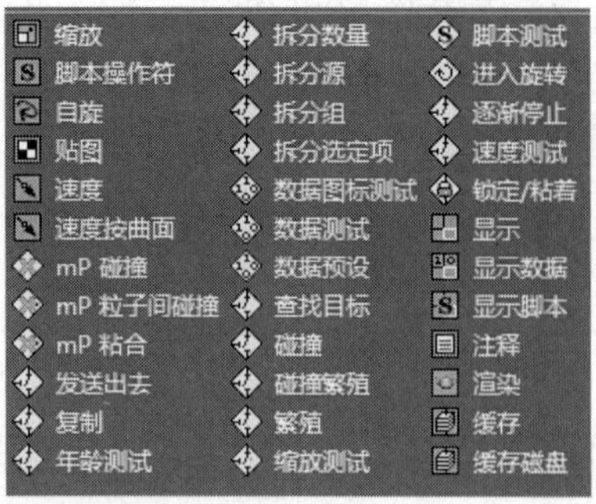

2）碰撞测试

与一个或多个指定的导向板空间扭曲碰撞的粒子的碰撞测试。还可以测试在一次或多次碰撞后，粒子速度减慢还是加快，粒子是否已碰撞多次，甚至粒子是否在指定的帧数后将与某个导向板碰撞。

3）碰撞繁殖

该测试使用与一个或多个导向板空间扭曲碰撞现有粒子以创建新粒子。可以为碰撞的粒子及其子粒子指定不同的碰撞后行为。

4）缩放测试

通过该测试，粒子系统可以检查粒子的缩放或缩放前后的粒子大小以及相应分量。

5）发送出去

简单地将所有粒子发送给下一个事件，或者将所有粒子保留在当前事件中。如果只希望将粒子无条件地发送给另一个事件，则使用【发出】测试。

6）速度测试

通过【速度测试】测试符，粒子系统可以检查粒子速度、加速度或圆周运动的速率以及相应分量。

7）拆分数量

通过【拆分数量】测试，可以将特定数目的粒子发送给下一个事件，将所有剩余的粒子保留在当前事件中。

图 9-10 测试类型

3. 流

流在仓库中包含三种类型，分别是【空流】、【标准流】和【一键式流】，每个操作符的图标都有一个白色背景。

1）空流

提供粒子系统的起始点，该粒子系统由包含渲染操作符的单个全局事件组成。这样可以完全重新构建一个系统，而不必首先删除由标准系统提供的默认操作符。

2）标准流

提供由包含渲染操作符的全局事件组成的粒子系统的起始点，其中的全局事件与包含产生、位置、速度、旋转、形状以及显示操作符的出生事件相关联。

3）一键式流

创建一个有一组默认操作符的新粒子系统发射器，以播放ICE生成的缓存。

限于篇幅这里就不再多介绍了，在后面的课堂练习中我们将学习它的创建及编辑方法。

9.2.3 喷射

喷射是比较简单的粒子类型，可以模拟简单的水滴下落效果，如下雨、喷泉等。它的创建方法也比较简单，只需在【创建】面板中单击【几何体】按钮，并在【标准几何体】下拉列表中选择【粒子系统】选项即可，如图 9-11 所示。

然后单击【对象类型】卷展栏中的【喷射】按钮，在视图中拖动鼠标即可创建粒子发射器，此时关于该粒子的参数设置也将显示出来，如图 9-12 所示。

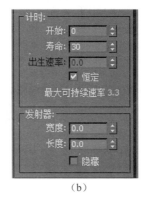

（a）　　　　　　　　　　（b）

图 9-11　激活粒子系统　　　图 9-12　喷射参数面板

1．视口计数

设置粒子在视图中的显示数量。

2．渲染计数

设置最终渲染粒子的数量，通常将 Viewport Count 的值设置得小一些以加快显示速度。

3．水滴大小

该选项用来设置粒子的大小，数值越大，则粒子就越大。

4．速度/变化

【速度】用于设置发射器发射粒子的快慢，【变化】设置粒子发射出来时的混乱程度。

5．水滴、圆点和十字叉

这三个单选按钮用于设置粒子在视图中的显示方式，如图 9-13 所示，和最终的渲染没有关系。

6．四面体/面

控制粒子的渲染形状。【四面体】提供水滴的基本模拟效果；【面】渲染效果为正方形面，如图 9-14 所示。

图 9-13　粒子不同的显示方式

图 9-14　渲染形状

7．开始

用来设置开始产生粒子的时间帧。

8．寿命

定义粒子存活的时间，以帧为单位进行计算。

9．出生速率

指发射器每一帧发射粒子的数量，如果此值大于最大速率，粒子系统将生成突发的粒子，如图 9-15 所示。

10．恒定

启用该复选框，发射器将以恒定的速率发射粒子，产生均匀的粒子流。

11．宽度和长度

发射器是不可渲染对象，使用这两个值可以设置发射器的长度和宽度。

图 9-15　突发粒子

9.2.4　雪

雪粒子系统模拟雪或投撒的纸屑，主要用于制作雪花、翻滚的气泡以及一些质量较轻的效果。本节将分别介绍这两种粒子的特性。

1．雪粒子

雪粒子系统主要用来模拟下雪和乱飞的纸屑等看起来没有重量的事务。与喷射粒子物体相似，只是增加了雪花飞舞的效果。创建雪粒子的方法是：打开粒子系统，单击【雪】按钮，然后在视图中拖动鼠标即可。在单击【雪】按钮的同时，还可以展开如图 9-16 的参数卷展栏，下面介绍雪粒子所特有的一些参数含义。

1）雪花大小

【雪花大小】用于设置雪花的大小，当更改了该值后，粒子在视图中显示的大小以及渲染的大小都将发生变化，如图9-17所示。

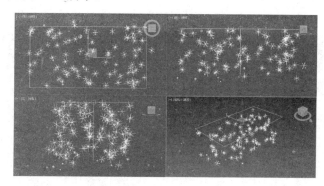

图 9-16 【参数】卷展栏　　　图 9-17 设置雪花大小

2）翻滚

【翻滚】用于控制雪花粒子转动的随意性，其取值范围为 0～1。当取值为 0 时，雪花不产生翻滚效果，当取值为 1 时雪花翻滚剧烈。

3）翻滚速率

该数值越大，雪花转动越快。在该选项下面还有三个单选按钮用于定义雪花的形状，其中【六角形】的渲染方式是一个六角形的面；【三角形】的渲染方式是一个三角形面；【面】渲染方式为一个正方形面。

2．暴风雪粒子

【暴风雪】是一种增强型的【雪】粒子系统，它可以用来模拟自然的暴风雪效果，也可以创建出更加逼真的雪花、气泡、树叶等摇摆翻滚的效果。

暴风雪粒子系统所特有的参数被集中在【粒子生成】卷展栏中，下面重点介绍其中一些参数的含义。

1）速度

【速度】用于设置粒子喷射的速度，该参数和上述的参数功能相同。

2）变化

【变化】用于设置粒子在喷射过程中速度发生变化的几率，该数值是一个相对数值。

3）翻滚

【翻滚】参数用于控制粒子转动的随意性，该数值越大，则粒子的翻滚效果越激烈。

4）翻滚速率

【翻滚速率】用于设置粒子的转动速率，数值越大，则翻滚效果越剧烈。

除了这些参数外，暴风雪还有好多参数用于控制，当然这些参数和前文介绍的一些参数相似，读者可以自己学习一下。

9.2.5 超级喷射

超级喷射发射受控制的粒子喷射。此粒子系统与简单的喷射粒子系统类似，只是功能更为复杂，增加了所有新型粒子系统提供的功能。在顶视图中创建一个超级喷射粒子系统模型，其中箭头表示的是喷射方向。本节主要介绍超级喷射以及它的应用。

可以将超级喷射粒子系统看作是增强的喷射粒子系统，它发射的可控制粒子流可以用来创建喷泉、烟花等。如图 9-18 所示的就是利用超级喷射粒子系统所创建出来的作品。

⬭ 图 9-18 超级喷射粒子效果

关于超级喷射粒子的创建方法与喷射粒子的创建方法相同，这里不再赘述。下面主要介绍各个卷展栏的作用。

1.【基本参数】卷展栏

【基本参数】卷展栏主要用于设置粒子的基本参数，包括粒子的数量、大小、速度等。

2.【粒子类型】卷展栏

【例子类型】卷展栏用于设置粒子的显示方式，在该卷展栏中，还可以使用一个具体物体的碎片来定义粒子。图 9-19 所示的是系统允许定义的几种粒子系统。

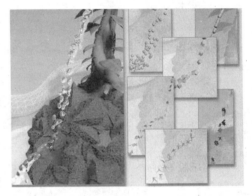

⬭ 图 9-19 粒子类型

3.【旋转和碰撞】卷展栏

粒子在高速运动的过程中，产生旋转和碰撞是不可避免的。为了能够使粒子的运动更加逼真，需要为粒子添加运动模糊以增强其动感。此外，现实世界的粒子通常边移动边旋转，并且互相碰撞。该卷展栏主要用于设置

⬭ 图 9-20 粒子碰撞效果

这些参数，图 9-20 所示的是粒子在运动过程中形成的特殊运动形状。

4.【对象运动继承】卷展栏

每个粒子移动的位置和方向由粒子创建时发射器的位置和方向确定。如果发射器穿过场景，粒子将沿着发射器的路径散开。使用该卷展栏中的选项可以通过发射器的运动影响粒子的运动。

5.【气泡运动】卷展栏

【气泡运动】卷展栏提供了在水下气泡上升时所看到的摇摆效果。通常，将粒子设置为在较窄的粒子流中上升时，会使用该效果。气泡运动与波形类似，气泡运动参数可以调整气泡波的振幅、周期和相位。

这里仅仅简单介绍了超级喷射的参数行为，有关详细的设置这里不再一一介绍，读者可以通过互联网查阅相关资料。

9.2.6 粒子阵列

【粒子阵列】粒子系统可将粒子分布在几何体对象上，也可以用于创建复杂的对象爆炸效果。

粒子阵列与超级喷射粒子系统只在【基本参数】卷展栏和【粒子类型】卷展栏中存在一定的差别。而在实际应用当中，【粒子阵列】的参数都包含在【基本参数】和【粒子类型】卷展栏中，本节将介绍使用【粒子阵列】时的要点。

1.【在整个曲面】

如果选中该单选按钮，则将在整个物体的表面上随机发射粒子，效果如图 9-21 所示。

2. 沿可见边

如果选中该单选按钮，则粒子将沿着的物体边发射粒子。边分布较密集的地方产生的粒子数量越多，但总的粒子数量是不变的，图 9-22 所示的是选中该选项所产生的效果。

图 9-21 粒子位于表面

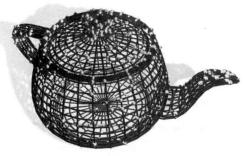

图 9-22 粒子放置在可见边上

3．在所有的顶点上

如果选中该单选按钮，则将在选择物体的所有顶点上发射粒子，如图 9-23 所示。

4．在特殊点上

启用该复选按钮后下面的【总数】选项被激活，可以设置在物体上发射粒子的顶点数量。图 9-24 所示的是将【总数】设置为 10 的效果。

图 9-23 在所有顶点上

图 9-24 在特殊点上

5．在面的中心

选中该单选按钮后，粒子将在选择物体面的中心发射粒子，效果如图 9-25 所示。

上述的是粒子的几种喷射方式，下面设置介绍粒子的继承方法，可展开【粒子类型】卷展栏，找到下列选项。这些选项被放置在 Particle Type 卷展栏中。

图 9-25 发射方式

6．对象碎片

【对象碎片】选项可以使用物体的碎片作为发射粒子，只有粒子阵列可以使用对象碎片，此选项用于设置爆炸和破碎碰撞的动画，图 9-26 所示的是汽车被炸开的效果。

7．厚度

启用【对象碎片】单选按钮后该选项被激活，通过该选项可以设置发射面片的厚度，如图 9-27 所示。

图 9-26 设置碎片

图 9-27 厚度材质

8. 所有面

启用【对象碎片】复选框后该选项被激活，启用该复选框后可以物体所有的面作为发射粒子，如图 9-28 所示。

提 示

在使用该选项的时候要注意实例物体的面数，如果面数太多的话，可能导致系统资源消耗过多，产生短时间的死机。

9. 碎片数目

启用【对象碎片】复选框后该选项被激活，通过该选项可以设置粒子产生的物体碎片的数目。图 9-29 所示的是设置碎块数目为 15 的效果。

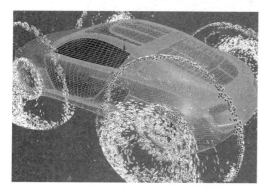

图 9-28 所有面   图 9-29 设置面数

10. 平滑角度

选中该单选按钮后，可以通过其下面的【角度】值，来修改面法线之间的夹角，设置的数值越大，碎块越大，图 9-30 所示的是将【角度】设置为 8 和 15 的效果。

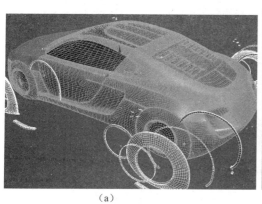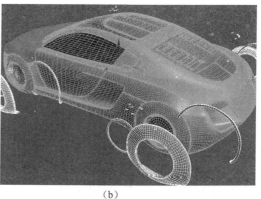

（a）   （b）

图 9-30 不同角度产生的不同效果

关于粒子阵列就介绍到这里，有不明白的地方可以通过互联网查找相关资料进行学习。

9.3　课堂实例1：秋叶飘落

本案例介绍的是一个树叶飘落的特效，这种特效经常用在游戏场景、建筑漫游或者一些影视片头当中，通过使用这种效果，能够很好地表现场面气氛，有时也经常用来缓解观众的心情，将利用【粒子流源】粒子来制作该特效，操作步骤如下所示。

1 打开场景文件，如图9-31所示。

🔘 **图 9-31** 打开场景

2 切换到【创建】面板，单击【粒子流源】按钮，在顶视图中创建一个粒子流发射器，并适当调整它的位置，如图9-32所示。

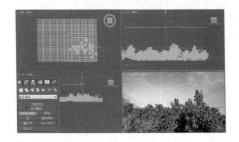

🔘 **图 9-32** 创建粒子流

3 按数字键6打开粒子视图，观察此时的粒子配置情况，拖动时间滑块观察粒子的喷射情况，如图9-33所示。

🔘 **图 9-33** 观察粒子配置

4 在【事件001】中选择【出生01】操作符，按照如图9-34所示的参数设置。这里用来设置粒子的数量，这样可以使粒子发射出来就停留在发射器上。

🔘 **图 9-34** 设置粒子数量

5 选择【形状】选项，单击鼠标右键，选择快捷菜单中的【删除】命令，将其删除，如图9-35所示。

🔘 **图 9-35** 删除操作符

6 在仓库中选择【图形实例】选项，拖动鼠标将其添加到【显示】操作符的前面，如图9-36所示。

图 9-36 添加操作符

7 选择【图形实例】选项，在其参数面板中单击【粒子几何体对象】选项中的【无】按钮，在视图中拾取【树叶】物体，从而使其替代粒子，如图 9-37 所示。

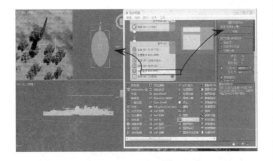

图 9-37 拾取树叶物体

8 选择【显示】操作符，在【类型】下拉列表中选择【几何体】选项，从而在视图中以几何体方式显示粒子，如图 9-38 所示。

图 9-38 设置几何体显示方式

9 此时，可以通过场景观察粒子的形状，如图 9-39 所示。

图 9-39 粒子形状

10 快速渲染摄像机视图，观察此时的效果，如图 9-40 所示。

图 9-40 渲染效果

11 在仓库中选择【年龄测试】，将其放置到【显示】下面，并按照图 9-41 所示的参数进行调整。

图 9-41 添加年龄测试

12 再添加一个独立的【力】操作符，并将其与【年龄测试】符号链接起来，如图 9-42 所示。链接的目的是为了能够通过测试的粒子获取新的属性。

图 9-42 添加【力】操作符

13 切换到【创建】面板,选择【空间扭曲】选项,在【力】面板中单击【风】选项,在视图中创建一个【风】扭曲物体,并按照图9-43 所示的参数进行设置。

图 9-43 创建风力物体并设置参数

14 在粒子视图中选择【力】操作符,在其参数面板中单击【添加】按钮,在视图中选择【风】物体,即可将粒子绑定到风力物体上,如图9-44 所示。

图 9-44 绑定风力

15 在【显示 002】前添加一个【自旋】操作符,并按照图 9-45 所示的参数进行设置。

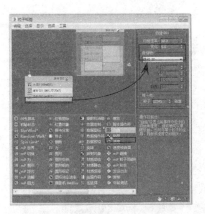

图 9-45 添加自旋操作符

16 然后,再在【显示】下面添加一个【碰撞】测试符,这个符号用来添加另外一个力,如图 9-46 所示。

图 9-46 添加碰撞测试

17 单击【创建】面板上的【空间扭曲】按钮,在其中的下拉列表中选择【导向器】选项,单击其中的【全导向器】按钮,在顶视图中创建一个导向器,切换到【修改】面板,按照图9-47 所示的参数进行设置,并拾取地面。

图 9-47 创建导向器

18 到这里为止，关于树叶飘落的动画就设置完成了，适当调整灯光，即可将其渲染成动画，效果如图9-48所示。

一定要将【全导向器】与地面捆绑到一起，这样才能使粒子接触到地面时，停留在地面上。

图9-48 落叶效果

9.4 课堂实例2：春雨蒙蒙

在满城风雨的制作过程中，主要使用了粒子系统中的喷射粒子来模拟下雨的效果。通过本节的学习使读者能够理解并熟练掌握使用喷射粒子制作雨滴和喷泉喷出的水滴效果的方法。

1 打开场景文件，作为被编辑的对象，如图9-49所示。

图9-49 场景文件

2 切换到【创建】面板中的【粒子系统】子面板，然后单击【喷射】按钮，在视图中创建一个粒子喷射器，并调整其位置，如图9-50所示。

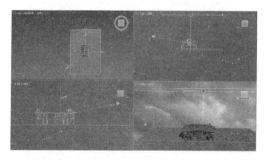

图9-50 创建粒子喷射

3 切换到【参数】卷展栏，设置【视口计数】

为3000、【渲染计数】为8000、【水滴大小】为0.7、【速度】为400、【变化】为5，如图9-51所示。

图9-51 设置粒子属性

4 在【计时】区域内设置【开始】为-50、【寿命】为100，然后调整发射器的大小，启用【隐藏】复选框，使发射器不可见，如图9-52所示。

图9-52 调整发射器

5 选择粒子物体并右击，选择【对象属性】选项，打开【对象属性】对话框，在【运动模糊】选项区域中单击【图像】单选按钮，如图 9-53 所示。

图 9-55 渲染效果

8 选择雨滴材质，为其【不透明】通道添加一个【渐变】贴图，渲染效果如图 9-56 所示。

图 9-53 启用运动模糊

6 在材质编辑器中选择一个空白材质球并将其命名为雨滴，设置【高光反射】为白色、【自发光】为 60。然后展开【扩展参数】卷展栏，在【高级透明】区域中启用【外】单选按钮，设置【数量】为 100，启用【相机】单选按钮，如图 9-54 所示。

图 9-56 渲染效果

9 然后为其【反射】通道添加一个【光线跟踪】贴图，渲染效果如图 9-57 所示。

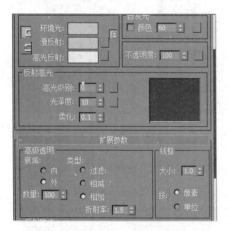

图 9-54 设置粒子属性

7 按 Shift+Q 快捷键渲染场景文件，观察雨滴的渲染效果，如图 9-55 所示。

图 9-57 渲染效果

9.5 课堂实例3：雪地小屋

这是一个真实场景，场景是一个典型的雪景，下面需要在照片上添加雪花，使其更能够烘托唯美情节。在这里，我们采用【雪】粒子系统来完成这项任务。本例输出的动画序列效果如图 9-58 所示。

226

3ds Max 2016 中文版标准教程

 图 9-58 动画序列

1　切换到【创建】面板中的【粒子系统】子面板，然后单击【雪】按钮，在视图中创建一个雪粒子喷射器，如图 9-59 所示。

 图 9-59 创建雪粒子喷射器

2　切换到【参数】卷展栏，设置【视口计数】为 500、【雪花大小】为 3，其他参数默认，如图 9-60 所示。

 图 9-60 设置粒子参数

3　在【渲染】卷展栏中启用【六角形】复选框，然后在【计时】卷展栏中设置【开始】为 -50、【寿命】为 100，如图 9-61 所示。

 图 9-61 设置粒子参数

4　在材质编辑器中，选择一个空白材质球并将其重命名为 snow，然后将其设置为【双面】着色类型，并将【自发光】的颜色值设置为（196，196，196），如图 9-62 所示。

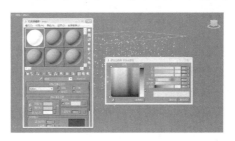

 图 9-62 设置材质属性

5　单击【不透明度】通道，为其添加【渐变】贴图类型，并设置【渐变类型】为径向渐变，如图 9-63 所示。

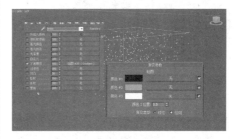

 图 9-63 设置材质属性

6　将 snow 材质赋予雪花模型，然后按 Shift+Q 快捷键渲染效果如图 9-64 所示。

 图 9-64 渲染效果

7 按 Alt+B 快捷键,打开【视口背景】对话框,然后为视图背景设置背景图片,并在【纵横比】选项区中启用【匹配位图】单选按钮,如图 9-65 所示。

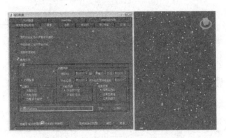

图 9-65 设置背景图片

8 按键盘上的数字 8,在打开的【环境和效果】窗口中选择一张背景图片,并按 M 键打开【材质编辑器】把贴图直接拖曳到一个空白材质球上,在出现的【实例(副本)贴图】对话框中选择【实例】选项,如图 9-66 所示。

图 9-66 设置环境图片

9 在【材质编辑器】的【坐标】卷展栏中,单击【贴图】选项的下拉按钮,在出现的下拉列表中单击【屏幕】选项,完成背景图片的设置,如图 9-67 所示。

图 9-67 背景设置

10 然后按 Shift+Q 快捷键渲染效果场景文件,渲染效果如图 9-68 所示。

图 9-68 渲染效果

9.6 课堂实例 4:礼花绽放

在实例制作前,需要声明一下:粒子特效往往与动画、渲染、材质等多个模块是分不开的,只有合理地调整动画、材质效果才能使效果看起来更加真实,在本章所介绍的实例当中,仅介绍粒子的调整部分,而动画、材质等内容将被放置在本书配套资料中。本节所介绍的是一个粒子的爆炸效果,它是由【超级喷射】来完成的,操作步骤如下所示。

1 打开 3ds Max 2016,在【创建】面板下选择【粒子系统】选项,单击【超级喷射】按钮,在视图中创建超级喷射发射器,如图 9-69 所示。

2 切换到【修改】面板,在【基本参数】卷展栏下,将两个【扩散】都设置为 180、【图标大小】设置为 20、【粒子数百分比】设置为 100,这样粒子向四周发射,如图 9-70 所示。

3 展开【粒子生成】卷展栏,选中【使用速率】单选按钮,将其数量设置为 10,将【速度】设置为 200,观察此时的粒子喷射情况,如

图 9-71 所示。

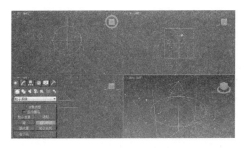

图 9-69 创建【超级喷射】发射器

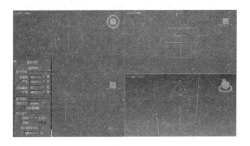

图 9-70 设置基本参数

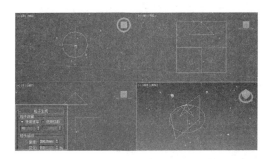

图 9-71 设置粒子数量

4 在【粒子大小】选项区域中将【大小】设置为 8，在【粒子类型】卷展栏下选中【立方体】单选按钮，渲染透视图，观察此时的粒子，如图 9-72 所示。

图 9-72 设置粒子大小

5 然后展开【粒子繁育】卷展栏，选中【消亡后繁育】单选按钮，将【影响】和【倍增】值分别设置为 100、200，将【混乱度】设置为 100，如图 9-73 所示。

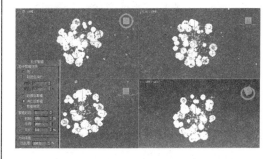

图 9-73 设置碰撞参数

6 在视图中选中粒子物体，复制出三个副本，并修改它们的发射时间，使它们产生一些紊乱，如图 9-74 所示。

图 9-74 复制效果

7 将一个材质球赋予粒子物体，并选择【粒子年龄】作为基本贴图，如图 9-75 所示。

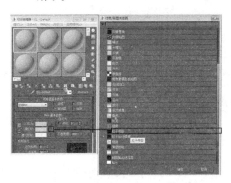

图 9-75 设置材质

8 按照图 9-76 所示的颜色值，设置粒子年龄各个阶段的颜色。

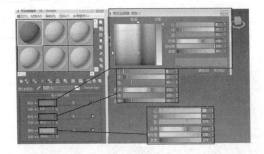

图 9-76 设置颜色

9️⃣ 返回到【明暗器基本参数】卷展栏，将【自发光】设置为 100，如图 9-77 所示。将该材质球分别复制两个副本，并修改它的颜色，赋予另两个喷射粒子。

图 9-77 赋予材质

🔟 选择粒子物体，单击鼠标右键，选择快捷菜单中的【对象属性】命令，在打开的面板中将【对象 ID】设置为 1，如图 9-78 所示。

图 9-78 设置对象 ID

1️⃣1️⃣ 选择【渲染】|【视频后期处理】命令，打开该窗口。然后，在该窗口中添加如图 9-79 所示的两个事件。

图 9-79 添加特效

1️⃣2️⃣ 按数字键 8 打开【环境设置】对话框，将文件导入进来，如图 9-80 所示。

图 9-80 添加夜景图片

1️⃣3️⃣ 快速渲染，观察此时的效果，如图 9-81 所示。

图 9-81 效果

到此为止，礼花的效果就制作完成了。关于后期的特效还有很大的调整空间，读者可以仔细纠正。

9.7 课堂实例 5：宇宙的大爆炸

在影视、游戏场景中，关于爆炸的场面是必不可少的，对于这种场景来说，就可以使用【粒子阵列】来完成，之所以选择该粒子，是因为【粒子阵列】可以将喷射的粒子利用物体碎片来替代。本节将介绍宇宙中的一次大爆炸，操作步骤如下所示。

1. 打开场景文件，此时的场景效果如图 9-82 所示。

图 9-82 场景效果

2. 切换到【创建】面板，单击【粒子阵列】按钮，在视图中创建一个粒子发射器，如图 9-83 所示。

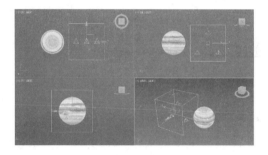

图 9-83 创建粒子阵列

3. 切换到【修改】面板，在【基本参数】卷展栏中单击【拾取对象】按钮，在视图中拾取如图 9-84 所示的球体，从而将其和粒子绑定。

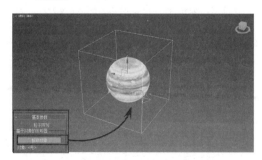

图 9-84 拾取实例几何体

4. 在【视口显示】选项区域中选中【网格】单

选按钮。展开【粒子生成】卷展栏，将【速度】设置5、【变化】设置为60。将【发射开始】设置为 30，将【发射停止】设置为 60，如图 9-85 所示。

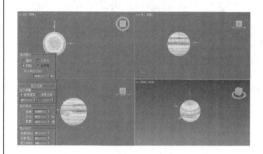

图 9-85 设置粒子生长参数

5. 展开【粒子类型】卷展栏，将粒子类型设置为【对象碎片】单选按钮，在【对象碎片控制】选项区域中单击【碎片数目】，将其设置为 30，如图 9-86 所示。

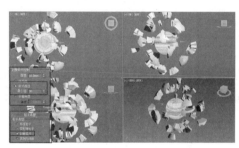

图 9-86 设置碎片数量

6. 为了能够使爆炸的碎片产生厚重的感觉，需要调整粒子碎片的厚度。在【对象碎片控制】选项区域中将【厚度】设置为 6，如图 9-87 所示。

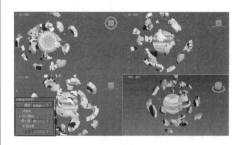

图 9-87 设置厚度

7　单击【自动关键点】按钮，将时间滑块移动到 30 帧，选择右键快捷菜单中的【对象属性】命令，打开该窗口，将【可见性】设置为 0，如图 9-88 所示。

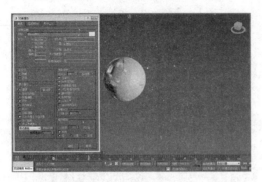

图 9-88　设置球体可见性

8　选择第 0 帧处的关键帧，按住 Shift 键将其拖动到第 29 帧处，从而复制一个关键帧，如图 9-89 所示。

9　快速渲染此时的摄像机视图，观察效果，如图 9-90 所示。

粒子爆炸的效果已经产生了，但是在产生爆炸的时候应该产生火焰效果，为此需要设置爆炸

的环境。当然，关于该环境的设置就不再制作了。

图 9-89　复制关键帧

图 9-90　爆炸效果

9.8　思考与练习

一、填空题

1. _____系统中的每个粒子是通过【出生】操作符"出生"的。

2. _____构建和修改粒子流系统的主要环境。

3. _____系统模拟雪或投撒的纸屑。

4. _____发射受控制的粒子喷射。

5. _____出彩的参数都包含在【基本参数】和【粒子类型】卷展栏中。

二、选择题

1. 在粒子驻留于事件期间，_____会完全计算每个事件的动作，每积分步长进行一次计算，并对粒子进行全部适用的更改。

A. 粒子源

B. 粒子设置环境

C. 喷射

D. 雪

2. 在喷射卷展栏中，_____用来设置最终渲染粒子的数量，通常将 Viewport Count 的值设置得小一些以加快显示速度。

A. 渲染计数

B. 水滴大小

C. 速度/变化

D. 水滴、圆点和十字叉

3. 在【雪】的卷展栏中，_____用于控制雪花粒子转动的随意性。

A. 雪的大小

B. 翻滚

C. 翻滚速率

D. 翻滚粒子

4. 关于超级喷射粒子的创建方法与喷射粒子的创建方法相同。下列卷展栏中，_____不是其卷展栏。

　　A. 基本参数

　　B. 粒子类型

　　C. 旋转和碰撞

　　D. 翻滚

5. 下列选项中，_____不属于粒子阵列卷展栏。

　　A. 沿可见边

　　B. 在所有的顶点上

　　C. 在顶点上

　　D. 在特殊点上

6. 力空间扭曲的主要作用对象是粒子系统和动力学特效，共有 9 种类型，下列选项中不属于力空间扭曲的是_____。

　　A. 波浪

　　B. 推力

　　C. 阻力

　　D. 粒子爆炸

7. 全泛方向导向器允许我们使用其他任意几何对象作为粒子导向器，在它的参数面板中，_____用来控制粒子沿导向器表面移动时减慢的量。

　　A. 反弹

　　B. 摩擦力

　　C. 混合度

　　D. 折射

8. 下拉空间扭曲中不属于【几何/可变形】空间扭曲的是_____。

　　A. 波浪

　　B. 涟漪

　　C. 适配变形

　　D. 风

三、问答题

1. 说说你对离子流的认识。

2. 说说喷射粒子和超级喷射粒子的区别。

3. 如何创建一个雪粒子？

4. 空间扭曲物体作用的对象有哪几种，其中导向器的作用是什么？

四、上机练习

1. 临摹火花效果

粒子特效的功能十分强大，利用它可以制作出很多关于表现微观物体，或者具有群体特点的效果。本练习要求大家利用上机时间实现如图 9-91 所示的效果。这是一个关于火花的特效，这里不要求大家制作粒子的材质外观，只要求制作其形状以及运动行为即可。

图 9-91　火花形状

2. 制作下雨效果

本练习要求大家模仿图片的效果利用粒子制作一幅类似的效果。图 9-92 所示的是利用一种写实手法表现的下雨效果。

图 9-92　下雨效果

第 10 章

动画基础设计

动画是基于人的视觉原理创建的运动图像。在一定时间内连续快速地观看一系列相关的静止画面，就会形成动画。随着人们精神生活的不断提高，这种形式的作品几乎已经融入到生活的各个角落。而三维动画，又是动画中的佼佼者，它以"真实"的世界被人们所接受，通常用在影视、广告、栏目包装、游戏等多个应用领域。对于初学者而言，可能认为动画的制作是非常困难的，其实不然，利用一些专业的三维动画工具也是可以轻松实现的。

本章主要讲解一些与动画相关的基础操作，包括关键帧设置方法、轨迹视图的使用方法、动画控制器的使用方法、几种场景动画约束的添加方法以及参数动画的实现方法等。

10.1 动画制作理论

在 3ds Max 中创建完成一个对象后，它的所有节点属性，包括模型的各组成元素，灯光的强度、衰减速度，材质的颜色、透明度等属性都可以记录成动画。在本章中，先来学习动画的基础知识，包括基础知识和动画设计的流程，为掌握更复杂的动画打好基础。

10.1.1 认识动画基础知识

动画基本原理和电影的基本原理是一样的，当一系列相关的静态图片快速从眼前闪过，利用人眼的视觉暂留现象，会觉得它是连续运动的。将这一系列相关的图片称为一个动画序列，其中每一张图片称作一帧。每一段动画都是由若干帧组成的。关键帧是一个动画序列中起决定性作用的帧，它往往控制着动画运动的方向。一般而言，一个动画序列的第一帧和最后一帧是默认的关键帧，关键帧之间的画面称为中间帧，如图 10-1 所示。

用户以前可能看过组成电影的实际胶片。从表面上看，它们像一堆画面串在一条塑料胶片上。每一个画面称为一帧，代表电影中的一个时间片段。这些帧的内容总比前一帧有稍微的变化，这样，当电影胶片在投影机上放映时就产生了运动的错觉：每一帧都很短并且很快被另一个帧所代替，这样就产生了运动，如图 10-2 所示。

图 10-1 串联的关键帧

3ds Max 的动画没什么不同，就像一个运动的画片一样，它包括许多独立的帧，每一帧都与前一帧略有不同。关键帧定义了动画在哪儿发生改变，例如何时移动或旋转对象、改变对象大小、增加对象、减少对象等。每一个关键帧都包含了任意数量对象。当移动时间轴上的时间滑块时，用户在场景上所看到的就是每帧的图形内容。当帧以足够快的速度放映时就会产生运动的错觉。所不同的是 3ds Max 的动画产生需要有一个渲染的过程。

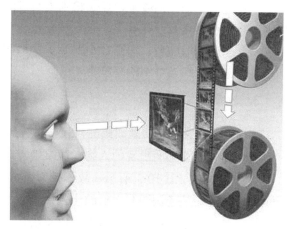

图 10-2 动画原理

就像塑料胶片组成了一部真正的电影一样，3ds Max 的时间轴包括了动画的属性。时间轴可以任意长，也可以以用户希望的速度放映。3ds Max 中电影播放的速度单位是帧每秒或者 fps。

10.1.2 动画制作步骤

在迪士尼有一个可供游客参观的卡通制作部门，他们用玻璃做隔墙，可以让游客看到里面的画家在作画的情形，而且又不会打扰到画家的工作，但是在本书中我们没有这样的参观环境可以和画家面对面地接触，不过还是能够通过文字，让大家来了解制作一部卡通的过程。制作一部卡通电影是相当费时费力的，在这里我们将这个过程分为 10 个步骤。

1. 企划

企划是做一部卡通前的准备工作，包括举行企划会议和制作会议。

1）企划会议

企划会议就是把出钱要做这部片子的人和卡通公司的人，以及负责将来要把这部片子卖出去的发行公司，甚至玩具制作商等相关的人都召集在一起，讨论要怎么样做这部片子，要怎么样发行这部片子，有没有周边的商品可以开发等，当然最好的状况就是把片子做得又好看、又赚钱，这就必须要靠不同专长的人结合在一起规划，才能将片子做成功。

2）制作会议

在前面的企划会议当中，其实也要把一些制作的基本内容方向画出来，然后再由卡通公司召开技术、进度、设计方面的会议。

2．文字剧本

不论是自己创造的故事，还是将别人写过的故事拿来加以改编都可以，一定要具有卡通的特色，就是有一些好笑、有一些夸张、有一些紧张，又有一些感动，那么这个故事就会受到大家的欢迎。当然，不要忘了要把对白和动作、场景写出来。根据制作会议所得到的资料，作家开始编写剧本。

3．故事脚本

文字写好之后，就要画成画面，但它并不是真正的动画图稿，它只是一连串的小图，详细地画出每一个画面出现的人物、故事地点、摄影角度、对白内容、画面的时间、做了什么动作等，如图 10-3 所示（故事板）。这个脚本可以让后面的画家明白整个故事进行的情形，因为从【构图】之后的步骤，就开始将一部卡通拆开交由很多位画家分工绘制，所以这个脚本画得越详细越不会出差错。

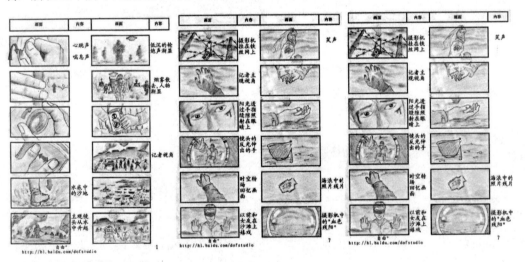

图 10-3　故事板

4．造型与美术设定

造型设计就是根据故事的需要，将人物一个个设计出来，而且还要画出他们之间的高矮比例、各种角度的样子、脸部的表情、使用的用品等，如图 10-4 所示。

美术设定就是一种视觉上的感受，包括色彩、明暗、透视感、线条等，这整个就构成了一部片子的【美术风格】，像【龙猫】的感觉就很温馨、青翠、舒适，这种风格很适合用来表现亲情之间的故事，而【蝙蝠侠】就是一种夸张、压迫、强烈的感觉，用这种风格来表现正义与邪恶间的对抗非常合适。

图 10-4　设定人物造型

5．构图

构图是指画面的构成，也是一部卡通要正式生产的第一关，前面的企划属于设计部分，这些设计好的造型、场景和脚本，要交给构图师做画面的设计，根据脚本的指示和说明来画出详细的制作图来，包括人物从哪里移动到哪里、人物简明的动作表情和站的位置、镜头的角度和大小、镜头如何移动，也就是将来我们在电视上看到的画面。

6．背景

原画根据脚本上所示的人物代表、姿势与表情、位置等作动感演出，而背景（BG）部分则交由背景师去绘制成彩色稿，并由颜色演出的动画家来控制色调变化。

7．原画

画面由构图设计好了，就要分两部分作业，前面的那张【背景铅笔稿】要交给背景师画成很漂亮的彩色稿，而人物的那一张就交由原画师做一连串精彩的动作表演，原画就是演员，要将卡通人物的七情六欲和性格表现出来，但原画不需要把每一张图都画出来，只需画出关键几张就可以，其余交给动画师去画。

8．动画

动画师就像原画的助手一样，要替原画师完成所有动作的连贯，动画师还要将所有的动作图稿做"完稿"。

9．品管

"品管"就是品质管制，其实卡通里的每一个过程都有负责把关的人。例如，制片负责片子能如期完成，并掌握每个画家的进度，以及担任画家和行政部门之间的联络协调，使制作部门和行政部门间能顺利地运作。导演则负责指导画家们所画出来的画面，能够符合要求。

10．试片与发行

配好音乐的片子邀请导演、制片、投资方、画家等观赏有无需做 RETAKE（修改）

的地方，一切都完成后则交由电视网或电影院线排档上映。

10.2 动画控制工具

要制作动画，首先要了解控制动画的工具，控制动画的一些常用工具包括时间控制区域、轨迹视窗、运动面板等，这些工具都是制作动画的基础。只有牢牢掌握这些工具的使用方法，才能更好地发挥自己的想象创建动画。

● 10.2.1 时间控制

在 3ds Max 中，动画的实现和时间有着十分密切的关系，不同的时间段内对象的属性是不同的，为此对于时间的控制就显得十分重要了。实际上，较为常用的时间控制包括两个区域，一个是时间条，另一个是时间配置区域，本节介绍这两个区域的功能。

1. 轨迹条

轨迹条位于编辑窗口的下方，它提供了一条显示帧数的时间线，具有快速编辑关键帧的功能，其中时间滑块用来控制设置关键帧的位置。

如果给场景中的对象创建了动画，当选择一个或多个对象时，轨迹条上将显示它们的所有关键帧。不同性质的关键帧分别用不同的颜色块表示，如位置、旋转、缩放对应的颜色分别是红色、绿色、蓝色。

在轨迹条上任意位置右击，会弹出方便的快捷菜单，在时间滑块上右击会弹出设置当前关键帧的对话框，如图 10-5 所示。

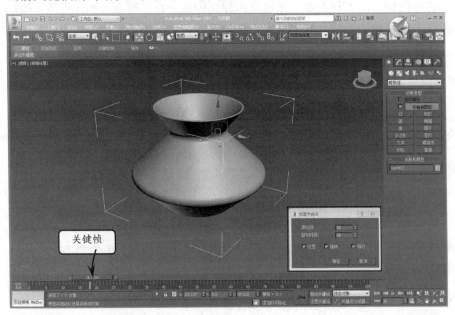

图 10-5 时间条区域

2. 时间控制区域

时间控制区域在轨迹条的右下方，它的功能是自动或手动设置关键帧、显示动画时间、选择动画的播放方式以及动画的时间配置等，如图 10-6 所示。

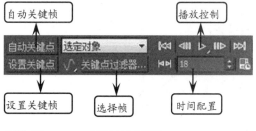

图 10-6　时间控制区域

单击【自动关键点】按钮时，会进入自动记录动画模式，该按钮和视图的边框都会变成红色，此时对象所做的任何改变都会被记录成动画。单击【设置关键点】按钮，则可以将当前所做的更改设置为动画。单击播放控制区域中的按钮可以对动画的播放进行控制，关于这些按钮的说明如表 10-1 所示。

表 10-1　播放控制说明

按 钮 名 称	图 标	功 能 说 明	按 钮 名 称	图 标	功 能 说 明
转至开头	⏮	跳转到开始帧	上一帧	◁⅃	上一帧
播放/停止动画	▷	播放动画	下一帧	⅃▷	下一帧
转至结尾	⏭	跳转到结束帧	关键点模式切换	◁▷	切换帧模式

10.2.2　运动面板

【运动】面板提供了对所选对象的运动进行调整的工具，可以调整影响所有位置、旋转和缩放的变形控制器，以及关键帧时间、松弛参数等，也可以替代轨迹窗为对象添加动画控制器。运动面板包含两个部分，一是【参数】部分，二是【轨迹】部分，如图 10-7 所示。

图 10-7　包含部分

1. 参数卷展栏

在【指定控制器】卷展栏中，选择列表中的某个项目，则█按钮变为可用状态，如图 10-8 所示，单击该按钮，在显示的对话框中给对象指定和添加不同的变形控制器，相同的效果也可以在【轨迹视图】中指定。

图 10-8　添加控制器

【PRS 参数】卷展栏中提供了创建和删除关键帧，如图 10-9 所示。在【创建关键点】或者【删除关键点】选项区域中创建或者删除当前帧的转换关键帧。而其下方的【位置】/【旋转】/【缩放】三个按钮决定出现在【PRS 参数】卷展栏下方的【关键点信息（基本）】卷展栏中的内容。

【关键点信息（基本）】卷展栏用来改变动画值、时间和所选关键帧的中间插值方式，如图 10-10 所示。在该卷展栏的底部有两个关键帧切线按钮用来设置关键帧的【输入】和【输出】模式，下面简单介绍这些切线的功能，如表 10-2 所示。

图 10-9　PRS 参数卷展栏

图 10-10　关键点信息（基本）卷展栏

表 10-2　切线功能简介

按 钮 名 称	图 标	功 能 说 明
光滑		在关键帧之间创建平滑的插值
线性		在关键帧之间创建线性插值
步		在一个关键帧和下一个关键帧之间采用阶跃插值
慢		当趋向于关键帧时将改变的速率减慢，离开关键帧时变快
快		与慢的效果正好相反
自定义		根据实际需要调整曲线状态
样条线		根据实际需要调整曲线状态

2．轨迹卷展栏

【轨迹】卷展栏用于控制显示对象随时间变化而移动的路径，如图 10-11 所示。通过该卷展栏可以完成下面的功能：将任何一个变形控制器塌陷为可编辑的关键帧；显示所选对象位置轨迹的 3D 路径，在路径上增加或者删除关键帧，移动、旋转和缩放路径上的关键帧，将关键帧转换为样条线，从一个样条线得到新的路径、塌陷变形控制器等。

图 10-11　轨迹面板

10.2.3　动画控制器

用专业术语来说动画控制器是处理所有动画值的存储和插值的插件。在 3ds Max 中，所有的动画都是靠动画控制器来进行描述和驱动的，每一种控制器都提供了特定的动画处理模式。本节主要介绍 3ds Max 当中的几种常用的动画控制器。

1．线性控制器

线性控制器在两个关键帧之间进行线性插值。线性控制器没有属性设置面板，只能控制一个线性关键帧的时间和动画值。线性控制器适合用来制作规则的、机械性的动画。

2．贝塞尔控制器

贝塞尔控制器是 3ds Max 使用频率最高的一种控制器。它使用可调整的样条曲线在关键帧之间进行插值。对于绝大多数的参数，都是以贝塞尔控制器作为默认的控制器。使用贝塞尔控制器，可以完全控制关键帧之间的插值。

3. 噪波控制器

噪波控制器可以在一定时间范围内产生随机的动画。在【轨迹视图】或者【运动】面板中应用一个噪波控制器时，它将被默认应用给当前所有活动时间段。在设置时，可以通过在跟踪图中拖动噪波轨迹中的【频率】来更改噪波的频率。

4. 四元数 TCB 控制器

TCB 控制器可以用来产生基于曲线的动画，和 Bezier 控制器有一定的相似之处，不同的是 TCB 控制器不使用切线类型控制动画，而是使用数字区来调整动画的张力、连续和倾斜。该控制器用作位置控制器并且当一个对象的轨迹显示时，用起来相当方便。

5. 音频控制器

音频控制器将所记录的声音文件振幅或实时声波转换为可以设置对象或参数动画的值。使用音频控制器，可以完全控制声音通道选择、基础阈值、重复采样和参数范围。

6. 列表控制器

列表控制器可以混合多个控制器。该控制器按照从上到下的顺序依次来计算列表中的控制器，对一个参数指定列表控制器后，当前的控制器将成为列表中的第一个控制器。第二个参数将被加到列表控制器的下面并命名为【可用】，用来准备放置下一个将加入到列表中的控制器。

10.3 关键帧动画

首先打开 3ds Max 2016，向大家介绍关键帧动画实现的要领，然后以底盘为例，选中底盘，确保时间滑块在第 0 帧，然后单击【自动关键帧】按钮，给球体的所有属性设置关键帧，在通道栏中可以看到其框都变成了红色，表示已经设置关键帧。通过本节的学习，要求读者掌握关键帧动画的要领。

10.3.1 认识关键帧动画

在 3ds Max 2016 中，关键帧技术是计算机动画中最基本 并且运用最广泛的方法。可以使用两种模式来创建关键帧，一种是自动关键帧模式，另一种是设置关键帧模式，本节详细介绍它们的使用方法。

1. 使用自动关键帧创建动画

相对于这两种动画的实现方法而言，利用自动关键帧创建动画的方法比较简单，仅仅需要通过选择某个参数，拖动时间滑块，再调整参数就可以实现。本节以一个简单的实例为例，介绍自动关键帧的创建方法。

图 10-12 所示的是一个底盘的造型，在下面的操作中，我们将使用自动关键帧为其创建变形动画。

将时间滑块拖动到第 0 帧处，保持茶壶所有设置都不变，并单击【自动关键帧】按钮，如图 10-13 所示。

图 10-12 动画场景

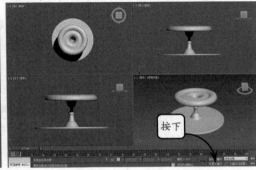

图 10-13 单击【自动关键帧】按钮

将时间滑块拖曳到第 20 帧处，然后利用非等比缩放工具沿 Z 轴方向缩放物体，如图 10-14 所示。

将时间滑块拖曳到第 40 帧处，然后利用等比缩放工具放大整个茶壶，并可以再修改茶壶的其他参数控制，如图 10-15 所示。设置完毕后，再次单击【自动关键帧】按钮，退出动画制作模式，然后拖动时间滑块观察此时的效果。

图 10-14 制作缩放动画

图 10-15 设置关键帧

这样，一个动画效果就产生了。单击【自动关键帧】按钮后，如果更改物体的参数，则可以自动生成一个关键帧，通过在不同的时间设置关键帧，即可使场景的物体产生一系列动作。

2．使用设置关键帧创建动画

【设置关键点】动画系统是设计给专业角色动画制作人员使用的，他们想要试验姿势然后特意把那些姿势委托给关键帧。在制作角色动作时，一个固定的动作的调整是非常繁琐的，此时，如果能够直接将姿势调整好后，将这个姿势记录下来，那么将会大大地降低劳动强度，而【设置关键帧】可以达到这个目的。

要使用【设置关键帧】的方法创建动画，则可以按照下面的方法进行：将时间滑块拖动到某个时间上，例如第 20 帧处，并调整物体的变形，如图 10-16 所示。

然后，单击【设置关键点】按钮，并单击其右侧的█按钮，即可创建一个关键帧，如图 10-17 所示。

图 10-16　调整物体形状

图 10-17　设置关键点

注　意

从外形上可以分辨出设置关键帧和自动关键帧两种模式的关键帧，它们是不同的，读者可以仔细观察一下，注意它们的不同之处。

如果还需要再设置关键帧，则可以直接将时间滑块拖动到相应的时间上，调整模型的参数后，单击█按钮创建一个关键帧。

10.3.2　认识轨迹视图

在 10.3.1 节的动画基本操作中我们已经介绍了关键帧的创建基本编辑方法。本节重点介绍 3ds Max 动画轨迹图。使用这个编辑器可以对关键帧以及动画曲线进行更高级的操作，创建出更为复杂的动画效果，并提高工作效率。

【轨迹视图】有两种不同的窗口模式，即【曲线编辑器】和【摄影表】。选择菜单栏中的【图形编辑器】|【轨迹视图-曲线编辑器】命令，打开【轨迹视图-曲线编辑器】对话框。在【曲线编辑器】模式下可以以功能曲线的方式显示动画，可以形象地对物体的运动、变形进行修改，如图 10-18 所示。

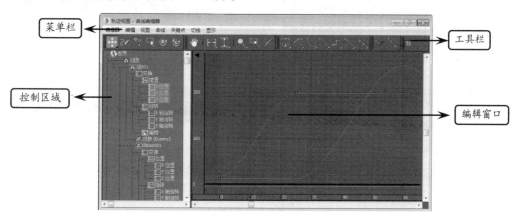

图 10-18　曲线编辑器模式

【轨迹视图-摄影表】可以将动画的所有关键帧和范围显示在一张数据表格上，可以很方便地编辑关键帧和子帧等，如图 10-19 所示。

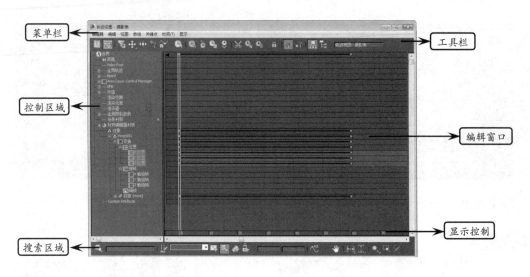

菜单栏
控制区域
搜索区域
工具栏
编辑窗口
显示控制

图 10-19 摄影表模式

在 3ds Max 中，【轨迹视图】是动画制作中最强大的工具。我们可以将其停靠在视图窗口的下方，如图 10-20 所示，或者用浮动窗口。【轨迹视图】的布局可以命名后保存在【轨迹视图】缓冲区当中，再次使用时只需要调用即可。事实上，【曲线编辑器】和【摄影表】的功能是相同的，所不同的是编辑区域中轨迹线的显示方式不一样。

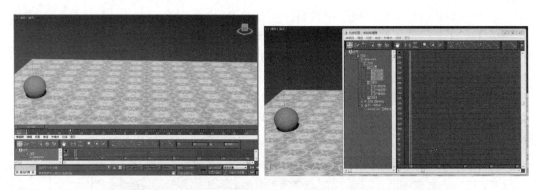

图 10-20 曲线编辑器的停靠位置

10.4　掌握动画约束

一个物体的位移、旋转、缩放或者其他属性被另一个物体控制或限制就称为约束。之前我们学习的路径动画其实也是一种约束，只是它比较特殊，涵盖的知识点比较多，3ds Max 单独把它分为一个模块。另外，在 3ds Max 中还有很多约束的类型，本节将介绍常用的动画约束。

10.4.1 动画约束的类型

在 3ds Max 中，动画约束包括 7 种基本形态，分别是【附着约束】、【曲面约束】、【位置约束】、【路径约束】、【链接约束】、【注视约束】和【方向约束】，下面简单介绍一下它们的特性。

1．附着约束

【附着约束】将一个对象附着在另一个对象的一个面上，如图 10-21 所示。使用该约束时，目标对象不必是网格对象，但是必须能够转化为网格对象。

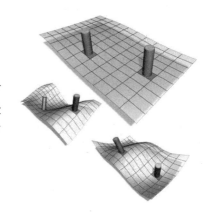

图 10-21　附着约束效果

2．曲面约束

【表面约束】将源对象的运动限制在目标对象的表面上，如图 10-22 所示。目标对象必须是表面可以参数化描述的对象，包括球、圆锥、圆柱、圆环、方面片、放样对象、NURBS 对象等。

图 10-22　曲面约束

> **提　示**
>
> 这里用到的目标对象的表面是一个不存在的参数化表面，并不是对象的真实表面，它们之间的差别有时会很大。参数化表面会忽略切片和半球的存在。

3．路径约束

【路径约束】使源对象沿一条预定的样条路径运动，或者沿着多条样条线的平均值运动，如图 10-23 所示。路径目标可以是任何一种样条线，目标路径可以用任何一种标准的平移、旋转、比例缩放工具制作动画，对路径的子对象进行修改也会影响源对象的运动。使用多条路径时，每个目标路径都有一个值，值的大小决定了其影响源对象的程度。只有在用多个目标时，值才有意义。

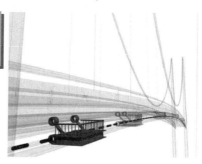

图 10-23　路径约束效果

4．位置约束

【位置约束】设置源对象的位置随另一个目标对象的位置或者几个目标对象的权平均位置而变化，还可以将值的变化设置为动画，如图 10-24 所示。

图 10-24　位置动画

5．链接约束

【链接约束】将源对象链接到一个目标对象上，源对象会继承目标对象的位置、旋转和尺寸大小等参数。图 10-25 所示的动画序列就是利用链接的方式将小球约束到机械臂上，并使其能够在两个机械臂上进行传递。

图 10-25　小球传递动画

6．注视约束

【注视约束】使源对象的一个轴在运动的过程中始终指向另一个目标对象，好像注视着目标对象一样，如图 10-26 所示。另外，还可以用多个对象权值平均来产生效果。

7．方向约束

【方向约束】使旋转源对象跟随另一个目标对象的旋转而旋转，效果如图 10-27 所示。任何能够旋转的物体都可以作为源对象，并能继承目标对象的旋转变化。

图 10-26　注视约束

● 10.4.2　认识路径约束

【路径约束】使源对象沿一条预定的样条路径运动，或者沿着多条样条线的平均值运动，如图 10-28 所示。路径目标可以是任何一种样条线，目标路径可以用任何一种标准的平移、旋转、比例缩放工具制作动画，对路径的子对象进行修改也会影响源对象的运动。使用多条路径时，每个目标路径都有一个值，值的大小决定了其影响源对象的程度。只有在用多个目标时，值才有意义。

图 10-29 所示的是【路径参数】的参数控制面板，本节将介绍这些参数的功能以及使用方法。

图 10-27　定向效果

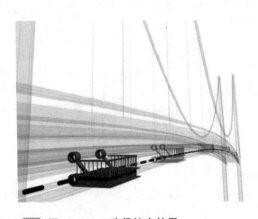

图 10-28　路径约束效果

图 10-29　【路径参数】面板

1．添加/删除路径

【添加路径】按钮可以在视图中选取其他的样条线作为约束路径；单击【删除路径】按钮，将把目标列表中选定的作为约束路径的样条线去掉，使它不再对被约束对象产生影响，而不是从场景中删掉。

2．%沿路径

【%沿路径】用来定义被约束对象现在处在约束路径长度的百分比，值的范围为0～100，它常用来设定被约束对象沿路径的运动动画。

3．跟随

【跟随】使对象的某个局部坐标系与运动的轨迹线相切。与轨迹线相切的默认轴是 X，但是可以指定任何一个轴与对象运动的轨迹线相切。默认情况下，对象局部坐标系的 Z 轴与世界坐标系的 Z 轴平行。

4．倾斜/倾斜量

【倾斜】可以使对象局部坐标系的 Z 轴朝向曲线的中心。只有启用了 Follow 复选框后才能使用该项。倾斜的角度与【倾斜量】参数相关，该数值越大，倾斜得越厉害。倾斜角度也受路径曲线度的影响，曲线越弯曲，倾斜角度越大。

5．平滑度

只有启用了【倾斜】复选框，才能设置该参数。该参数沿着转弯处的路径均分倾斜角度。该数值越大，被约束对象在转弯处倾斜变换得就越缓慢、平滑；值比较小时，被约束对象在转弯处倾斜变换得比较快速、突然。

10.4.3 路径变形修改器

【路径变形】修改器将样条线或 NURBS 曲线作为路径使用来变形对象。它可以使对象沿着该路径移动和拉伸，也可以关于该路径旋转和扭曲对象。该修改器也有一个世界空间修改器版本，我们以对象的修改器为例简单介绍一下它的参数，单击菜单中的【修改器】|【动画】选项，在出现的下拉列表中选择【路径变形】命令，打开【路径变化】面板中的【参数】卷展栏，如图 10-30 所示。

图 10-30　【参数】卷展栏

1．拾取路径

单击该按钮，然后选择一条样条线或 NURBS 曲线以作为路径使用。出现的 Gizmo 设置成路径一样的形状并与对象的局部 Z 轴对齐。一旦指定了路径，就可以使用该卷展栏上的剩下的控件调整对象的变形。所拾取的路径应当含有单个的开放曲线或封闭曲线。如果使用含有多条曲线的路径对象，那么只使用第一条曲线。

2．百分比

根据路径长度的百分比，沿着 Gizmo 路径移动对象，如果把该对象设置为动画，就可以产生对象沿路径运动的效果。

3．拉伸

使用对象的轴点作为缩放的中心，沿着 Gizmo 路径缩放对象。通过调整该参数，可以拉伸对象。

4．旋转/扭曲

【旋转】用于设置对象沿 Gizmo 路径旋转对象，【扭曲】可以沿路径扭曲对象。根据路径总体长度一端的旋转决定扭曲的角度。通常，变形对象只占据路径的一部分，所以产生的效果很微小。

5．路径变形轴

X/Y/Z 用于设定路径变形发生的轴向；启用【翻转】复选框则可以按照指定的轴向翻转变形效果。

10.4.4 链接约束

通过前面的动画约束简介我们已经知道了【链接约束】的基本功能，它可以将一个源对象链接到一个目标对象上，并能够使源对象跟随目标对象进行位置、旋转和尺寸方面的变化。本节向大家介绍【链接约束】的使用方法。

当为对象指定了【链接约束】，就可以在【运动】面板的【链接参数】卷展栏上访问它的属性。在该卷展栏可以添加或删除目标并在每个目标成为活动的父约束对象时设置动画。图 10-31 所示的是该卷展栏，下面介绍它的参数设置。

图 10-31 【链接参数】卷展栏

1．添加链接/链接到世界

【添加链接】用于添加一个新的链接目标；【链接到世界】用于将对象链接到世界（整个场景）。建议将该项置于列表的第一个目标。此操作可避免在从列表中删除其他目标时该对象还原为其独立创建或动画变换。

2．删除链接

【删除链接】移除一个新的链接目标。一旦链接目标被移除将不再对约束对象产生影响。

3．开始时间

【开始时间】用于指定或编辑目标的帧值。在列表窗口中选中一个命名的目标对象并查看此对象成为父对象的帧位置。当链接变换开始时可以调整值来加以改变。

4．无关键点

选中该单选按钮后，约束对象或目标中不会写入关键点。该链接控制器在不插入关键点的情况下使用。

5．设置节点关键点

选中【设置节点关键点】单选按钮后，将关键帧写入指定的选项。它具有两个属性：【子对象】和【父对象】。【子对象】仅在约束对象上设置一个关键帧。【父对象】为约束对象和其所有目标设置关键帧。

6．设置整个层次关键点

用指定选项在层次上设置关键帧。它也具有两个属性：【子对象】和【父对象】。【子对象】仅在约束对象和它的父对象上设置一个关键帧【父对象】为约束对象、它的目标和它的上部层次设置关键帧。

> **注 意**
>
> 只有所约束的对象已经成为层次中的一部分，【关键点节点】和【关键点整个层次】才会起作用。如果在应用了链接约束之后要对层次添加对象，则必须使用所需要的关键点选项再次应用链接约束。

10.4.5　方向约束

要使用方向约束，则可以选择源对象，单击菜单中的【动画】|【约束】按钮，在出现的下拉列表中选择【方向约束】命令，然后再在视图中选择目标物体即可。绑定以后，并不是就完成了操作，还需要读者通过其参数设置面板修改参数设置，图 10-32 所示的是【方向约束】参数面板。

图 10-32　【方向约束】参数面板

1．添加方向目标

单击该按钮，则可以添加一个影响受约束对象的新目标对象。

2．将世界作为目标添加

将受约束对象与世界坐标轴对齐。可以设置世界对象相对于任何其他目标对象对受约束对象的影响程度。

3. 删除方向目标

移除目标。移除目标后，将不再影响受约束对象。

4. 权重

为每个目标指定并设置动画。

5. 保持初始偏移

保留受约束对象的初始方向。禁用该复选框后，目标将调整其自身以匹配其一个或多个目标的方向。默认设置为禁用状态。

6. 变换规则

将方向约束应用于层次中的某个对象后，即确定了是将局部节点变换还是将父变换用于方向约束。

10.5　课堂实例1：走动的闹表

　　自动关键点模式是 3ds Max 动画设置模式之一。这种模式可以使 3ds Max 自动记录用户对物体所做的变化，并生成关键帧，其优点在于这种关键帧模式记录动画方便、快捷，新手很容易上手，缺点在于经常在不需要记录或误操作的时候也记录关键帧。下面，我们来看战地坦克的实现方法

<u>1</u>　打开场景文件，已经制作好模型和材质，如图 10-33 所示。

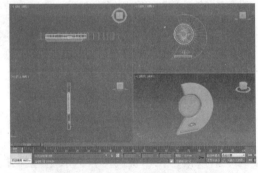

　　图 10-34　【自动关键点】按钮

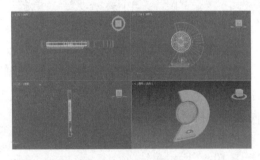

　　图 10-33　打开场景文件

<u>2</u>　将时间滑块拖动到第 0 帧，保持坦克所有设置不变，单击【自动关键点】按钮，如图 10-34 所示。

<u>3</u>　将时间滑块拖动到第 30 帧，然后利用旋转工具 ⟳ ，沿 Y 轴方向旋转物体，如图 10-35 所示。

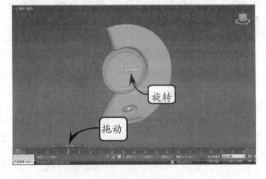

　　图 10-35　旋转物体

4 将时间滑块拖动到第 60 帧，然后利用旋转
工具 ⟳ ，沿 Y 轴方向继续旋转物体，如图
10-36 所示。

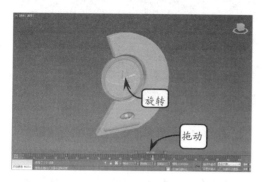

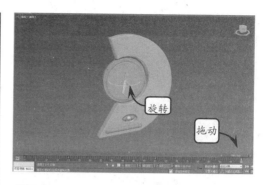

图 10-37 旋转物体

图 10-36 旋转物体

5 将时间滑块拖动到第 100 帧，再次利用旋转
工具 ⟳ ，沿 Z 轴方向继续旋转物体，如图
10-37 所示。

6 设置完毕后，再次单击【自动关键点】按钮，
退出动画制作模式，然后拖动时间滑块观察
此时的效果。渲染结果如图 10-38 所示。

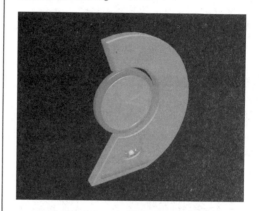

图 10-38 观察效果

10.6 课堂实例 2：会弹跳的小球

本实例制作会弹跳的小球，在轨迹视图中，可以通过设置切线的按钮来设置关键点
的曲线类型，从而控制物体的运动方式，操作步骤如下所示。

1 打开 3ds Max 2016 软件，在透视图中创建
一个【半径】为 10 的塑料小球，如图 10-39
所示。

Y、Z 轴的位移设置为 60、0、60，如图 10-40
所示。

图 10-39 创建软管模型

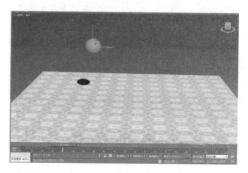

图 10-40 制作第 20 帧动画

2 单击【自动关键点】按钮，启动动画记录模
式，移动时间滑块到第 20 帧，将小球在 X、

3 移动时间滑块到第 40 帧，将 X、Z 的位移
分别改为 125、0，如图 10-41 所示。

图 10-41 制作第 40 帧动画

4 移动时间滑块到第 60 帧，将 X、Z 的位移
分别改为 150、30，如图 10-42 所示。

图 10-42 制作第 60 帧动画

5 移动时间滑块到第 80 帧，将 X、Z 的位移
分别改为 190、0，如图 10-43 所示。

图 10-43 制作第 80 帧动画

6 关闭动画记录模式。选择菜单栏中的【图形
编辑器】|【轨迹视图-曲线编辑器】命令，
打开【轨迹视图-曲线编辑器】窗口，如图
10-44 所示。

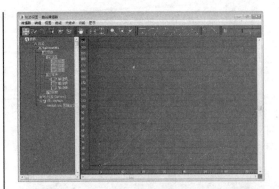

图 10-44 打开【轨迹视图-曲线编辑器】窗口

7 单击【将切线设置为自动】按钮。这使关键
点的控制手柄可用于编辑。选择【X 位置】
曲线关键点上的控制手柄进行调整，如图
10-45 所示。

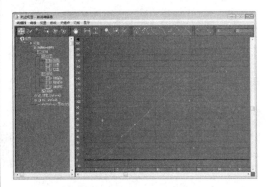

图 10-45 调整控制手柄

8 按 Ctrl+Z 快捷键返回操作。在工具栏中单击
【将切线设置为快速】按钮，它的含义是将关
键点曲线设置为快速内曲线、快速外曲线。
这时曲线发生了变化，如图 10-46 所示。

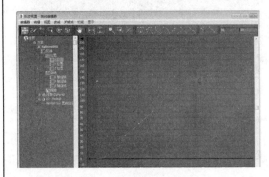

图 10-46 设置曲线

9　返回操作。单击【将切线设置为慢速】按钮，它的含义是将关键点曲线设置为慢速内曲线、慢速外曲线。如图 10-47 所示。

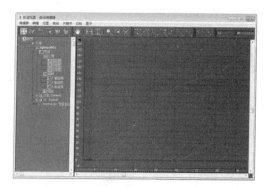

图 10-47　设置为慢速

10　返回操作。单击【将切线设置为阶跃】按钮，它的含义是将关键点曲线设置为阶跃内曲线、阶跃外曲线。使用该选项可以创建跳跃性动画。这时动画曲线变成了阶梯，如图 10-48 所示。

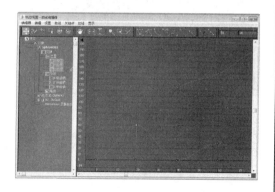

图 10-48　设置为阶跃

11　返回操作。单击【将切线设置为线性】按钮，它的含义是将关键点曲线设置为线性内曲线、线性外曲线，如图 10-49 所示。

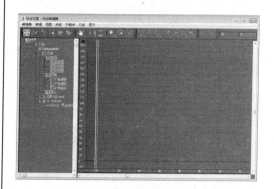

图 10-49　设置为线性

12　返回操作。单击【将切线设置为平滑】按钮，这时软管的运动将平滑度过，如图 10-50 所示。

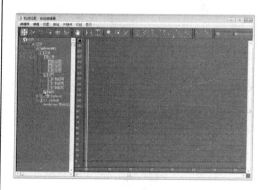

图 10-50　设置为平滑

10.7　课堂实例 3：旋转的星星

本实例制作旋转的星星，通过利用注视控制器搭配螺旋线的方法制作出星星在掉落时所产生的一些动作。本案例除了用到注视控制器外，还将使用路径约束等控制器。

1　打开场景文件，在本场景中已经建好物体模型和灯光，如图 10-51 所示。

2　在视图中创建一条螺旋线，然后将其放在硬币的上方，并与硬币对齐，如图 10-52

所示。

3　选择螺旋线 helix1，按 Ctrl+V 快捷键克隆一条新的螺旋线，然后修改其参数，如图 10-53 所示。

图 10-51　打开场景

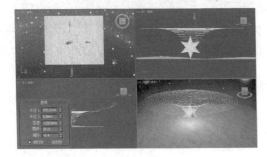

图 10-52　创建螺旋线

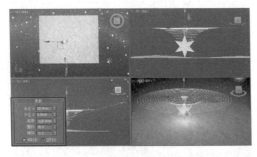

图 10-53　克隆螺旋线

4 在【工具】面板中单击【虚拟对象】选项，然后在场景中创建两个虚拟对象，作为目标物体，如图 10-54 所示。

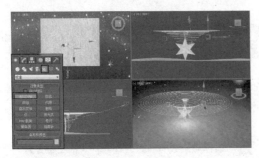

图 10-54　创建虚拟物体

5 选中虚拟物体 Dummy001，在主菜单栏中选择【动画】|【约束】|【路径约束】命令，然后将鼠标虚线链接到螺旋线 Helix001 上，将其拾取为路径，如图 10-55 所示。

图 10-55　调整控制手柄

6 使用同样的方法将虚拟物体 Dummy002 链接到螺旋线 Helix002 上，将其拾取为路径，如图 10-56 所示。

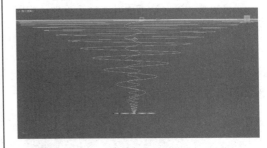

图 10-56　设置曲线

7 在前视图中选择地面模型和星星模型，然后将其移动到螺旋线的正下方，如图 10-57 所示。

图 10-57　移动物体

8 选择星星模型，然后单击【运动】按钮，切换到运动控制面板，在【指定控制器】卷展栏中选择【旋转】选项，最后单击【指定控制器】按钮，即可弹出【指定旋转控制器】对话框，如图 10-58 所示。

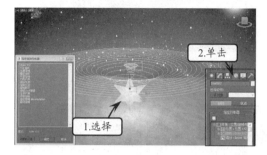

图 10-58　选择属性

9　在【指定旋转控制器】对话框中选择【注视约束】选项，然后单击【确定】按钮，如图 10-59 所示。

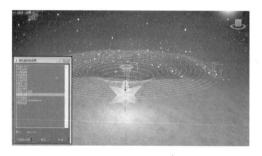

图 10-59　添加约束

10　在【注视约束】卷展栏中选择【添加注视目标】按钮，然后在场景中分别选择两个虚拟物体，将它们作为注视目标，如图 10-60 所示。

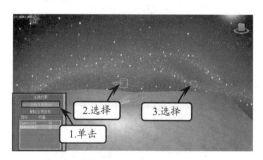

图 10-60　添加注视目标

11　为星星模型添加注视目标后，可以看到星星

模型发生了偏转，如图 10-61 所示。

图 10-61　模型偏转

12　将时间滑块移动到第 0 帧，设置虚拟物体 Dummy001 的权重值为 100、虚拟物体 Dummy002 的权重值为 0，然后单击【自动关键点】按钮，如图 10-62 所示。

图 10-62　设置权重关键帧

13　将时间滑块移动到第 100 帧，设置虚拟物体 Dummy001 的权重值为 0，虚拟物体 Dummy002 的权重值为 100，如图 10-63 所示。

图 10-63　设置权重关键帧

14　设置了虚拟物体的注视权重后，切换到【注

视约束】卷展栏中，然后在【选择注视】区域中，启用 Z 单选按钮。这样在制作动画时，可以实时观察对象的运动状态，以便于修改对象在运动时产生的错误，如图 10-64 所示。

15 至此，星星旋转的动画就制作完成了。然后按 Shift+Q 快捷键打开渲染窗口，渲染该场景文件，渲染效果如图 10-65 所示。

图 10-64　激活选项

　　(a)　　　　　　　(b)　　　　　　　(c)　　　　　　　(d)

图 10-65　渲染效果

10.8　思考与练习

一、填空题

1．动画的基础知识包括基础知识和＿＿＿＿＿＿的流程。

2．当单击＿＿＿＿＿按钮时，会进入自动记录动画模式，该按钮和视图的边框都会变成红色，此时对对象所做的任何改变都会被记录成动画。

3．在 3ds Max 2016 中，＿＿＿＿＿技术是计算机动画中最基本并且运用最广泛的方法。

4．＿＿＿＿＿＿有两种不同的窗口模式，即【曲线编辑器】和【摄影表】。

5．＿＿＿＿＿＿将源对象的运动限制在目标对象的表面上。

二、选择题

1．较为常用的时间控制包括两个区域，一个是时间条，另一个是＿＿＿＿＿。

　　A．时间配置区域

　　B．轨迹条

　　C．时间控制区域

　　D．视口

2．＿＿＿＿＿＿将所记录的声音文件振幅或实时声波转换为可以设置对象或参数动画的值。

　　A．音频控制器

　　B．贝塞尔控制器

　　C．噪波控制器

　　D．轨迹条

3．＿＿＿＿＿＿动画系统是设计给专业角色动画制作人员使用的，他们想要试验姿势然后特意把那些姿势委托给关键帧。

　　A．设置关键点

　　B．自动关键帧

　　C．音频控制器

　　D．时间控制区域

4．＿＿＿＿＿＿可以将动画的所有关键帧和范围显示在一张数据表格上，可以很方便地编辑关键帧和子帧等。

　　A．轨迹视图

　　B．轨迹视图——摄影表

　　C．轨迹视图——曲线编辑器

　　D．曲线编辑器

5．在 3ds Max 中，动画约束包括 7 种基本形态，下列选项中不属于动画约束形态的是

_____。

    A. 附着约束

    B. 曲面约束

    C. 位置约束

    D. 时间约束

三、问答题

1. 简述动画基本原理。

2. 简述轨迹视图和动画曲线编辑器各自的作用。

3. 什么是路径动画，它都是应用在哪些方面？

四、上机练习

1. 创建坦克动画

本练习要求读者根据坦克的前进、炮口的运动原理来创建一段模拟动画。主要使用的是关键帧动画，另外还有关于轴心坐标的调整，如图10-66所示。

图 10-66 坦克动画

2. 制作旋转硬币动画

本练习要求读者使用关键帧动画和表面约束制作一枚硬币在木板上旋转的运动，并要求硬币在旋转的过程中有随时停止的感觉，如图10-67所示。

图 10-67 动画效果

第 11 章

环境和特效

当场景中完成了三维模型的创建、材质的设置，以及灯光摄像机的布局，此时已经创建了一个较为完整的三维空间。为了使场景具有更强的空间感、真实感，往往需要使用环境和效果功能来丰富场景的效果。在场景中添加诸如烟雾、霾、燃烧、灰尘、光等逼真的环境效果。另外在环境的设置中，还可以改变场景的背景颜色，以及导入背景贴图文件，甚至还可以将 AVI 动画格式的文件设置为背景画面；在环境中还可以改变场景中所有灯光的亮度、颜色及环境色。

本章主要介绍了环境设计理论、设置背景环境、火效果、雾效果和体积光效果等动画的基础背景效果。

11.1　自然环境设计概论

环境影响周围的一切事物，通常所说的环境是指围绕着人类的外部世界，环境是人类赖以生存和发展的物质条件的综合体，这一理论在动画中同样适用。在三维动画设计中，环境的使用是十分重要的。

11.1.1　环境对效果的影响

环境的来源很广，我们可以从现实生活中寻找环境，也可以利用 3ds Max 软件制作环境，甚至可以从第三方面的软件中来寻求帮助。通常情况下三维动画环境可以使用以下途径找到环境素材。

1. 利用现实环境

这种方法主要应用在一些专题片、栏目包装、广告片头当中，随着数字媒体技术的发展，这一个途径正在虚拟现实中逐步达成应用。

利用现实环境，实际上要求我们通过拍摄或者抓取现实世界的某些场景作为动画的影视素材。例如，如果要表现飞行器在空中飞行的动画，则可以利用拍摄的天空素材来充当整个动画的环境，如图11-1所示。

图 11-1 使用天空背景

在一些电视片头、栏目包装的过程中，真实的环境不仅可以表现出主题，更重要的是可以向人们展示一个真实的场景效果。因此，此时如果拍摄一些与节目相关的素材更能吸引人们的目光。图 11-2 所示的是影视栏目当中的环境与主题层次。

当然，在制作的过程中还需要造型的颜色与场景搭配。并且，要使整个场景的主题更加突出，使整个场景的显示十分融洽、浑若天成。

2．使用软件制作

软件制作的方法主要应用在一些大型的影视片中，例如《变形金刚》、《星际穿越》、《爱丽丝梦游仙境》等。这些影片当中都是以软件合成的方式制作整个动画的环境，并且配上一些精彩的动画，或者真实演员的动作造就了令人瞩目的作品。图 11-3 所示的是《星际穿越》中外星的环境。

图 11-2 影视栏目包装中的环境

另外的一个重要应用领域就是游戏，在大型的游戏场景中，利用软件生成场景是非常有必要的，例如众所周知的《魔兽争霸》、《魔兽世界》等都采用这种模式制作环境，如图11-4所示。

三维的游戏环境虽然失真，但是它可以营造一个十分融洽的环境，这也是很多游戏朋友十分喜欢的。

图 11-3 利用软件制作的环境效果

3．使用合成图像

合成图像主要针对一些静帧效果而言，通常使用在产品的宣传画、产品展示、真实效果模拟，或者一些静态的艺术作品之中。

图 11-4 三维游戏中的环境

图 11-5 所示的就是利用图形图像处理软件合成的渐变背景。

这种方法主要是应用一些通过现实世界拍摄的或者利用三维软件生成的素材，通过一些专业的图像处理软件将其合成，例如 Photoshop 等。

11.1.2 环境的实现方法

利用 3ds Max 实现环境的方法很多，只要能够为场景的主题创建合适的氛围都是环境。例如，利用材质表现环境、利用建模表现环境、利用特效表现环境。

1. 利用材质表现环境

图 11-5　产品展示当中的环境

材质表现动画的方法较为常用，但是它一般用于表现一些简单的环境，例如渐变的天空、云朵、地面，以及一些具有特殊形状的环境。图 11-6 所示的作品中，森林古迹中的地面实际上就是利用贴图来实现的。

2. 利用建模表现环境

图 11-6　利用贴图创建环境

建模主要应用在一些元素角度的环境中，例如三维建模效果场景、游戏场景等。特别是利用 3ds Max 的 AEC 扩展就可以制作在场景中添加树木、植物等环境。图 11-7 所示的是一个丛林的效果。

3. 利用特效模拟

图 11-7　利用建模表现环境

特效是建模的重点区域，通常利用 3ds Max 的特效可以实现雾、云、火、光等。关于这部分知识本章还将重点介绍。图 11-8 所示的是利用特效模拟出来的真实火焰效果。

4. 灯光在环境中的应用

在环境的制作过程中，不要忘记灯光，它对环境的真实性有着很大的帮助。例如灯光的投影可以真实地模拟场景物体的投影；灯光的照明可以使场景看起来明暗分明，更能体现场

图 11-8　火焰效果

景效果，如图 11-9 所示。

在图 11-9 中，通过为树叶添加灯光投影效果，使整个环境表现的淋漓尽至，不仅增加了场景颜色的变化，更重要的是使整个场景显得更加真实。

图 11-9　灯光在特效中的应用

11.2　设置背景环境

在 3ds Max 中设置背景环境时，在三维动画制作中要实现最终的整体视觉效果，背景环境的设置是必不可少的。如在场景雾化、火焰的特效中增加背景图片。本节将介绍环境的设置方法以及一些常用参数的功能。

选择【渲染】|【环境】命令，会弹出【环境和效果】对话框，或者按快捷键 8，也可以打开【环境和效果】对话框，如图 11-10 所示。该对话框可以设置大气特效和环境特效等，下面介绍环境贴图的使用方法。

1.【公用参数】卷展栏

【公共参数】卷展栏中的参数主要用于设置一些常用的场景效果，例如背景、全局光等。它们的含义如下。

1）颜色

背景的颜色。在默认情况下，该颜色为黑色。如果需要

图 11-10　环境与效果

更改背景颜色，只需单击其下面的颜色块，并选取需要的颜色即可。

2）环境贴图

用于指定一个背景贴图。例如，当需要在当前场景中渲染一幅带有天空效果的场景时，可以直接单击该按钮，并导入一张关于天空的图片即可，如图 11-11 所示。

3）使用贴图

当启用该复选框后，环境贴图变得有效，即在场景中显示【环境贴图】所指定的贴图。如果禁用该复选框，则系统在场景中显示【颜色】属性所指定的颜色。

图 11-11　设置天空环境

4）染色

用于设置灯光在系统中的默认颜色。3ds Max 中灯光的默认颜色为白色，通过设置

该选项可以将灯光的颜色设置为其他颜色。

2. 大气卷展栏

通过环境对话框，也可以设置大气效果。展开大气卷展栏，即可看到与大气效果相关的选项，简介如下。

1）效果

【效果】列表用于显示已添加的效果队列。在渲染期间，效果在场景中按线性顺序计算。根据所选的效果，环境对话框添加适合效果参数的卷展栏。

2）特效编辑区域

特效编辑区域用于向当前场景中添加、删除大气效果。例如单击【添加】按钮可在打开的对话框中选择一个特效，单击【删除】按钮可删除一个特效等。

11.3 环境技术

使用 3ds Max 中的雾效可以在场景中创建烟、雾及阴霾效果。在 3ds Max 中，雾基本分为标准雾和分层雾两种。其中标准雾需要与摄像机配合产生远近浓淡的效果；而分层雾则是在由上到下或由下至上的一定范围内产生雾效。

11.3.1 火效果

火是不需要付材质的，使用火效果可以生成火焰、烟雾和爆炸效果。假如要制作一个火炬，做好圆锥当作火炬炬炳，然后在火炬炬炳上加一个虚拟的物体叫做球体 gizmo，这个也是一个球体物体，加好后来到修改面板，单击 gizmo 物体，有一个选项叫做大气和效果，单击【添加】按钮，这时候有一个火效果选项，选取火效果几个字，再单击【设置】按钮，出现浮动面板，单击渲染预览，火苗就渲染出来了。甚至可以生成篝火、火炬、火球、烟云和星云的效果。本节将介绍 3ds Max 中的燃烧特效的功能和使用方法。

打开【环境和效果】对话框，展开【大气】卷展栏，单击【添加】按钮，在打开的【添加大气效果】对话框中选择【火效果】选项，即可添加一个燃烧效果。此时，【火效果】将会被列在【效果】列表中显示，并显示其参数设置，如图 11-12 所示。

图 11-12 添加火效果

1. Gizmos 选项区域

在 3ds Max 中，火焰自身是不能够被渲染的，它必须依附在辅助物体上，才能够被渲染出来。因此，制作火焰时需要在该选项区域中单击【拾取 Gizmo】按钮来选择辅助物体。如果需要移除一个辅助物体，则需要在该选项区域中单击【移除 Gizmo】按钮。

在 3ds Max 中，同一个场景中可以使用任意数目的火焰效果，每个特效都拥有自己独立的参数设置。

2．颜色选项区域

火焰在燃烧的时候是具有颜色的，并且由于温度的不同，颜色也会产生一定的变化。因此 3ds Max 将火焰的颜色定义为三层，火焰温度最高的部分被定义为内部颜色，较低的部分定义为外部颜色，而火焰的最外层被定义为烟雾颜色，分别由【内部颜色】、【外部颜色】和【烟雾颜色】控制。

3．图形选项区域

【图形】选项区域用于设定火焰的类型及颜色。在 3ds Max 中，火焰的类型分为两种，一种是【火舌】，另一种是【火球】，关于它们的效果对比如图 11-13 所示。

1）拉伸

将火焰沿着装置的 Z 轴进行缩放，适用于火舌形式。此外，当该值小于 1.0 时，系统将压缩火焰的形状，从而使其显得更短更粗；当该值大于 1.0 时，系统将拉伸火焰，使其显得更细更长。其效果对比如图 11-14 所示。

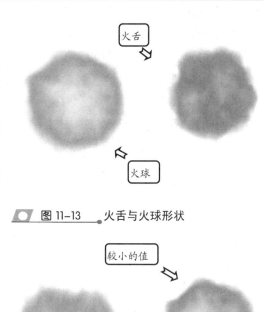

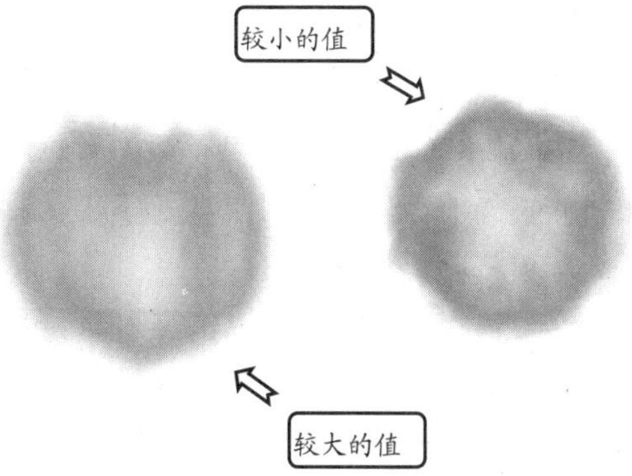

图 11-13　火舌与火球形状

图 11-14　Stretch 影响效果

2）规则性

【规则性】用于修改火焰的填充方式。当其取值为 1.0 时，火焰充满辅助装置；当火焰取值为 0 时，则生成不规则的效果，但通常要小一些。

4．特性选项区域

【特性】选项区域下的参数用于设置火焰的大小和外观，当然它还取决于辅助装置的大小，关于它们的简介如下。

1）火焰大小

【火焰大小】用于设置辅助装置中火焰的大小。一般情况下，在【火焰大小】值为 15～30 之间可以取得较好的效果。

2）密度

【密度】用于设置火焰的不透明度和亮度。在制作过程中需要注意辅助装置的大小，它是影响火焰密度的主要因素之一。

3）火焰细节

【火焰细节】控制火焰的颜色变化
和边缘尖锐程度。降低该参数的值可
以生成平滑、模糊的火焰；提高该选
项的值，可以生成纹理清晰的火焰，
其效果比较如图 11-15 所示。

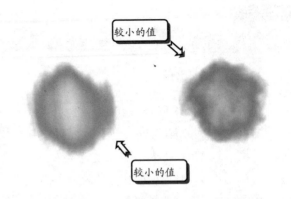

4）采样数

【采样数】用于设置效果的采样
率。该值越大，生成的效果越准确，
渲染所需的时间越长。

 图 11-15　火焰细节效果对比

关于火效果的参数设置就介绍到
这里，这些参数将直接关系到火焰的真实性，需要读者练习一下。

11.3.2　雾

在 3ds Max 2016 中提供了两种雾效，分别是标准雾和体积雾。这两种雾效可以模拟
出真实世界的雾效果。例如，霓虹灯效果、车灯效果
等。本节将逐一介绍它们。

雾可以在当前场景中提供雾和烟雾的大气效果，
如图 11-16 所示。它可以使对象随着与摄影机距离的
增加逐渐褪光，或提供分层雾效果，使所有对象或部
分对象被雾笼罩，如图 11-16 所示。按照其表现的效
果，可以将雾分为标准雾和分层雾。此外，只有摄影
机视图或透视视图中会渲染雾效果。正交视图或用户
视图不会渲染雾效果。雾的创建方法和燃烧特效的创
建方法相同，这里不再赘述。

 图 11-16　雾效

1．雾

【雾】又被称为标准雾，它可以在场景中增加大气
搅动的效果，例如图 11-16 所示的效果就是标准雾。
标准雾的默认颜色为白色，可以根据自己的需要更改
其颜色。在设置标准雾时需要在场景中最少有一部摄
像机，这是因为它的深度由摄像机的环境范围控制。
标准雾的面板如图 11-17 所示。

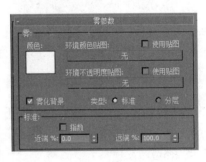

 图 11-17　参数设置面板

1）颜色
用于设置雾的颜色。

2）雾化背景

如果启用该复选框，则将雾化整个场景的背景。反之，则只雾化场景中的物体，其效果对比如图 11-18 所示。

（a）　　　　　　　　　　　　　（b）

图 11-18　雾化前后的效果

3）类型

【类型】用于设置雾的类型。如果选中【标准】单选按钮，则会在场景中产生标准雾。如果选中【分层】单选按钮，则会在场景中产生分层雾。

2．分层

【分层】就像一块平板，它具有一定的高度，有无限的长度和宽度。我们可以把它看作是舞台上用于布景的人造雾，薄薄的一层覆盖在地表，具有流动感、神秘感。图 11-19 所示的就是分层雾作用在场景中的效果。

图 11-19　分层雾的两种效果

要使用分层雾，只需要在创建一个雾效果后在其参数面板中选中【分层】单选按钮即可，下面是分层雾的参数简介。

1）顶/底

【顶】/【底】分别用于设置雾的顶/底端到摄像机地平线的值，该值定义雾的上限。

2）衰减

该选项组可以添加一个额外的垂直地平线的浓度衰减，在顶层或者底层将雾的浓度减为 0。

3）密度

【密度】用于定义雾的整体浓度。

4）地平线澡波

为雾添加噪波，可以在雾的地平线上增加一些噪波以增加真实感，噪波的范围在地平线正负角度范围内，其效果对比如图 11-20 所示。

（a）　　　　　　　　　　　　　（b）

⬭ 图 11-20　启用【地平线澡波】选项前后效果对比

5）大小

【大小】用于定义噪波的尺寸，该值越小，则雾的翻滚效果越明显。在如图 11-21 所示的效果中，图 11-21（a）中的取值为 120，图 11-21（b）中的取值为 11。

（a）　　　　　　　　　　　　　（b）

⬭ 图 11-21　定义噪波大小

关于标准雾的参数就介绍完了，这些参数的设置将直接影响雾的最终效果。

11.3.3　体积雾

【体积雾】是一种拥有一定作用范围的雾，它和火焰一样都需要一个 Gizmo 作为容器。通常情况下可以使用它制作漂浮的云层、被风吹动的云雾等特效。图 11-22 所示的是体积雾的表现效果，其中图 11-22（a）的效果是在一个背景的基础上添加了体积雾，图 11-22（b）的效果则仅应用了体积雾。

(a)　　　　　　　　　　　　　　　　　　　　(b)

图 11-22　体积雾效果

当在场景中创建了 Gizmo 物体后，即可通过【环境和效果】对话框添加体积雾特效。图 11-23 所示的是【体积雾参数】面板。

1．拾取 Gizmo

为体积雾选择 Gizmo。如果不渲染任何 Gizmo，则整个体积雾将弥漫于整个场景当中。

2．柔化 Gizmo 边缘

用于羽化体积雾的边界，取值越大，则羽化程度越大。为了防止雾效产生锯齿，通常将其设置为不为 0 的数值。

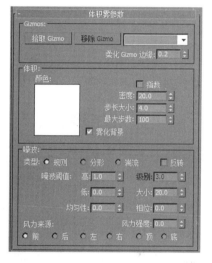

图 11-23　【体积雾参数】面板

3．颜色

和【标准雾】的功能相同，该参数用于设置雾的颜色。

4．指数

启用该复选框后，雾的浓度将随着距离的变化符合现实中的指数规律。

5．密度

【密度】用于定义雾的整体密度。不同的密度值创建的不同效果如图 11-24 所示。

6．步长大小/最大步数

【步长大小】用于设置雾的粗糙程度，该值越大则雾显得越粗糙。【最大步数】用于限制取样的数量。

(a)　　　　　　　　　　　　　(b)

图 11-24　不同的密度效果对比

7．噪波

在制作场景时，雾的默认效果比较均匀，影响整个场景效果。此时，可以利用【噪波】选项区域中的参数使雾产生翻滚的效果，如图 11-25 所示。

(a)　　　　　　　　　　　　　(b)

图 11-25　噪波的影响

> **提　示**
>
> 在体积雾上添加噪波的好处在于：（1）可以柔化雾的边缘；（2）可以产生不规则雾的形状。

8．类型

【类型】用于设置噪波的显示方式，不同的选项将会产生不同的噪波形状。

9．反转

Invert 可以把噪波中浓度大的地方变为浓度小的，将浓度小的地方变为浓度大的。

10．噪波阈值

该选项区域用于设置噪波的阈值。其中，【高】用于设置阈值的上限，【低】用于设置阈值的下限，两者的取值范围都在 0～1 之间，它们的差越大，则雾的过渡效果越柔和。不同的参数效果对比如图 11-26 所示。

（a）　　　　　　　　　　　（b）

图 11-26　噪波阈值对体积雾的影响

11．大小

【大小】用于设置烟卷或雾卷的大小。该值越小，则雾卷越小，其效果对比如图 11-27 所示。

（a）　　　　　　　　　　　（b）

图 11-27　Size 对体积雾的影响

12．相位

控制风的种子。如果【风力强度】大于 0，体积雾会根据风向产生动画。如果没有【风力强度】，雾将在原处涡流。因为相位有动画轨迹，所以可以使用【功能曲线】编辑器准确定义希望风的吹动方式。

13. 风力强度

控制烟雾远离风向的速度。该参数与【相位】的参数设置相关。如果相位没有设置动画，无论风力强度有多大，烟雾都不会移动。通过使相位随着大的风力强度慢慢变化，雾的移动速度将大于其涡流速度。

11.3.4 体积光

体积光有着和其他光源不同的地方，使用体积光可以更好地体现灯光的延伸效果或者限定区域内的灯光效果，利用它我们可以很方便地控制光线所到达的范围，使用缩放工具能改变光体的大小，使用移动和旋转工具可以更好地操作其位置和角度。体积光用来模拟发光物体。本节介绍的是体积光的制作方法和体积光的参数设置。

体积光的创建方法和燃烧效果的方法相同。所不同的是体积光的载体和火特效的载体不同，体积光需要场景中的一盏灯光作为载体。当添加了一个体积光效果后，就可以打开如图 11-28 所示的参数设置面板。

图 11-28　参数设置面板

1. 拾取灯光/移除灯光

【拾取灯光】用于拾取灯光，【移除灯光】用于删除已经被加载到列表中的灯光。

2. 雾颜色/衰减颜色

【雾颜色】用于设置体积光的颜色，【衰减颜色】用于设置体积光的衰减色。

3. 最大亮度/最小亮度

这两个参数主要用于定义体积光的最大亮度和最小亮度。一般情况下【最小亮度】都设置为 0。

4. 密度

【密度】用于控制体积光的密度，数值越大光线变得越不透明，其效果对比如图 11-28 所示。在自然界中，真正有密度的光很少，在密度很大的大气条件下（如浓雾）才能发现的光只有太阳光。除非需要创建一个密度很大的大气，否则一般选择低密度的光。该参数的默认值为 5，建议用户使用 2~6 之间的某个数值。

体积光和雾的特性都可以将大气雾效果加入到场景中，这种雾可能是均匀的薄雾，也可能是带有噪波设置的不规则雾。体光和雾可以一起使用也可以相互补充，还可以相互重叠。但体积光与雾存在着三个明显的不同：当场景中没有指定灯光时，体积光不会被激活；体积光可以和平行光一起使用以产生舞台布景灯光的效果；体积光不能向雾那样既可以充满整个场景，也可以将整个场景分层。

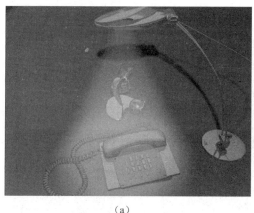
（a）

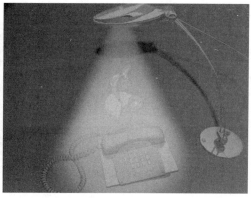
（b）

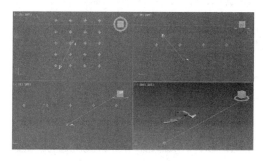 图 11-29　密度对效果的影响

11.4　课堂实例1：海上夕阳

　　天边金色的霞光，海面金光荡漾，一只拥有欢快健壮的身体的小鸟，在海面飞翔。本节将为海上夕阳上归来的一只小鸟设定背景，从而营造出其归巢的气氛，操作步骤如下所示。

1 打开本书配套资料中本章目录下的文件，在这个场景当中，已经定义好了灯光、摄像机，以及小鸟的骨骼和骨骼动画，如图 11-30 所示。

图 11-30　打开场景

2 按数字键 8 打开【环境和效果】对话框，观察此时的颜色。此时的场景以白色的背景作为环境，可以通过渲染摄像机视图来观察，如图 11-31 所示。

图 11-31　渲染效果

3 确认【环境和效果】对话框处于打开状态，选择【环境】选项卡，展开【公用参数】卷展栏，单击【背景】选项卡中的【颜色】选项下方的颜色块，打开【颜色选择器：背景色】对话框。将背景的颜色设置为 RGB（ 84，129，87 ），如图 11-32 所示，单击【确定】按钮关闭对话框。

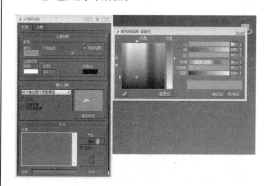
图 11-32　设置颜色

4 激活摄像机视图，按 Shift+Q 快捷键快速渲染该视图观察效果，如图 11-33 所示。

5 单击【背景】选项卡中的【环境贴图】选项下方的【无】按钮，即可弹出【材质/贴图浏览器】对话框，如图 11-34 所示。

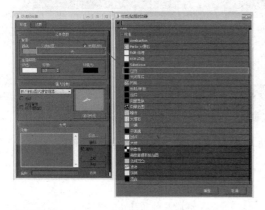

图 11-34　选择贴图

图 11-35　设置背景图像

[6] 在【材质/贴图浏览器】对话框中，双击【位图】选项，打开【选择位图图像文件】对话框，选择图像，单击【打开】按钮导入图像，如图 11-35 所示。

[7] 按 F9 键渲染视图，可以看到场景的背景显示出了一个比较适合主角心情气氛的效果，如图 11-36 所示。

[8] 设置完毕后，可以将最终的效果渲染出来，完成飞行镜头设置，如图 11-37 所示。

图 11-36　背景效果

提　示

在第（7）步时，若渲染出的背景比例不调，可以在【背景与效果】中把背景文件拖到【材质编辑器】的材质球上，选择【实例】复制，单击【坐标】参数面板中【贴图】下的【球形环境】，在出现的下拉列表中选择【屏幕】选项，再次渲染就正常了。

（a）

（b）

（c）

（d）

图 11-37　动画序列

11.5　课堂实例2：奥运火炬

这是一个表现城中火炬的场景，而本节所要表现的是幽暗的环境，在灯光衬托下，整个只有一把火炬映出的光明，操作步骤如下所示。

1. 在视图中导入一个场景文件作为编辑的对象，如图 11-38 所示。

图 11-38　添加大气装置

2. 选择【创建】|【辅助对象】|【大气】|【球体 Gizmo】命令，在视图中创建一个球体 Gizmo，并将其移动到如图 11-39 所示的位置。

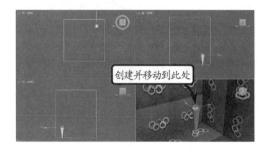

创建并移动到此处

图 11-39　创建球体 Gizmo

3. 选择球体 Gizmo，切换到【球体 Gizmo 参数】卷展栏，设置【半径】为 400，启用【半球】复选框，然后单击【新种子】按钮随机生成一个种子，如图 11-40 所示。

图 11-40　设置参数

4. 在工具栏中单击【选择并非均匀缩放】按钮

，然后使用该工具缩放辅助装置，如图 11-41 所示。

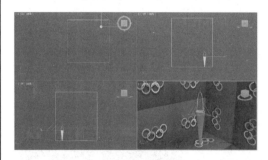

图 11-41　缩放辅助装置

5. 在【球体 Gizmo 参数】卷展栏中展开【大气和效果】卷展栏，单击【添加】按钮。在弹出的【添加大气】对话框中，选择【火效果】选项，单击【确定】按钮，添加火效果，如图 11-42 所示。

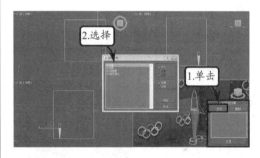

2.选择

1.单击

图 11-42　添加火效果

6. 按 F9 键，快速渲染摄像机，观察此时的火焰效果，如图 11-43 所示。

图 11-43　火焰效果

第11章　环境和特效

273

7 下面来制作火焰的跳动动画。首先,将时间滑块移动到第200帧,并单击【自动关键帧】按钮。然后单击数字键8,打开【环境与效果】面板,在【大气】卷展栏中单击【火效果】,在【动态】选项中设置【相位】为2、【漂流】为150,如图11-44所示。

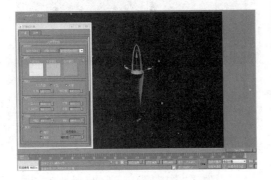

图 11-44 设置关键帧

8 将时间滑块移动到第0帧,按F9键快速渲染摄像机视图,可以看到火焰燃烧时伴随跳动效果,如图11-45所示。

图 11-45 火焰效果

9 将时间滑块移动到第110帧,按F9键快速渲染摄像机视图,可以看到火焰燃烧时伴随跳动效果,如图11-46所示。

10 在视图中创建一盏泛光灯,用于模拟燃烧的火焰,然后将其调整到如图11-47所示的位置。

图 11-46 火焰效果

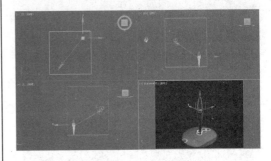

图 11-47 创建泛光灯

11 切换到【修改】面板,设置泛光灯的颜色为红色,启用【远距衰减】,设置【开始】为5、结束为30,如图11-48所示。

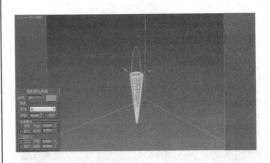

图 11-48 设置灯光属性

12 按F9键快速渲染摄像机视图,可以看到灯光照明效果,如图11-49所示。

13 在视图中创建一盏目标聚光灯,然后将其放置到如图11-50所示的位置,切换到【修改】面板,设置聚光灯的颜色为黄色、【聚光区/光束】为30、【衰减区/区域】为60。

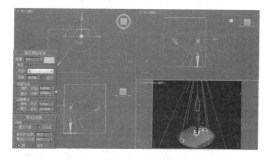

14　按 F9 键快速渲染摄像机视图，观察此时的灯光照明效果，如图 11-51 所示。

15　在视图中创建一盏泛光灯，然后将其调整到如图 11-52 所示的位置，然后设置相关参数。

16　按 F9 键快速渲染摄像机视图，观察此时的灯光照明效果，如图 11-53 所示，小巷之光就完成了。

11.6　课堂实例 3：月夜深深

在前面的操作当中，我们向大家介绍了月夜深深，本实例，我们一起来制作月夜深深，操作步骤如下所示。

1　在视图中导入一个场景文件，作为编辑的对象，如图 11-54 所示。

2　切换到【环境和效果】窗口，展开【大气】卷展栏，单击【添加】按钮，在弹出的【添加大气效果】对话框中选择【雾】选项，如图 11-55 所示。

图 11-54 打开场景

图 11-55 添加雾

3 单击【确定】按钮，即可完成雾效的添加，用雾的默认参数渲染场景文件，如图 11-56 所示。

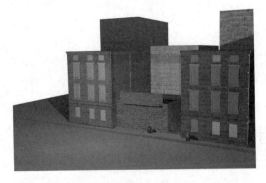

图 11-56 雾效果

4 在【环境和效果】窗口中，展开【雾参数】卷展栏，设置雾颜色为 RGB（245、245、220），渲染效果如图 11-57 所示。

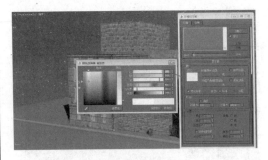

图 11-57 雾气效果

5 启用【指数】复选框，设置【近端】为 30、【远端】为 60，渲染摄像机视图，观察此时场景中雾气的效果，如图 11-58 所示。

图 11-58 雾气效果

6 为场景再添加一个雾效果，设置雾颜色为 RGB（255、255、230），启用【分层】单选按钮，设置【顶】为 75、【密度】为 8，快速渲染摄像机视图，观察此时的效果，如图 11-59 所示。

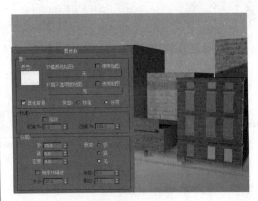

图 11-59 雾气效果

7 切换到【雾参数】卷展栏，在【分层】区域

中启用【地平线噪波】复选框，设置【大小】
为12、【角度】为16、【相位】为11，快速
渲染摄像机视图，观察此时的效果，如图
11-60所示。

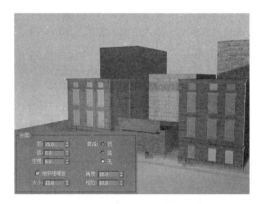

调整雾气参数后的效果

8 再为场景添加一个雾效果，启用【分层】单
选按钮，设置【顶】为45、【密度】为11，
快速渲染摄像机视图，观察此时的效果，如
图 11-61 所示。

9 切换到【雾参数】卷展栏，在【分层】区域
中启用【地平线噪波】复选框，设置【大小】
为8、【角度】为6、【相位】为5，快速渲
染摄像机视图，观察此时的效果，如图
11-62 所示。

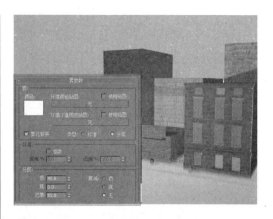

◢ 图 11-61 分层后的效果

◢ 图 11-62 地平线噪波的效果

至此，关于雾的制作就完成了，关于雾的调
整是后期的一个重要过程，不同的参数产生的效
果也不相同。

11.7 课堂实例 4：夕下悠然

本实例大家介绍了体积光的使用方法，它可以将雾效添加到灯光上，从而来模拟现
实生活中的景象，例如灰尘、雾气等。本节要制作的是一个温馨的小屋效果，操作步骤
如下所示。

1 首先打开场景文件，这是一个已经设置好灯
光模型的场景，如图 11-63 所示。

2 在视图中创建一盏聚光灯，然后将其调整到
如图 11-64 所示的位置。

3 选择聚光灯 Spot1，切换到【修改】面板，
展开【强度/颜色/衰减】卷展栏，设置【倍
增】为5、颜色 RGB 为（224，181，89），
如图 11-65 所示。

◢ 图 11-63 打开场景

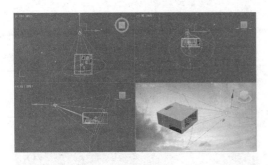

图 11-64　创建聚光灯

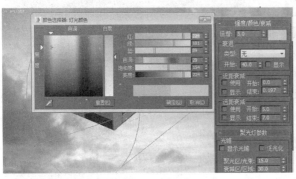

图 11-65　调整聚光灯参数

4 快速渲染摄像机视图，观察此时的效果，如图 11-66 所示。

图 11-66　聚光灯效果

5 通过图 11-66 可以看到曝光比较严重，切换到聚光灯的【强度/颜色/衰减】卷展栏中，启用【远距衰减】复选框，然后设置【开始】为 800、【结束】为 1100，如图 11-67 所示。

6 快速渲染摄像机视图，观察此时的效果，如图 11-68 所示。

注　意

在 3ds Max 中，燃烧、雾效和体积光等特效必须在透视图或者摄像机视图中才能显示，在其他视图中是不会产生渲染效果的。

图 11-67　设置灯光属性

图 11-68　灯光衰减效果

7 切换到聚光灯的【大气和效果】参数卷展栏，然后单击【添加】按钮，在弹出的对话框中选择【体积光】选项，如图 11-69 所示。

📀 图 11-69　添加体积光

8　设置完毕后，快速渲染摄像机视图，观察此时的效果，可以看到其照射范围太强，导致整个画面都产生了朦胧的白色。如图 11-70 所示。

📀 图 11-70　体积光效果

9　按数字键 8，切换到【环境和效果】面板，展开【体积光参数】卷展栏，启用【指数】复选框，设置【密度】为 2、【最大亮度】为 75%，如图 11-71 所示。

📀 图 11-71　设置体积光参数

10　设置完毕后，再次渲染摄像机视图，可以看到体积光发散出的灯光密度和亮度有所减弱，如图 11-72 所示。

📀 图 11-72　体积光效果

11　切换到【体积光参数】卷展栏，启用【使用衰减颜色】复选框，设置雾颜色 RGB 为（254，251，230）、衰减颜色 RGB 为（254，243，166），如图 11-73 所示。

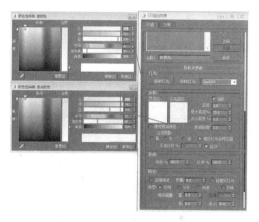

📀 图 11-73　设置体积光属性

12　设置完毕后，渲染摄像机视图，可以看到体积光发散出的灯光密度和亮度再次减弱，如图 11-74 所示。

📀 图 11-74　体积光效果

13　选择聚光灯，切换到【修改】命令面板，展开【高级效果】卷展栏，启用【投影贴图】复选框，然后单击【无】按钮，为其添加 Mask 图片，如图 11-75 所示。

图 11-75　添加位图

14 在【高级效果】卷展栏中选择贴图 tree1.jpg，将其拖曳到材质编辑器中的一个空白材质球上，在弹出的【实例（副本）贴图】对话框中，启用【实例】单选按钮，如图 11-76 所示。

图 11-76　设置贴图

15 展开【位图参数】卷展栏，在【裁剪/放置】区域中启用【应用】复选框，并设置裁切属性。然后单击【查看图像】按钮，如图 11-77 所示。

图 11-77　编辑位图

16 设置完毕后，渲染摄像机视图，观察此时体积光在室内的投影效果，如图 11-78 所示。

图 11-78　光影效果

17 通过图 11-78，可以看出体积光的阴影和光速很不理想，下面来调整上述问题。首先，选择聚光灯，切换到【聚光灯参数】卷展栏，设置【聚光灯/光束】为 11、【衰减区/区域】为 20，如图 11-79 所示。

图 11-79　设置聚光灯

18 设置完毕后，渲染摄像机视图，观察此时体积光在室内的投影效果，如图 11-80 所示。

图 11-80　光影效果

19 切换到【环境和效果】窗口，为体积光增加

3ds Max 2016 中文版标准教程

噪波颗粒，丰富灯光雾的细节。启用【噪波】
复选框，设置【数量】为 0.68、【高】为 0.88、
【低】为 1.0、【均匀性】为 0.16，如图 11-81
所示。

图 11-81　设置噪波属性

20 设置完毕后，渲染摄像机视图，观察此时体
积光在室内的投影效果，该实例就制作完成
了，如图 11-82 所示。

图 11-82　照明效果

11.8　思考与练习

一、填空题

1.　＿＿＿＿＿＿主要针对一些静帧效果而言，
通常使用在产品的宣传画、产品展示、真实效果
模拟，或者一些静态的艺术作品之中。

2. 在【环境和效果】对话框中，＿＿＿＿＿＿
卷展栏中的参数主要用于设置一些常用的场景
效果，例如背景、全局光等。

3. 在 3ds Max 中，＿＿＿＿＿＿自身是不能
够被渲染的，它必须依附在辅助物体上，才能够
被渲染出来。

4. 在 3ds Max 2016 中提供了两种雾效，分
别是标准雾和＿＿＿＿＿＿。

5＿＿＿＿＿＿的载体和火特效的载体不同，
它需要场景中的一盏灯光作为载体。

二、选择题

1. 通常情况下，三维动画环境不可以使用
以下途径中的＿＿＿＿＿＿找到环境素材。

A．利用现实环境

B．实用软件制作

C．使用合成图像

D．产品宣传画

2. 在【环境和效果】对话框中，【公共参数】
卷展栏中的参数主要用于设置一些常用的场景
效果。则当用户启用＿＿＿＿＿＿复选框后，环境
贴图变得有效，即在场景中显示【环境贴图】所
指定的贴图。

A．颜色

B．环境贴图

C．使用贴图

D．染色

3. 火焰在燃烧的时候是具有颜色的，因此
3ds Max 将火焰的颜色定义为三层，下列选项中
＿＿＿＿＿＿不是其具有的。

A．内部颜色

B．外部颜色

C．烟雾颜色

D．中部颜色

4. 在【雾】的卷展栏中，＿＿＿＿＿＿用于
设置雾的类型。如果选中【标准】单选按钮，则
会在场景中产生标准雾。

A．雾

B．类型

C．雾化背景

D．颜色

5．在【环境和效果】对话框中，【体积光参数】卷展栏中的参数_____用于控制体光的密度，数值越大光线变得越不透明。

A．拾取灯光/移除灯光

B．雾颜色/衰减颜色

C．最大亮度/最小亮度

D．密度

三、问答题

1．试着阐述如何制作环境效果。

2．说明雾的应用。

3．试着说明分层雾的特征。

四、上机练习

1．火效果表现质感

这是一个表现城中小巷子的场景，表现的是幽暗的夜晚，在皎洁的月光衬托下，整个小巷陷入宁静的氛围，只有一截小小的蜡烛在幽暗中映出一点光明。本练习中，要求读者使用前面所学过的火效果一个逼真的场景，需要注意的是火的位置和光照强度，如图 11-83 所示。

图 11-83　火效果渲染

2．雾的表现

本练习要求读者为山景制作逼真的雾效，在此需要使用雾效功能，调整其参数值来为场景设置逼真的雾，需要注意的是使用分层雾的高度、长度和宽度，效果如图 11-84 所示。

图 11-84　雾效果的渲染

第 12 章

渲染与输出

　　渲染是一门艺术，是利用 3ds Max 软件的最终目的画面。在本章将介绍渲染输出方面的知识。不同的渲染方式不可以同时使用，每种渲染方式都有各自的特点，可以适应不同的场景。渲染运算越复杂，其渲染效果就越逼真，但同时也会耗费更多的系统资源和渲染时间，所以在选择渲染方式时，必须全面考虑作品的要求，以便选择最合适的渲染方式。

　　本章主要介绍 VRay 渲染器、VRay 材质，并结合了一个案例将 VRay 渲染器的应用及渲染过程展示出来。

12.1　关于渲染

　　在学习渲染之前，有必要让读者对渲染有一定的了解。实际上，渲染是一个模块，它具备很强大的处理功能，例如材质纹理、画笔特效、灯光等，都与渲染具有一定的联系。本节将重点讲解渲染的算法、类型，以及如何利用渲染输出图像。

　　关于 3ds Max 的知识这里不再做过多的介绍，下面主要介绍一些常用的专业渲染器。

1. Brazil 渲染器

　　Brazil 渲染器是由 SplutterFish 公司在 2001 年发布的，其前身是大名鼎鼎的 Ghost 渲染器。熟悉 Brazil 渲染器的读者都知道，它以优秀的全局照明、强大的光线跟踪的反射和折射、焦散、逼真的材质和细节处理而得到人们的认可。它的效果达到了影视、照片级的效果，如图 12-1 所示。

图 12-1　Brazil 渲染效果

Brazil 渲染器的缺点是渲染速度太慢，对于一般的用户而言，其效率不高，因此没有能够得到很好的普及。但是，目前 Brazil 渲染器比较流行于工业设计中的产品渲染。

2. FinalRender 渲染器

FinalRender 渲染器是著名的插件公司 Cebas 推出的旗舰产品。它在 3ds Max 中是作为独立插件的形式存在的，在 Cinerma 4D 中则为软件操作系统的默认渲染引擎。FinalRender 同样也是主流渲染器之一，它拥有接近真实的全局渲染能力、优秀的光能传递、真实的衰减效果、优秀的反真实渲染能力、饱和且特别的色彩系统以及多重真实材质，使 FinalRender 迅速在渲染插件市场中占有一席地位，并成为目前最主流的渲染器之一。著名的三维影视动画《冰河世纪》就是利用该渲染器作为主流渲染器制作的，如图 12-2 所示。

3. VRay 渲染器

VRay 渲染器的知识在这里不再做过多的介绍。在本章当中，将以它为重点渲染器对象，介绍渲染的要点。

图 12-2　冰河世纪中的画面

4. Maxwell 渲染器

Maxwell 渲染器是 Next Limit 公司推出的产品。读者可能对 Maxwell 渲染器比较陌生，但是绝对不会对制作《机器人历险记》的 RealFlow 感到陌生，这两款性能卓越的软件都出自 Nex Limit 公司。Maxwell 是一个基于真实光线物理特性的全新渲染引擎，按照完全精确的算法和公式来重现光线的行为，拥有先进的 Caustics 算法和完全真实的运动模糊，渲染效果也是相当不错的，是渲染插件的主力军，其渲染效果如图 12-3 所示。

图 12-3　Maxwell 渲染效果

5. Lightscape 渲染器

Lightscape 本来是 SGI 工作站上的渲染软件，后来被移植到了个人计算机上。目前所使用的是 Autodesk 公司推出的 3.2 版本，它只包括材质、灯光、渲染、摄像机动画 4 个部分，而没有建模系统，其场景来源于外部文件。

图 12-4 所示的是利用 Lightscape 渲染出来的居家客厅效果。

(a)   (b)

图 12-4   Ligthscape 渲染器效果

12.2   VRay 渲染器

VRay 渲染器相当于 Max 自身的渲染器，VRay 具有三大特点：表现真实、应用广泛、适应性强。VRay 渲染器主要分布在 Max 的 4 个区域中：渲染参数的设置区域、材质编辑区域、创建修改参数区域、环境和效果区域。为此本节将介绍 VRay 渲染器的一些基础知识。

12.2.1   VRay 简介

VRay 渲染器是由著名的 Chaos Group 公司开发的，它拥有快速的全局光引擎和优质的光线追踪品质，VRay 凭借这些优势在室内外设计以及建筑表现领域都显得极为活跃。而且有很好的兼容性，能与多种相关软件相配合，足迹遍布工业造型、影视娱乐、多媒体开发、游戏制作等各领域。

图 12-5   工业表现效果

VRay 不仅支持 3ds Max，也支持 Maya、Rhinoceros 等软件，这使得 VRay 在工业领域以及其他设计领域中占有一席之地，图 12-5 所示的是其工业表现效果。

VRay 渲染器是一款光线追踪和全局光渲染器，多用于建筑表现，VRay 的最大特点是间接照明功能，也就是通常说的 GI，使用该功能可以很好地模拟出真实而柔和的阴影和光影的反射效果，如图 12-6 所示。

图 12-6   真实的阴影

另外，VRay 还有一个特点就是发光贴图，它的作用是将全局照明所计算出的结果使用贴图的形式表现出来，这是 VRay 渲染引擎中较为复杂、参数也比较多的一项。正因为有了如此多的参数提高其可操控性，所以发光贴图可以快速准确地计算出完美的渲染效果。

在将渲染器调整为 VRay 渲染器之后，打开【材质/贴图浏览器】可以看到新添加的 7 种 VRay 专业类型的材质，使用这些材质可以轻松地制作出逼真的效果，如图 12-7 所示。

为了丰富光照的表现力，VRay 在灯光面板中也添加了两盏专业的 VRay 灯光，这些灯光的设置比较简单，但是它们可以很好地模拟出真实的光源照射，如图 12-8 所示。

图 12-7　逼真的材质效果

12.2.2　VRay 参数

要熟悉一款渲染器，或者说要比较深入地掌握它，就一定要先深入理解渲染器的含义。通俗地说，首先要明白渲染器各部分的功能和意义。在 3ds Max 中安装了 VRay 渲染器后，即可按快捷键 F10 打开渲染面板，在【公用】面板中展开【指定渲染器】卷展栏，单击【产品级】右侧的小按钮，在打开的对话框中选择 VRay 选项即可，如图 12-9 所示。

此时，渲染设置面板中将自动加载 VRay 渲染器的其他参数面板，包括 VRay 面板、间接照明、设置面板等。这三个面板包含了很多关于 VRay 渲染器的参数设置，本节重点介绍几个主要的参数卷展栏。

图 12-8　真实的光照效果

图 12-9　选择渲染器

提　示

本书所介绍的 VRay 版本为 3.00.07 版，因此它的参数布局和以前的版本不太相同。但参数的功能基本一致。

1．VRay 帧缓冲窗口

VRay 渲染器提供了一个特殊的功能，即 VRay 帧缓冲。VRay 拥有自身的帧缓冲处理功能,可以摆脱 3ds Max 系统默认的帧窗口。它方便对图像的最终处理进行 3ds Max 系统的自身调整,如图 12-10 所示。

2. VRay 全局开关

VRay 全局开关卷展栏主要用来设置全局渲染参数,包含针对几何体、灯光、材质、间接照明以及光线追踪的参数控制。

3. VRay 图像采样器

该卷展栏主要用来设置图像的采样频率,这是一个制约效果的关键性因素。可以通过设置【图像采样器】下拉列表来设置图像的采样方式,通过设置【抗锯齿过滤器】的参数来调整抗锯齿的方式。

图 12-10 帧缓冲窗口

4. VRay 间接照明

【间接照明】卷展栏中的参数将对场景中的间接照明参数进行控制。在默认情况下,间接照明是关闭着的,只用在启用【开】复选框后才能够使用。

5. VRay 发光贴图

该卷展栏只有将【间接照明卷展栏】中的【首次反弹】计算方式设置为【发光贴图】才会显示出来,发光贴图是计算三维空间点的集合的间接光照明。当光线发射到物体表面,VRay 会在发光贴图中寻找是否具有与当前点类似的方向和位置的点,从这些已经被计算过的点中提供各种信息。

6. VRay 灯光缓冲

该卷展栏只有将【间接照明卷展栏】中的渲染引擎设置为【灯光缓冲】才会显示出来,灯光缓冲渲染引擎是近似计算场景中间接光照明的一种技术,与【光子贴图】有些类似,但是比光子贴图更具扩展性,它追踪场景中指定数量的来自摄像机的灯光追踪路径,发生在每一条路径上的反弹会将照明信息存储在一种三维结构中。

7. VRay 光子贴图

该卷展栏只有将【间接照明卷展栏】中的渲染引擎设置为【灯光缓冲】才会显示出来,光子贴图有些类似于发光贴图,但是光子贴图的产生使用了另外一种不同的方法,它是建立在追踪场景中光源发射的光线微粒基础上的。这些光子在场景中来回反弹,在反弹中包含了灯光和场景的表面信息,保存在光子贴图中。它与发光贴图配合使用时,可以得到完美的效果。

12.3 VRay 材质介绍

VRay 渲染器是由 chaosgroup 和 asgvis 公司出品，在中国由曼恒公司负责推广的一款高质量渲染软件。VRay 是目前业界最受欢迎的渲染引擎。基于 V-Ray 内核开发的有 VRay for 3ds Max、Maya、Skecthup、Rhino 等诸多版本，为不同领域的优秀 3D 建模软件提供了高质量的图片和动画渲染。

VRay 渲染器能够制作出逼真的效果，使用 VRay 材质渲染的作品如图 12-11 所示。

在 VRay 渲染器中使用 VRay 材质可以获

图 12-11 VRay 材质表现

得一个比较正确的渲染效果，VRay 渲染器中的材质也可以防止产生色溢现象，在 VRay 材质中可以使用不同的纹理贴图，增加凹凸和置换贴图等，下面就来介绍一下 VRay 比较常用的几种材质。

12.3.1 VRayMtl 材质

VRayMtl 的材质是在 VRay 渲染中使用得比较多的材质，它可以轻松地控制物体的折射反射，以及半透明的效果，下面就来认识一下 VRayMtl 材质的主要参数。

1. 基本参数卷展栏

该卷展栏可以设置 VRayMtl 材质的基本参数，包括反射、折射、漫反射颜色等，基本参数卷展栏中的参数如图 12-12 所示。

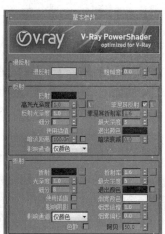

图 12-12 【基本参数】卷展栏

1）漫反射

该项控制着漫反射的颜色。可以在漫射通道中添加一张贴图，需要注意的是，实际的漫反射颜色也与反射和折射有关，漫射的效果及贴图效果如图 12-13 所示。

2）反射

控制材质的反射程度，通过右侧的色块可以调整反射的颜色和程度，效果如图 12-14 所示。

（a）　　　　　　　　　　　　　　（b）

图 12-13　漫反射效果

（a）　　　　　　　　　　　　　　（b）

图 12-14　反射效果

3）菲涅耳反射

　　启用该复选框后，反射的光线会随着表面法线的夹角减小而减小，最后消失，【菲涅耳折射率】可以调整菲涅耳反射的反射率，如图 12-15 所示。

（a）　　　　　　　　　　　　　　（b）

图 12-15　菲涅耳反射效果

4）高光光泽度和反射光泽度

【高光光泽度】可以控制 VRayMtl 材质的高光状态，默认情况下，【锁】按钮不被启用。【反射光泽度】会控制光泽的反射，该值越小反射越模糊，如图 12-16 所示。

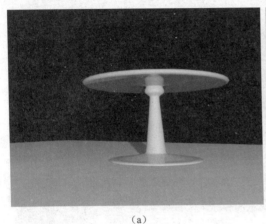

（a）　　　　　　　　　　　　　　　　　　（b）

图 12-16　光泽度效果

5）最大深度

定义反射能够完成的最大次数，注意当场景中具有大量的反射和折射表面的时候，该参数要设置得足够大才能产生真实的效果，如图 12-17 所示。

（a）　　　　　　　　　　　　　　　　　　（b）

图 12-17　最大深度效果

6）退出颜色

光线在场景中反射达到最大深度定义的反射次数后停止反射，此时该颜色将是反射完毕后的颜色，如图 12-18 所示。

7）折射

控制物体的折射强度，使用右侧色块可以定义折射的颜色。黑色代表的是无折射，白色代表的是完全透明，并可以为折射添加贴图。折射强度对比如图 12-19 所示。

（a）

（b）

图 12-18 退出颜色效果

（a）

（b）

图 12-19 折射对比

8）光泽度和细分

【光泽度】控制着折射的模糊程度，该值越小折射的效果就越模糊，默认为 1，【细分】用于定义折射效果的质量，较小的值会加快渲染速度，但同时也会产生噪波。

9）最大深度和退出颜色

【最大深度】控制着折射完成的最大次数，如图 12-20 所示。【退出颜色】会在折射完成后，保留设定的颜色为最终颜色。

（a）

（b）

图 12-20 最大深度对比

10）烟雾颜色

定义烟雾填充折射效果时的颜色，该选项经常用于较厚的透明物体。烟雾颜色效果对比如图 12-21 所示。

（a）   （b）

🔘 图 12-21　烟雾颜色对比

11）半透明类型和散射系数

【类型】选项可以选择半透明的类型，系统为用户提供了 4 种类型，分别为【无】、【硬（铅）模型】、【软（水）模型】和【混合模型】。【散射系数】会定义在对象内部散射的数量。

2．BRDF-双向反射分布功能卷展栏

【BRDF-双向反射分布功能】卷展栏是控制对象表面的反射特性的常用方法，它可以定义物体表面的光谱和控件反射特性的功能，VRay 支持三种 BRDF，分别是【多面】、【反射】、【沃德】，多面和沃德的效果如图 12-22 所示。下面介绍一下该卷展栏中的参数。

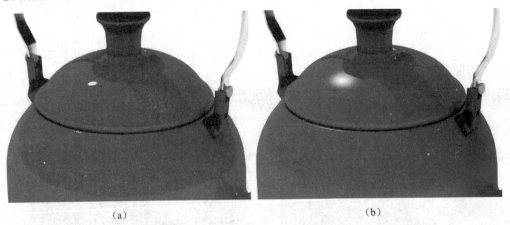

（a）   （b）

🔘 图 12-22　多面和沃德效果

> **提　示**
>
> 在同样的高光光泽度下，【多面】的反射最小，【反射】其次，【沃德】的反射最大。

【各向异性和旋转】可以改变高光形状，设置高光的各向异性特性。【旋转】可以将高光旋转，各向异性和旋转的效果如图 12-23 所示。

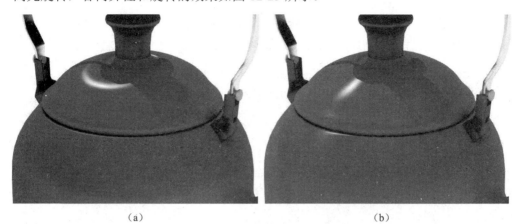

（a）　　　　　　　　　　　　　　　（b）

图 12-23　各向异性和旋转

● 12.3.2　VRay 灯光

VRay 除了可以支持 3d Max 自带的光源以外，本身还添加了两种灯光，一种是 VRay 灯光，另一种是 VRay 太阳光，VRay 灯光是一种面积光源，经常被用来制作阳光从窗口中射入的效果，如图 12-24 所示。下面就来介绍 VRay 灯光的一些参数。

图 12-24　VRay 灯光效果

1. 类型

VRay 灯光提供了 4 种类型的灯光，分别是【平面】、【球体】、【穹顶】、【网格体】，平面和球形的效果如图 12-25 所示。

（a）　　　　　　　　　　　　　　　（b）

图 12-25　平面和球形效果

2. 颜色和倍增器

【颜色】控制着灯光的颜色，改变右侧色块的颜色即可。【倍增器】控制着灯光的强度，该值越大，灯光越亮，值越小则反之，颜色和倍增器效果如图 12-26 所示。

⬭ 图 12-26 颜色和倍增器效果

3. 双面和不可见

启用【双面】复选框后，灯光的两面都会发光，启用【不可见】复选框后，灯光会在保留光照的情况下隐藏起来，双面和不可见的效果如图 12-27 所示。

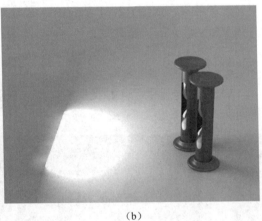

(a)   (b)

⬭ 图 12-27 双面和不可见

4. 投射阴影

在默认情况下，灯光表面在空间的任何地方发射的光线是平均的，在启用该复选框后，光线会在法线上产生更多的光照，如图 12-28 所示。

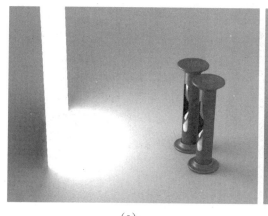
（a）

（b）

图 12-28 忽略灯光法线效果

5．不衰减

灯光会按照与光线距离的平方的倒数方式进行衰减，启用该复选框后，灯光光照的强度将不会衰减，如图 12-29 所示。

图 12-29 不衰减

6．天光入口

启用该复选框后灯光的颜色倍增等参数将不在场景中起作用，而是以天光的颜色和亮度为标准，如图 12-30 所示。

7．存储在发光贴图中

启用该复选框后，如果使用发光贴图方式的话，VRay 将计算 VRay 灯光的光照效果，并且将光照效果存储在发光贴图中，在计算发光贴图的过程中整个计算速度将会变慢，但是会提高渲染时的速度。

8．影响漫反射、影响高光和影响反射

关闭【影响漫反射】复选框时灯光照在物体上时将不会产生漫反射，关闭【影响高光】复选框后灯光照在物体上时将不产生高光，关闭【影响反射】复选框后灯光照在镜面物体上时将不产生反射，影响漫反射和影响反射的效果如图 12-31 所示。

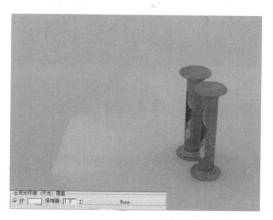
图 12-30 天光入口

(a)　　　　　　　　　　　　(b)

图 12-31　关闭影响漫反射和影响反射效果

9. 细分和阴影偏离

【细分】控制着阴影的采样数值，该数值越大细分光照质量就越高，同时渲染时间也越长，该值越小则反之，【阴影偏离】控制着阴影的偏移程度，该值越大阴影的范围就越大、越模糊，该值越小阴影相对清晰，如图 12-32 所示。

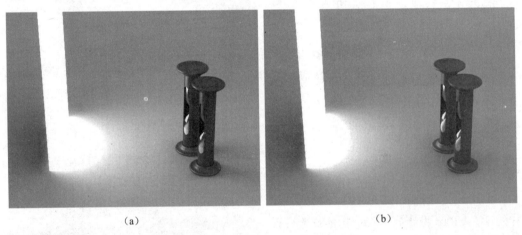

(a)　　　　　　　　　　　　(b)

图 12-32　阴影偏离效果

12.3.3　VRay 太阳光

VRay 太阳光是 VRay 1.50 版本加入的一种光源，它可以真实地模拟太阳光照射的效果，它的参数面板并不复杂，用户可以根据自己的需要设置阳光的颜色和光源的强度等，下面介绍一下它的参数面板。

1. 激活和不可见

启用【激活】复选框时才能使用 VRay 太阳光效果，启用【不可见】复选框后会在保留光照的情况下隐藏 VRay 太阳光。

2．浊度

该值可以控制太阳光穿过空气时受空气阻挡的程度，值越小，空气阻挡的程度就越小，光线越强烈，值越大，空气阻挡的程度就越大，光线强度会减弱，而且还会偏向于红色，一般用来制作黄昏时的效果，浊度对比效果如图 12-33 所示。

 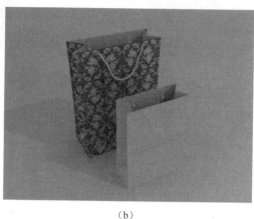

（a）　　　　　　　　　　　　　　　（b）

图 12-33　浊度对比效果

3．臭氧

控制空气中臭氧的含量，该值越小空气中臭氧的含量就越小，该值越大空气中臭氧的含量就越高，同时画面的颜色会偏向蓝色，如图 12-34 所示。

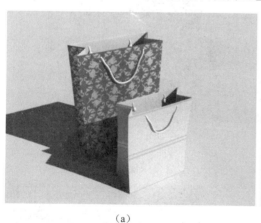 

（a）　　　　　　　　　　　　　　　（b）

图 12-34　臭氧含量对比

4．强度倍增器和大小倍增器

【强度倍增器】控制着太阳光的强度，通常与【浊度】一起配合使用，【大小倍增器】对于阴影的影响较大，该值越大，阴影边缘就越模糊，强度倍增器和大小倍增器的效果如图 12-35 所示。

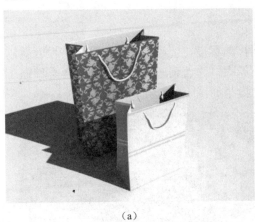 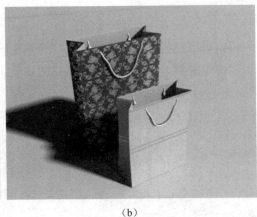

（a）　　　　　　　　　　　　　　　　　（b）

图 12-35 强度倍增器和大小倍增器效果

5. 阴影细分和阴影偏移

【阴影细分】控制着阴影的采样数值，该值越大阴影的质量就越高，该值越小阴影周围会出现噪波现象。【阴影偏移】定义着阴影的偏移值，取值过大的话，可能会使阴影效果丢失，阴影细分和阴影偏移的效果如图 12-36 所示。

（a）　　　　　　　　　　　　　　　　　（b）

图 12-36　阴影细分和阴影偏移效果

12.3.4　VR 灯光材质

VRayLightMtl 材质也可以看作是 VRay 的自发光材质，它经常用于制作日光灯的灯罩这类自发光物体，下面介绍 VR 灯光材质。VRayLightMtl 的面板如图 12-37 所示。

【颜色】用于设置自发光的颜色，单击右侧的色

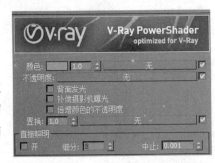

图 12-37　**VRayLightMtl** 面板

块即可更改颜色,【倍增器】控制着颜色的亮度,颜色和倍增器的效果如图 12-38 所示。

（a）   （b）

图 12-38 颜色和倍增器效果

1．背面发光

启用该复选框后灯光材质的双面都发光,并可通过【颜色】参数修改其颜色,效果如图 12-39 所示。

（a）   （b）

图 12-39 双面效果

2．不透明度

可以为材质添加不透明度贴图,从而更加丰富灯光材质效果,效果如图 12-40 所示。

12.3.5 VR 材质包裹器

在使用 VRay 渲染器渲染的时候,通常会出现一个物体的颜色映在另一个物体上的现象,这就是我们

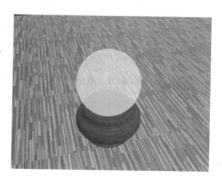

图 12-40 添加不透明贴图

通常所说的色溢现象，VRay 提供的 VR 材质包裹器可以有效地控制色溢现象，它类似一个包裹，将物体的颜色包起来避免溢出，同时可以控制接收和传递光子的强度。【VR 材质包裹器参数】面板如图 12-41 所示。

如果要使用 VR 材质包裹器控制色溢，可以选择色溢的材质球，单击【材质类型】按钮选择【VR 材质包裹器】类型，在弹出的【替换材质】对话框中选择【将旧材质保存为子材质】，这样原材质就转换成为了 VR 材质包裹器材质。效果如图 12-42 所示。

1. 产生全局照明

控制物体表面产生光能传递的强度，该值越小，色溢现象就越不明显，但是如果继续调低该参数，场景将会变暗，如图 12-43 所示。

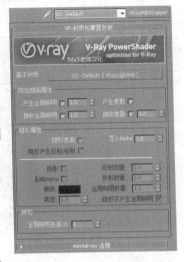

图 12-41　VR 材质包裹器

（a）

（b）

图 12-42　控制色溢现象

（a）

（b）

图 12-43　产生全局照明效果

2．接收全局照明

该选项可以控制物体表面接收全局照明的强度，该值越高，光照越明显，反之则越暗，如图 12-44 所示。

（a）　　　　　　　　　　　　　　　　　　　　（b）

图 12-44　接收全局照明效果

3．产生焦散和接收焦散

【产生焦散】控制着物体表面产生焦散的强度。【接收焦散】控制着物体表面接收焦散的强度。

12.3.6　VRay 贴图

在选择 VRay 渲染器之后，就可以在贴图通道中使用 VRay 的贴图了，这里介绍三种贴图类型，分别是【VRay 贴图】、【VRay 边纹理】、【VRayHDRI 贴图】，首先介绍 VRay 贴图的用法。

图 12-45　【VRay 贴图】卷展栏

1．VRay 贴图

VRay 贴图可以在 VRay 所支持的材质中使用，它通常可以取代常规使用的光线跟踪贴图，以换取更为快捷的渲染速度，这么做是因为 VRay 在激活的状态下并不支持光线跟踪阴影，VRay 贴图的卷展栏如图 12-45 所示。

1）反射

选择【反射】选项后，VRay 贴图会产生反射效果，它可以通过【反射参数】选项区域来调整效果。

2）环境贴图

可以单击右侧的按钮为其添加一张环境贴图，并且该通道支持 HDRI 贴图，对比效果如图 12-46 所示。

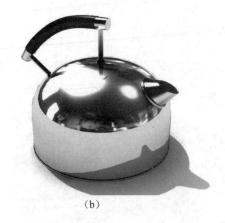

(a)   (b)

🔘 图 12-46　环境贴图对比

3）过滤色

可以单击右侧的色块控制反射的强度，黑色是不反射，白色是完全反射，而且可以
为其添加反射贴图，如图 12-47 所示。

(a)   (b)

🔘 图 12-47　过滤色效果

4）背面反射和光泽度

启用【背面反射】复选框后，系统会计算物体背面，同时渲染速度也会减慢。启用
【光泽度】复选框后，可以设置材质模糊反射的效果，但是渲染时间也会大幅度增加，对
比效果如图 12-48 所示。

(a)   (b)

 图 12-48　光泽度效果对比

5）光泽度

用于调整材质反射的光泽度，该值越大模糊的程度越小，该值越小，模糊的程度就越大，如图 12-49 所示。

6）细分

定义场景中模糊反射的细分数量，该值越大模糊反射质量越高，该值越小则相反，如图 12-50 所示。

7）最大深度与终止阈值

【最大深度】控制着材质之间的反射次数，【终止阈值】控制着反射不被光线跟踪的一个最大极限值。

8）退出颜色

控制着在场景中光线的反射达到最大深度的定义值后呈现什么颜色。它与 VRayMtl 材质中的退出颜色类似。

9）折射

选择【折射】选项后，VRay 贴图会产生折射效果，它可以通过【折射参数】选项区域来调整效果，反射和折射对比效果如图 12-51 所示。

图 12-49　光泽度效果

图 12-50　细分为 1 时的效果

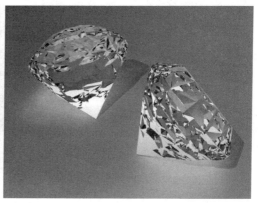

（a）　　　　　　　　　　　　　　　　　（b）

图 12-51　反射与折射的对比效果

10）过滤色

可以单击右侧的色块控制反射的强度，黑色是不反射，白色是完全反射，而且可以为其添加反射贴图，如图 12-52 所示。

（a）　　　　　　　　　　　　　　　　（b）

11）光泽度和细分

启用【光泽度】复选框可以调整物体折射的光泽度。该值越小，物体折射就越模糊，【细分】控制着折射时的细分数量，该数值越大，模糊折射的效果就越好。

12）烟雾颜色和烟雾倍增

【烟雾颜色】控制着光线通过物体所产生的折射颜色，【烟雾倍增】控制着烟雾通过物体产生折射颜色的强度，该值越小折射颜色就越淡薄，烟雾颜色和烟雾倍增的效果如图 12-53 所示。

（a）　　　　　　　　　　　　　　　　（b）

13）最大深度

该值控制着光线在物体中折射的最大次数，该值越大，光线在物体中折射的次数就越多，图 12-54 为【最大深度】为 3 和 8 时的效果。

14）退出颜色

控制着在物体中光线的折射达到最大深度的定义值后呈现什么颜色，如图 12-55 所示。

（a）　　　　　　　　　　　　　　　　（b）

图 12-54 最大深度对比

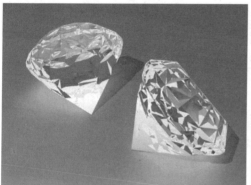 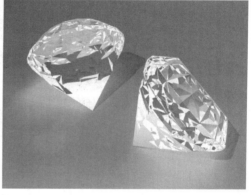

（a）　　　　　　　　　　　　　　　　（b）

图 12-55 退出颜色效果

2．VR 边纹理

VR 边纹理贴图可以创建一些类似于 3ds Max 线框的效果，该材质经常被用来展示布线图等效果，使用方法也很简单，在材质的【漫反射贴图】通道中添加【VR 边纹理】贴图即可。边纹理效果如图 12-56 所示。

（a）　　　　　　　　　　　　　　　　（b）

图 12-56 边纹理效果

3. VRayHDRI 贴图

VRayHDRI 主要用于导入高动态范围图像（HDRI）作为环境贴图，HDRI 贴图主要用于光滑物体的表面反射，使反射呈现出真实的环境效果。

1）倍增器

用于控制 HDRI 贴图的强度的大小，该值越大 HDRI 贴图的强度就越大，如图 12-57 所示。

（a）　　　　　　　　　　　　　　　　（b）

图 12-57　倍增器效果

2）水平旋转和垂直旋转

【水平旋转】选项可以水平旋转 HDRI 贴图，使物体能够反射 HDRI 贴图中不同的位置，如图 12-58 所示。【垂直旋转】选项可以垂直旋转 HDRI 贴图。

 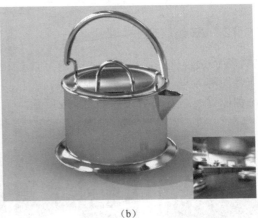

（a）　　　　　　　　　　　　　　　　（b）

图 12-58　水平旋转 HDRI 贴图

3）水平镜像和垂直镜像

【水平镜像】可以在水平方向反转 HDRI 贴图，【垂直镜像】可以在垂直方向反转 HDRI 贴图，水平镜像和垂直镜像的效果如图 12-59 所示。

4）成角贴图和立方环境贴图

【成角贴图】方式使用了对焦拉伸坐标方式，可以使 HDRI 贴图都汇集到一点上，【立方环境贴图】方式可以将 HDRI 贴图分布在一个立方体上，成角贴图和立方环境贴图效果如图 12-60 所示。

（a）水平镜像 （b）垂直镜像

图 12-59　水平镜像和垂直镜像

（a）成角贴图 （b）立方环境贴图

图 12-60　成角贴图和立方环境贴图

5）球状环形贴图和球体反射

【球状环形反射】可以将 HDRI 贴图反射在球体上，通常情况下这种贴图方式最为真实。【球体反射】HDRI 贴图以全球体对称的方式反射，球状环形反射和球体反射的效果如图 12-61 所示。

（a）球状环形反射 （b）球体反射

图 12-61　球状环形反射和球体反射

6）外部贴图通道

这个方式可以将 HDRI 贴图分布在一个平面上，而且可以为贴图纹理指定通道，效果如图 12-62 所示。

图 12-62　外部贴图通道

12.4　中国风卧室布光方案

在学习了 VRay 的基础知识后，我们了解到布光的几个要点：布光亦精不亦多、灯光体现场景的明暗分布，要有层次性，切不可把所有灯光一概处理。下面以一个具体的室内方案为例，介绍利用 VRay 渲染器制作室内效果的方法。

12.4.1　布置卧室主光

本案例中的主光主要来自于日光，通常所采用的灯光有两种基本类型，一种是 3ds Max 中的【目标平行光】，它的优点在于光线的均匀性以及灵活的参数设置；另一种灯光是 VRay 提供的日光系统。本节将利用前者来创建卧室的主光源，操作步骤如下所示。

1　打开场景文件，这是一个已经制作好模型的场景文件，如图 12-63 所示。

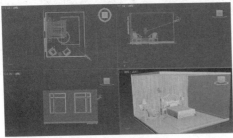

图 12-63　打开场景文件

2　切换到灯光面板，在【光度学】下拉列表中选择【标准】选项，单击【目标平行光】按钮，在顶视图中创建一盏灯光，如图 12-64 所示。

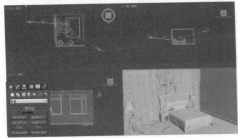

图 12-64　创建平行光

3　然后，再在各个视图中调整它的位置，使其高度和太阳光光线的入射角度接近，如图 12-65 所示。

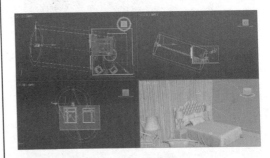

图 12-65　调整灯光位置

4　切换到修改面板，在【阴影】参数卷展栏中单击【启用】选项，在【阴影贴图】选项的下拉列表中选择【VRay-阴影】选项，将灯光强度【倍增器】设置为 3，将灯光颜色设置为 RGB(255, 196, 104)，如图 12-66 所示。

5　展开【平行光参数】卷展栏，设置【聚光区/光束】为 1801，设置【衰减区/区域】为 2193，如图 12-67 所示。

图 12-66　设置参数

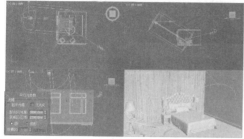

图 12-67　设置参数

6　按 F10 键打开【渲染设置:默认扫描线渲染
器】对话框,在【指定渲染器】卷展栏中激
活【V-Ray Adv3.00.07】渲染器,如图
12-68 所示。

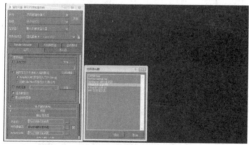

图 12-68　选择渲染器

7　切换到【间接照明】选项卡,选择【启用全
局照明】复选框。然后,选择首次引擎为【发
光图】,二次引擎为【灯光缓存】引擎,如
图 12-69 所示。

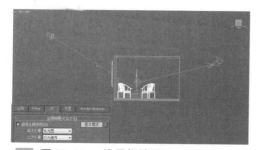

图 12-69　设置间接照明

8　展开【VRay 发光贴图】卷展栏,在【当前
预置】中选择【自定义】选项,如图 12-70
所示。

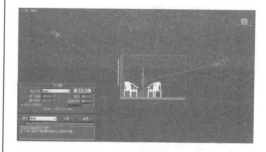

图 12-70　设置参数

9　展开【VRay 灯光缓存】卷展栏,按照图
12-71 修改二次反弹的参数设置。

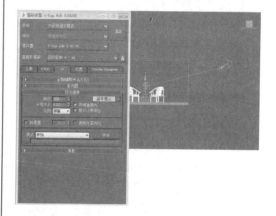

图 12-71　设置参数

10　设置完毕后,快速渲染摄像机视图,观察此
时的灯光照明效果,如图 12-72 所示。

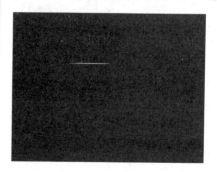

图 12-72　观察照明效果

11　此时可以发现,画面的灯光效果并没有显现
出来,被窗外的背景模型挡住了,这时就需
要将背景模型排除。

12 选择背景模型，查看此模型的名称，再单击目标平行光，切换到【修改】面板，在【常规参数】卷展栏中单击【排除】按钮，在打开的【排除/包含】对话框左边的框中选择背景模型的名称，单击按钮排除物体，如图 12-73 所示。

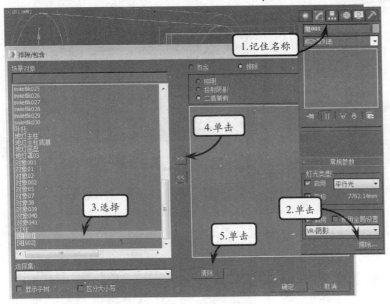

排除背景模型

13 另外，为了将灯光的边缘柔化，可以切换到【VRay 阴影参数】卷展栏，并按照图 12-74 所示的参数进行设置。

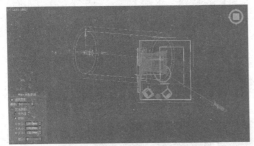

图 12-74 设置阴影参数

14 激活摄像机视图，再次渲染该视图，观察阴影的边缘，如图 12-75 所示。

图 12-75 观察效果

到这里为止，关于主光的布置就完成了。实际上，在利用 VRay 布置类似场景时，主光的布置要素就包括这些，即光线入射角度、光的强度、颜色等。

12.4.2 布置卧室辅光

场景中的照明实际上分为两部分，一部分是太阳光直射的主光，另一部分则是由太阳光在空气中漫射而形成的辅光。本节主要介绍辅光的实现方法，操作步骤如下所示。

1 切换到灯光面板，在【光度学】下拉列表中选择 VRay 选项，单击【VRay 灯光】按钮，在左视图中创建一盏灯光，如图 12-76 所示。

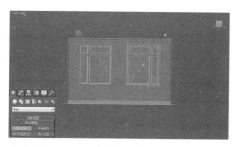

图 12-76　创建面光源

2　然后，再在视图中调整灯光的尺寸、位置，如图 12-77 所示。

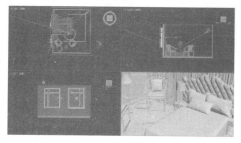

图 12-77　调整灯光

3　确认灯光处于选中状态，切换到修改面板。将灯光的强度【倍增器】设置为 30，将灯光颜色设置为 RGB（223，236，255），如图 12-78 所示。

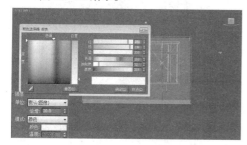

图 12-78　设置灯光强度及颜色

4　和处理主光一样，将窗帘组合排除，快速渲染摄像机视图，观察此时的效果，如图 12-79 所示。

图 12-79　添加环境光后的效果

5　单击 VR 灯光在顶视图中进行复制，如图 12-80 所示。

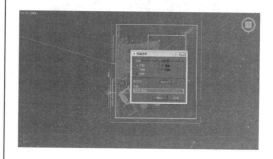

图 12-80　复制灯光

6　切换到修改命令面板，将灯光强度设置为 5、颜色设置为 RGB（255，246，235），如图 12-81 所示。

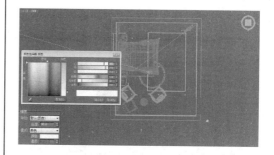

图 12-81　设置灯光参数

7　设置完成后，将两盏灯光复制到另一个窗户外，如图 12-82 所示。

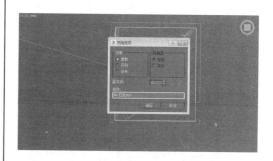

图 12-82　复制灯光

8　再次渲染摄像机视图，观察此时的光线情况，如图 12-83 所示。

图 12-83　渲染效果

12.4.3　制作卧室电灯灯光

现在市面上关于灯光的规格、质感多种多样，设计师可以根据市场上的电灯类型球体进行设计，在这里将介绍本案例中的电灯效果。

1. 创建一盏 VR-灯光，打开 VR-灯光参数卷展栏，在【类】型下拉列表中选中【球体】，并将其调整到如图 12-84 所示的位置。

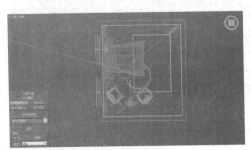

图 12-84　VR-灯光

2. 在 VR-灯光参数卷展栏中，将【倍增】设置为 30、【颜色】设置为 RGB（255，187，80），如图 12-85 所示。

图 12-85　设置灯光参数

3. 按 Shift 键复制一盏 VR-灯光，如图 12-86

所示。

图 12-86　复制灯光

4. 将复制的 VR-灯光【参数】卷展栏中的倍增设置为 1.5，设置【颜色】为 RGB（229，156，40）、半径为 80，如图 12-87 所示。

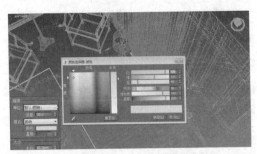

图 12-87　设置灯光参数

5. 设置完成后，再次按 Shift 键复制一盏 VR-灯光，并调整到如图 12-88 所示的位置。

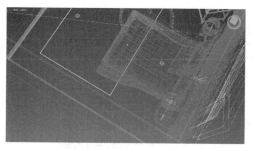

图 12-88　调整灯光位置

6　渲染设置，结果如图 12-89 所示。

图 12-89　渲染结果

12.5　中国风卧室的材质方案

　　光线方案实现后，下面就需要制作场景的材质了。材质的设置不是一成不变的，也不是毫无规律的，这里给出的是大概的参考值，具体的还要配合场景的灯光进行修改，相差不会很大，当然，还有其他很多种调法，本节将介绍一些常用的材质的实现方法。

12.5.1　制作壁纸材质

　　壁纸的材质实际上是比较简单的，通常情况下只需要将一幅图片附着到墙壁表面并附上凹凸即可。本节将制作壁纸的材质，操作步骤如下所示。

1　选择场景中的墙壁物体，按 Alt+Q 快捷键将其隔离，然后赋予一个空白的材质球。单击材质编辑器水平工具栏上的 Standard 按钮，在打开的对话框中选择 VRayMtl 材质，如图 12-90 所示。

12-92 所示。

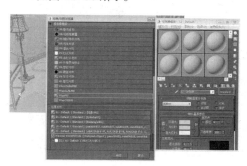

图 12-91　导入贴图

图 12-90　设置材质类型

2　单击【漫反射】右侧的按钮，在打开的对话框中选择【位图】按钮，导入壁纸贴图，如图 12-91 所示。

3　切换到【修改】面板，在修改器中选择【UVW贴图】选项，设置贴图类型为【长方体】，【长度】、【宽度】、【高度】都为 530，如图

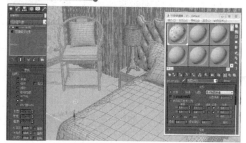

图 12-92　设置【UVW 贴图】

4 设置完毕后，快速渲染摄像机视图，观察壁纸的效果，如图 12-93 所示。

图 12-93 渲染效果

12.5.2 制作屋顶材质

乳胶漆的材质是比较简单且频繁使用的，通常情况下只需要将漫反射调成白色即可，本节将制作乳胶漆的材质，操作步骤如下所示。

1 选择场景中的吊顶物体，按 Alt+Q 快捷键将其隔离，然后赋予一个空白的材质球。单击材质编辑器水平工具栏上的 Standard 按钮，在打开的对话框中选择 VRayMtl 材质，如图 12-94 所示。

图 12-95 导入贴图

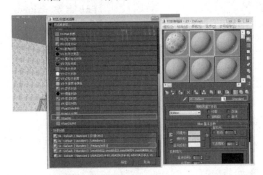

图 12-94 设置材质类型

2 单击【漫反射】右侧的颜色块，设置颜色为 RGB (250，250，250)，如图 12-95 所示。

3 设置完毕后，全部取消隐藏，快速渲染摄像机视图，观察乳胶漆的效果，如图 12-96 所示。

图 12-96 渲染效果

12.5.3 制作地板材质

地板的表现类型比较多，通常有木地板、大理石地板以及地毯地板等，如图 12-97 所示。虽然其种类比较多，但是其实现思路大多数是相同的。本节将介绍木纹地板的材质实现方法，操作步骤如下所示。

（a）　　　　　　　　　　　　　　　　（b）

🔘 **图 12-97**　地板效果

1️⃣ 选择地板物体，在材质编辑器中选择一个空白的材质球，将其赋予它。然后，选择 VRayMtl 材质，将反射的颜色设置为 RGB（45，45，45），将【高光光泽度】设置为 0.75，将【反射光泽度】设置为 0.85，如图 12-98 所示。

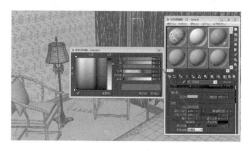

🔘 **图 12-98**　设置地板参数

2️⃣ 展开【BRDF-双向反射分布功能】卷展栏，选择下拉列表中的【反射】选项，如图 12-99 所示。

🔘 **图 12-99**　设置反射属性

3️⃣ 在贴图卷展栏中单击【漫反射】右侧的【无】按钮，将图 12-100 所示的贴图导入进来，作为地板的贴图。并在【坐标】展卷栏中设置【角度】中的 W 为 90。

🔘 **图 12-100**　漫反射贴图

4️⃣ 切换到【修改】面板，在修改器中选择【UVW 贴图】选项，设置贴图类型为【平面】、【长度】为 1500、【宽度】为 1500，如图 12-101 所示。

🔘 **图 12-101**　设置参数

5️⃣ 添加完成后，快速渲染摄像机视图观察效果，如图 12-102 所示。

图 12-102　渲染效果

注　意

在制作地板材质的时候需要注意地板的反射
程度，以及和周围环境的搭配效果。

12.5.4　制作家具材质

木纹的类型比较多，通常有枫木、红木以及橡木等，如图 12-103 所示。虽然其种类
比较多，但是其实现思路大多数是相同的。本节将介绍木纹材质的实现方法，操作步骤
如下所示。

（a）　　　　　　　　　　　　　　（b）

图 12-103　木纹效果

1 选择床头柜物体，在材质编辑器中选择一个
空白的材质球，将其赋予它。然后，选择
VRayMtl 材质。如图 12-104 所示。

2 将反射的颜色设置为 RGB（35，35，35），
将【高光光泽度】设置为 0.75、【反射光泽
度】设置为 0.85，如图 12-105 所示。

图 12-104　选择 **VRayMtl** 材质

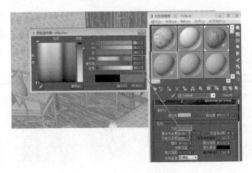

图 12-105　设置木纹参数

3 在贴图卷展栏中单击【漫反射】右侧的【无】
按钮,将图 12-106 所示的贴图导入进来,
作为木纹的贴图。

图 12-106 漫反射贴图

4 切换到【修改】面板,在修改器中选择【UVW
贴图】选项,设置贴图类型为【长方体】、
【长度】为 340、【宽度】为 408、【高度】
为 471,如图 12-107 所示。

5 将木纹材质分别赋予床头和床尾及凳子和
踢脚线等物体,并设置【UVW 贴图】,添加
完成后,快速渲染摄像机视图观察效果,如

图 12-108 所示。

图 12-107 设置参数

图 12-108 渲染效果

12.5.5 制作窗帘材质

　　窗帘是一种布料材质,它本身没有什么规律可循,只要感觉其外观和整体设计风格
一致即可,如图 12-109 所示。在制作窗帘时,一定要注意窗帘的色调、透光性等因素。
本节将介绍卧室的窗帘材质的实现过程,操作步骤如下所示。

(a)

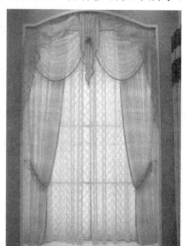

(b)

图 12-109 窗帘效果

1. 制作窗帘

1 选择窗帘物体，单独隔离出来，将一个空白的材质球赋予窗帘物体，选择选择 VRayMtl 材质，如图 12-110 所示。

图 12-110 设置漫反射颜色

2 展开贴图卷展栏，单击【漫反射】右侧的【无】按钮，在打开的对话框中选择【位图】选项，从而添加该贴图，如图 12-111 所示。

图 12-111 添加贴图

3 将【反射】颜色设置为 RGB（50，50，50），设置【高光光泽度】为 0.5、【反射光泽度】为 0.6，如图 12-112 所示。

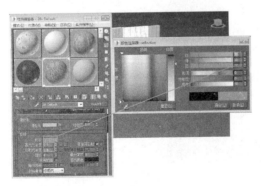

图 12-112 设置参数

4 将窗帘材质赋予余下的几幅窗帘，全部选择窗帘，切换到【修改】面板，在修改器中选择【UVW 贴图】选项，设置贴图类型为【长方体】，【长度】为 530、【宽度】为 530、【高度】为 530，如图 12-113 所示。

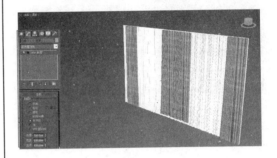

图 12-113 渲染效果

5 取消隔离，快速渲染，效果如图 12-114 所示。

图 12-114 渲染效果

2. 制作窗纱

1 选择窗纱物体，单独隔离出来，将一个空白的材质球赋予窗纱物体，选择 VRayMtl 材质，在【基本参数】卷展栏中，单击【漫反射】右侧的按钮选择窗帘贴图，如图 12-115 所示。

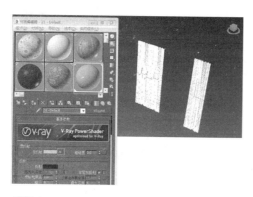

图 12-115 赋予材质

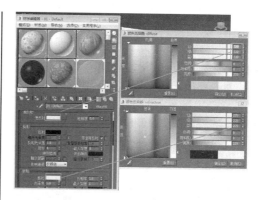

图 12-116 设置参数

2 选择窗纱物体，单独隔离出来，将一个空白的材质球赋予窗纱物体，选择 VRayMtl 材质，单击【漫反射】右侧的颜色按钮，将【漫反射】颜色设置为 RGB（220，220，220），设置【折射】颜色为 RGB（220，220，220）、【光泽度】为 0.8，如图 12-116 所示。

3 接着在【基本参数】卷展栏中，单击【漫反射】右侧的按钮选择窗帘贴图，将其赋予模型，如图 12-117 所示。

4 取消隔离，快速渲染，效果如图 12-118 所示。

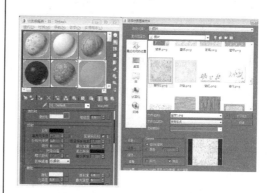

图 12-117 赋予材质

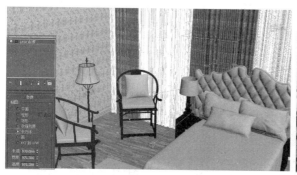

图 12-118 渲染效果

12.5.6 制作床单材质

本节将重点介绍布料材质和贴图，将展现如何通过贴图艺术达到真实的布料质感效果。布料的材质首先给人的感觉应该是比较松软的，为了实现这一效果，就必须考虑在材质上下点功夫，仅仅靠用模型表现是不够的。

1. 制作布料材质

1️⃣ 选择场景中的床铺造型，按快捷键 Alt+Q 启用独立模式，并将模型全部解组，如图 12-119 所示。

图 12-119 孤立模式

2️⃣ 选择床单，在材质编辑器中选择一个空白的材质球，将其赋予模型物体，如图 12-120 所示。

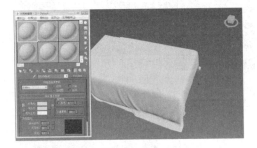

图 12-120 赋予材质

3️⃣ 单击材质编辑器水平工具栏上的 Standard 按钮，在打开的对话框中选择 VRayMtl 材质，如图 12-121 所示。

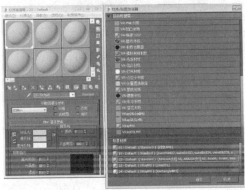

图 12-121 选择材质类型

4️⃣ 展开贴图卷展栏，单击【漫反射】右侧的长条按钮，在打开的对话框中选择位图按钮，

并将文件夹的贴图导入进来，如图 12-122 所示。

图 12-122 导入贴图

5️⃣ 展开【贴图】展卷栏，将【漫反射】右侧的贴图拖曳复制到【凹凸】右侧的长条按钮上，并设置【凹凸】的数量为 15，床单的材质就做好了，如图 12-123 所示。

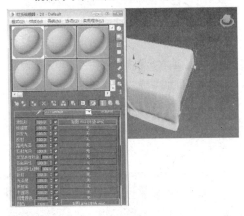

图 12-123 凹凸贴图

6️⃣ 切换到【修改】面板，在修改器中选择【UVW 贴图】选项，设置贴图类型为【长方体】，如图 12-124 所示。

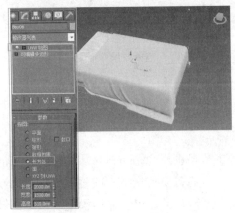

图 12-124 设置【UVW 贴图】

7 选择床铺，在材质编辑器中选择一个空白的材质球，将其赋予模型物体，并单击材质编辑器水平工具栏上的 Standard 按钮，在打开的对话框中选择 VRayMtl 材质，如图 12-125 所示。

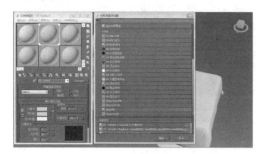

图 12-125　选择材质类型

8 展开贴图卷展栏，单击【漫反射】右侧的长条按钮，在打开的对话框中选择位图按钮，并将文件夹的贴图导入进来，如图 12-126 所示。

图 12-126　导入贴图

9 如床单一样将贴图拖曳复制到【凹凸】，设置【凹凸】的数量为 15，并添加【UVW 贴图】，如图 12-127 所示。

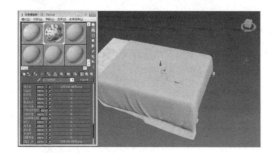

图 12-127　凹凸贴图

10 选择床搭，在材质编辑器中选择一个空白的材质球，将其赋予床搭物体，设置参数如床单材质，导入贴图，如图 12-128 所示。

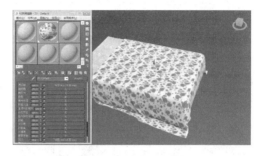

图 12-128　选择材质类型

11 选择床搭的垂穗，在材质编辑器中选择一个空白的材质球，将其赋予床搭物体，选择 VRayMtl 材质，单击【漫反射】右侧的颜色框，设置 RGB 为（45，18，5），与床搭颜色相仿，如图 12-129 所示。

图 12-129　设置材质

12 单击床单材质，将材质赋予床单的垂穗，设置完成后，退出孤立模式，快速渲染摄像机视图，观察此时的效果，如图 12-130 所示。

图 12-130　渲染效果

2. 制作靠背软包材质

1 在材质编辑器中选择一个空白材质球赋予靠背软包，将材质类型设置为 VRayMtl，在【漫反射】中添加贴图，并添加【UVW 贴图】，如图 12-131 所示。

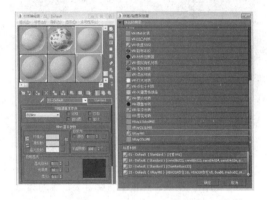

图 12-131　设置沙发靠背的颜色

2 展开贴图卷展栏，将【漫反射】中的贴图添加到【凹凸】通道当中，如图 12-132 所示。

图 12-132　凹凸贴图

3 返回到贴图卷展栏，将【凹凸】的强度设置为 30，从而增加凹凸的强度，如图 12-133 所示。

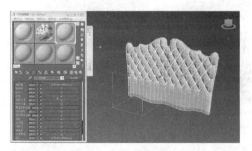

图 12-133　修改凹凸强度

4 单击【反射】右侧的颜色按钮，将【反射】颜色设置为 RGB（23，23，23），设置【反射光泽度】为 0.75，如图 12-134 所示。

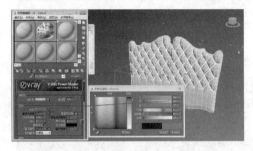

图 12-134　设置反射参数

5 将材质赋予床尾软包，关闭材质编辑器，快速渲染摄像机视图，观察此时的效果，如图 12-135 所示。

图 12-135　靠背效果

3. 制作坐垫材质

1 在材质编辑器中选择一个空白材质球赋予坐垫，将材质类型设置为 VRayMtl，如图 12-136 所示。

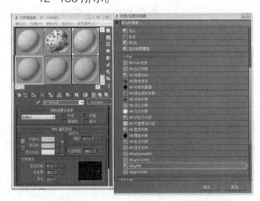

图 12-136　设置沙发靠背的颜色

2 展开贴图卷展栏,在【漫反射】中添加贴图,如图 12-137 所示。

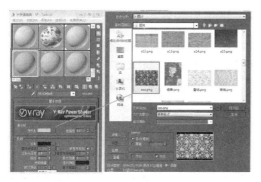

图 12-137 添加贴图

3 返回到贴图卷展栏,将【漫反射】中的贴图添加到【凹凸】通道当中,并将【凹凸】的强度设置为 30,从而增加凹凸的强度,将材质赋予坐垫,如图 12-138 所示。

图 12-138 赋予坐垫材质

4 为坐垫贴图添加 UVW 图,在其参数栏中,选中长方体选项,设置【长度】为 18、【宽度】为 18、【高度】为 5,如图 12-139。

图 12-139 添加 UVW 贴图

5 同理将材质赋予椅枕,通过添加 UVW 图,在其参数面板栏中进行设置,设置如图 12-140 所示。

图 12-140 设置椅枕材质

6 渲染效果,如图 12-141 所示。

图 12-141 渲染效果

4. 制作靠垫材质

1 选择场景中后靠的两个靠垫模型,为其指定一个空白的材质球。然后,在漫反射通道中添加一个【衰减】贴图,如图 12-142 所示。

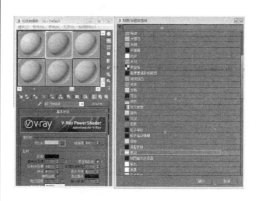

图 12-142 添加衰减贴图

2 在【衰减参数】卷展栏中，单击黑色块右侧的【无】按钮，在打开的对话框中双击【位图】选项，将布料纹理导入进来，如图12-143所示。

图 12-143　第一个衰减位图

3 单击白色块右侧的【无】按钮，将如图12-144所示的位图文件导入进来，作为衰减的第二个纹理。

图 12-144　添加第二个衰减位图

4 返回到贴图卷展栏，将如图12-145所示的贴图文件添加到【凹凸】贴图通道中，从而使靠垫产生凹凸不平的感觉。

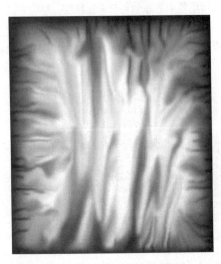

图 12-145　添加凹凸贴图

5 重新返回到贴图卷展栏，将凹凸的强度设置为350，从而增加凹凸的强度，如图12-146所示。

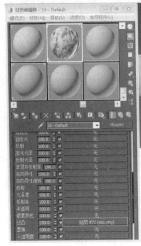

图 12-146　设置凹凸强度

6 设置完毕后，快速渲染摄像机视图，观察此时的效果，如图12-147所示。

图 12-147　渲染效果

> **提 示**
>
> 在本节所制作的靠垫效果中，靠垫模型本身已经经过处理，因此其凹凸效果显得比较明显一些。

12.5.7　制作地毯材质

地毯是居家装饰中经常出现的一种元素。通常情况下，地毯分为两种风格，一种是类似于布料的效果，另一种则是毛茸茸的毛质效果，如图 12-148 所示。本节将以前者为例，介绍它的制作方法。而后一种则主要是通过毛发来表现的，在这里不做介绍。

（a）

（b）

🔵 图 12-148　地毯效果

1 在场景中选择地毯造型，打开材质编辑器，将一个空白材质球赋予它。然后，将材质类型设置为 VRayMtl，并在【漫反射】通道中添加贴图，如图 12-149 所示。

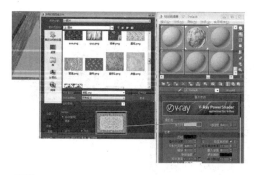

🔵 图 12-149　添加贴图

🔵 图 12-150　贴图

2 添加贴图，在【贴图】卷展栏中，将【漫反射】通道中的贴图拖曳到【凹凸】通道中，并设置【凹凸】值为 15，如图 12-150 所示。

3 使用相同的方法，将【漫反射】通道中的贴图拖曳到【置换】通道中，并设置【置换】值为 2，如图 12-151 所示。

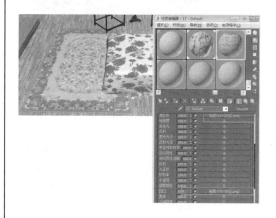

🔵 图 12-151　添加凹凸贴图

④ 设置完成后，快速渲染摄像机视图，观察此时的效果，如图 12-152 所示。

图 12-152　地毯效果

12.5.8　制作玻璃材质

玻璃是一种反射较高、光泽度较高的材料。由于其表面的物体特性较多，因此也给模拟带来了很大的困难。但是，利用 VRay 渲染器所提供的独有材质，可以非常轻松地模拟它，本节将介绍玻璃材质的制作方法。

① 在材质编辑器中选择一个空白的材质球，选择场景中的玻璃模型，将该材质球赋予模型。然后，将材质类型设置为 VRayMtl，如图 12-153 所示。

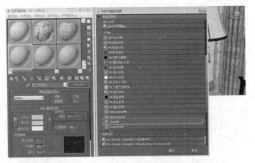

图 12-153　设置材质类型

提　示

VRayMtl 中的反射和折射颜色都是通过灰度图来表示的。颜色越亮，则反射或者折射越剧烈，颜色越暗，则反射或者折射效果越弱。

② 在基本参数卷展栏中，单击【漫反射】右侧

的颜色块，在打开的拾色器中将颜色设置为 RGB（128，240，197），将折射颜色设置为 RGB（195，254，255），如图 12-154 所示。

图 12-154　设置反射和漫反射颜色

③ 然后，在【反射】区域中，将折射颜色设置为 RGB（130，229，214），将【高光光泽度】设置为 0.9，【反射光泽度】设置为 0.88，从而使反射显得粗糙一些。其他参数设置如图 12-155 所示。

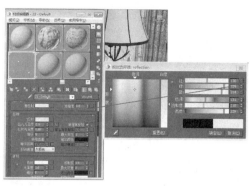

图 12-155　设置反射光泽度

图 12-156　渲染效果

4　设置完毕后，快速渲染摄像机视图，观察此时的玻璃材质效果，如图 12-156 所示。

12.5.9　制作灯罩的材质

这里所说的灯罩的材质是指吊灯的灯罩材质。现在市面上关于灯的形状、质感多种多样，因此在制作的过程中没有特定的规律可循，设计师可以根据市场上的灯罩类型自由发挥，在这里将介绍本案例中的灯罩材质效果。

1　选择灯罩造型，将其赋予一个空白的材质球，并将材质类型转换为 VrayMtl，如图 12-157 所示。

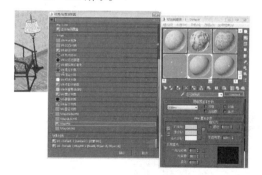

图 12-157　转换材质类型

2　在基本参数卷展栏中，将【漫反射】颜色设置为 RGB（245，245，245），将【反射】设置为 RGB（17，17，17），如图 12-158 所示。

3　在【反射】区域中将【反射光泽度】设置为 0.8，如图 12-159 所示。

4　在【基本参数】卷展栏【折射】选项中，将【折射】颜色设置为 RGB（101，101，101），将【折射光泽度】设置 0.8，如图 12-160所示。

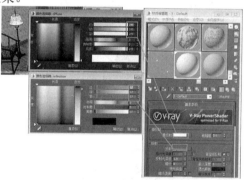

图 12-158　设置基本参数

图 12-159　设置反射光泽

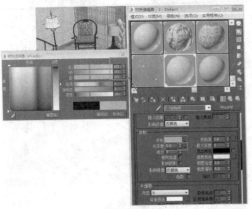

图 12-160 设置折射参数

5 设置完成后，将材质分别赋予其他两盏台灯灯罩，渲染摄像机视图，观察此时的效果，

如图 12-161 所示。

图 12-161 灯罩效果

12.6 设置输出参数

在 3ds Max/VRay 制作渲染过程中，每调整一个灯光、模型或是材质，都要进行一次渲染，到此为止，整个场景中，本摄像机所观察到的物体材质基本已经制作完，可以提高渲染参数，开始正式渲染了。为了在测试渲染阶段节省大量时间，可以通过调整渲染设置的参数来完成。

1 按快捷键 F10，打开【渲染设置】对话框，在【公用参数】卷展栏中设置【输出大小】选项中的【宽度】为 2500、【高度】为 1875，如图 12-162 所示。

滤器】选项，在出现的下拉列表中选择 Catmull-Rom 命令，并设置【全局确定性蒙特卡尔】选项中的【自适应数量】为 0.85、【噪波阈值】为 0.001、【颜色贴图】选项中的【类型】选项为【指数】命令，如图 12-163 所示。

图 12-162 设置输出大小

2 在 V-Ray 卷展栏中单击【图像采样（抗锯齿）】选项中的【类型】选项，在出现的下拉列表中选择【自适应细分】选项，单击【过

图 12-163 参数设置

3 在 GI 卷展栏中勾选【全局照明】选项中的

【开启全局照明】选项，设置【首次反弹渲染引擎】为【发光图】、【二次反弹渲染引擎】为【灯光缓存】，并设置【发光图】选项中的【当前预置】为【高】命令、【灯光缓存】选项中的【细分】为 1500，如图 12-164 所示。

图 12-164 参数设置

4 单击【渲染】按钮渲染大图，并将最终效果输出来。图 12-165 所示的图片是镜头后期处理的最终效果。

图 12-165 最终效果

12.7 思考与练习

一、填空题

1. _____拥有自身的帧缓冲处理功能，可以摆脱 3ds Max 系统默认的帧窗口。

2. 设置好渲染器后，_____中将自动加载 VRay 渲染器的其他参数面板，包括 VRay 面板、间接照明、设置面板等。

3. _____的材质是在 VRay 渲染中使用得比较多的材质，它可以轻松地控制物体的折射反射，以及半透明的效果。

4. _____材质可以看作是 VRay 的自发光材质，它经常用于制作日光灯的灯罩这类自发光物体。

5. _____可以在 VRay 所支持的材质中使用，它通常可以取代常规使用的光线跟踪贴图，以换取更为快捷的渲染速度。

二、选择题

1. _____是由 SplutterFish 公司在 2001 年发布的，其前身是大名鼎鼎的 Ghost 渲染器。

A．Brazil 渲染器

B．FinaRender 渲染器

C．VRay 渲染器

D．Maxwell 渲染器

2. 在 3ds Max 中安装了 VRay 渲染器后，即可按快捷键_____打开渲染面板。

A．F10

B．F9

C. F8

D. F6

3. 在 VRayMtl 材质中，下列选项中不属于【基本参数】卷展栏的是_____。

A. 漫反射

B. 反射

C. 菲涅耳反射

D. 灯光

4. _____控制物体表面产生光能传递的强度，该值越小，色溢现象就越不明显，但是如果继续调低该参数，场景将会变暗。

A. 产生全局照明

B. 接收全局照明

C. 产生焦散

D. 接收焦散

5. 在选择 VRay 渲染器之后，就可以在贴图通道中使用 VRay 的贴图了，下列选项中不属于其贴图类型的是_____。

A. VRay 贴图

B. VRayHDRI

C. VRay 边纹理

D. VR

三、问答题

1. 试着阐述如何设置 VRay 渲染器。

2. 试说明 VRayMtl 材质的特征。

3. 试着说明 VR 灯光的特征，以及如何设置。

四、上机练习

1. 夜下路灯表现

本练习要求读者使用前面所学过的技巧渲染一个逼真的场景，需要注意的是 VRay 材质的设置，如图 12-166 所示。

图 12-166 场景渲染

2. 客厅渲染的表现

本练习要求读者为客厅制作逼真的 VRay 材质，在此需要使用 VR 灯光材质、VR 灯光、VR 贴图等，调整其参数值来为场景设置逼真的效果，效果如图 12-167 所示。

图 12-167 客厅渲染